简明大学物理同步辅导

韩引霞　彭雪峰　主编

ZHEJIANG UNIVERSITY PRESS
浙江大学出版社

图书在版编目（CIP）数据

简明大学物理同步辅导 / 韩引霞，彭雪峰主编. —
杭州：浙江大学出版社，2018.3(2025.7 重印)
　　ISBN 978-7-308-17160-1

　　Ⅰ.①简… Ⅱ.①韩… ②彭… Ⅲ.①物理学—高等
学校—教学参考资料 Ⅳ.①O4

　　中国版本图书馆 CIP 数据核字(2017)第 176105 号

简明大学物理同步辅导

韩引霞　彭雪峰　主编

责任编辑	王　波
责任校对	汪荣丽
封面设计	续设计
出版发行	浙江大学出版社
	（杭州市天目山路 148 号　邮政编码 310007）
	（网址：http://www.zjupress.com）
排　　版	杭州青翊图文设计有限公司
印　　刷	浙江新华数码印务有限公司
开　　本	787mm×1092mm　1/16
印　　张	13.25
字　　数	329 千
版 印 次	2018 年 3 月第 1 版　2025 年 7 月第 7 次印刷
书　　号	ISBN 978-7-308-17160-1
定　　价	39.00 元

前　言

　　大学物理是高等院校理工科专业必修的一门基础课,它在培养学生的思维能力、创新能力等方面起着非常重要的作用。然而,近些年为了满足培养高质量的应用型人才的需求,基础课的课时做了调整,教学的课时较之以前减少了。市面上的相关大学物理辅导用书与教学就不同步了。为了使读者更好地掌握这门课,理解更多知识,有一本与课堂内容相辅相成的指导书,我们根据多年的教学经验,编写了这本针对宁波大学科学技术学院及同类院校学生的《简明大学物理同步辅导》。

　　编写本书时,我们依据的是教师们在课堂上所讲的内容以及所设定的教学大纲的要求,并参考了其他各高等院校在相关知识点方面的内容。

　　我们衷心希望本书能对学生学习大学物理课程提供有力帮助。鉴于编者的水平有限,本书难免存在失误之处,欢迎读者朋友们批评指正。

编者

2017 年 3 月

目　　录

第一章 质点运动学

本章知识点

一、描述质点运动的物理量

1.质点(理想化模型)

当物体的线度和形状对于所研究的问题可以忽略不计时,物体可抽象为一个具有质量、没有形状的点,这个点称为质点。

2.参考系

为描述物体的运动而选定的另一个作为参考的物体叫参考系。任何实物都可以选为参考系。

3.坐标系

坐标系是为定量描述物体的运动,而选定的带有数学标尺的参考系。坐标系一定固定在参考系上。

常用坐标系有:直角坐标系,极坐标系,自然坐标系。

4.位置矢量(位矢)r——描述质点在空间位置的物理量

位置矢量是在选定的直角坐标系中,从坐标原点出发,指向 t 时刻质点所在位置的有向线段。如图 1-1 所示。位矢 r 有三条基本的特性:①矢量性:有大小、有方向;②瞬时性:不同时刻位矢不同;③相对性:坐标系选择不同,位矢不同。

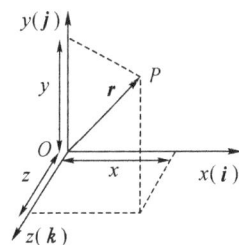

图 1-1 直角坐标系中的位矢

位矢与直角坐标系中的坐标关系为

$$r = xi + yj + zk \tag{1.1}$$

5.运动方程、轨迹方程

(1)运动方程

质点运动时,它的位矢会随时间发生变化。位矢随时间变化的函数关系为

$$r = r(t) = x(t)i + y(t)j + z(t)k \tag{1.2}$$

（2）轨迹方程（轨道方程）

轨迹方程是质点在空间的运动路径。由(1.2)式得到其在直角坐标系中的分量式

$$x=x(t), y=y(t), z=z(t) \tag{1.3}$$

把(1.3)式中的 t 消去，即可得到轨迹方程。

6.位移——描述质点空间位置变化的物理量

设质点沿着曲线从 A 点移动到 B 点，如图1-2所示，在此段时间内，质点位置矢量的增量

$$\Delta \boldsymbol{r}=\boldsymbol{r}_{t+\Delta t}-\boldsymbol{r}_t \tag{1.4}$$

$\Delta \boldsymbol{r}$ 是时间段 Δt 内的位移。它是从质点在初始时刻的位置指向末时刻位置的有向线段。

注意：位移与路程的区别。

路程是时间段 Δt 内，质点实际运动的轨迹长度，用 Δs 表示。路程是标量。在时间段 Δt 内，路程不等于位移的大小，即 $\Delta s \neq |\Delta \boldsymbol{r}|$。只有当质点始终沿着直线运动时，路程才等于位移的大小。此外，当 $\Delta t \to 0$ 时，路程等于位移的大小，即 $ds=|d\boldsymbol{r}|$。还要注意的是，位移的模切不可以写成位矢模的增量，即 $|\Delta \boldsymbol{r}|=|r_t\Delta t-r_t| \neq \Delta r$。因为 $\Delta r=|\boldsymbol{r}_{t+\Delta t}|-|\boldsymbol{r}_t|$。

7.速度、速率

（1）速度——描述质点运动变化快慢的物理量

如图1-3所示，质点在时间段 Δt 内的位移是 $\Delta \boldsymbol{r}$，用位移 $\Delta \boldsymbol{r}$ 除以时间段 Δt，称为质点在这段时间内的**平均速度** $\bar{\boldsymbol{v}}$，

$$\bar{\boldsymbol{v}}=\frac{\boldsymbol{r}_{t+\Delta t}-\boldsymbol{r}_t}{\Delta t}=\frac{\Delta \boldsymbol{r}}{\Delta t} \tag{1.5}$$

当 $\Delta t \to 0$ 时，$\Delta \boldsymbol{r}/\Delta t$ 趋近于一个确切的极限值，这个极限值描述质点在时刻 t 运动的快慢和方向，称为质点在 t 时刻的**瞬时速度**（简称**速度**）$\boldsymbol{v}$，

图1-2　位移

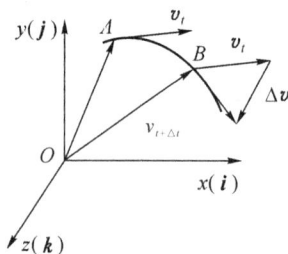

图1-3　速度的增量

$$\boldsymbol{v}=\lim_{\Delta t \to 0}\frac{\Delta \boldsymbol{r}}{\Delta t}=\frac{d\boldsymbol{r}}{dt} \tag{1.6}$$

速度 $\boldsymbol{v}$ 是矢量，它的方向即是 $\Delta t \to 0$ 时，位移 $\Delta \boldsymbol{r}$ 趋于轨道的切线方向。因此，质点在时刻 t 的速度方向是该时刻质点所在处的轨迹的切线方向并指向质点前进的方向。

（2）速率——描述路径长度变化快慢的物理量

用时间段 Δt 内走过的路程 Δs 除以时间 Δt，称为质点在这段时间内的**平均速率** $\bar{v}$，

$$\bar{v}=\frac{\Delta s}{\Delta t} \tag{1.7}$$

当 $\Delta t \to 0$ 时，位移的大小 $|d\boldsymbol{r}|$ 等于 ds，**瞬时速率** v 的定义

$$v=\lim_{\Delta t \to 0}\frac{\Delta s}{\Delta t}=\frac{ds}{dt}=\frac{|d\boldsymbol{r}|}{dt}=\left|\frac{d\boldsymbol{r}}{dt}\right|=|\boldsymbol{v}| \tag{1.8}$$

8.加速度——描述速度变化快慢的物理量

设质点沿着曲线从 A 点移动到 B 点，A 点的速度为 $\boldsymbol{v}_t$，B 点的速度为 $\boldsymbol{v}_{t+\Delta t}$，如图1-3所示，则在时间段 Δt 内，质点的**速度增量**为

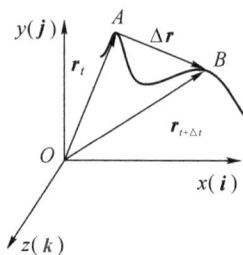

$$\Delta \boldsymbol{v} = \boldsymbol{v}_{t+\Delta t} - \boldsymbol{v}_t \qquad (1.9)$$

用(1.9)式中的速度增量 $\Delta \boldsymbol{v}$ 除以时间段 Δt,称为时间 Δt 内质点**平均加速度**,

$$\bar{\boldsymbol{a}} = \frac{\boldsymbol{v}_{t+\Delta t} - \boldsymbol{v}_t}{\Delta t} = \frac{\Delta \boldsymbol{v}}{\Delta t} \qquad (1.10)$$

当(1.10)式中 $\Delta t \to 0$ 时,平均加速度的极限值称为**瞬时加速度**(简称**加速度**) $\boldsymbol{a}$,

$$\boldsymbol{a} = \lim_{\Delta t \to 0} \frac{\Delta \boldsymbol{v}}{\Delta t} = \frac{\mathrm{d}\boldsymbol{v}}{\mathrm{d}t} = \frac{\mathrm{d}^2 \boldsymbol{r}}{\mathrm{d}t^2} \qquad (1.11)$$

二、圆周运动

在极坐标系下,描述圆周运动的物理量称为角量;在自然坐标系下,描述圆周运动的物理量称为线量。在极坐标中,如图 1-4 所示,描述质点运动的物理量有:

1.角坐标(角位置) θ ——描述质点角位置的物理量

2.角位移 $\Delta\theta$ ——描述质点角位置变化的物理量

$$\Delta\theta = \theta_2 - \theta_1 \qquad (1.12)$$

3.角速度 ω ——描述质点角位置变化快慢的物理量

$$\omega = \frac{\mathrm{d}\theta}{\mathrm{d}t} \qquad (1.13)$$

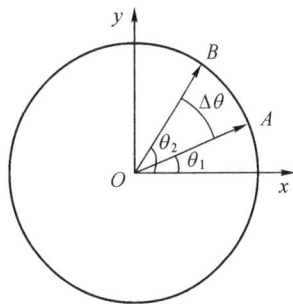

图 1-4 圆周运动

4.角加速度 α ——描述质点角速度变化快慢的物理量

$$\alpha = \frac{\mathrm{d}\omega}{\mathrm{d}t} \qquad (1.14)$$

5.质点做圆周运动的切向加速度、法向加速度

质点做圆周运动时的速度可以表示为 $\boldsymbol{v} = v\boldsymbol{\tau}_0$, $\boldsymbol{\tau}_0$ 为切向单位矢量。根据加速度的定义,加速度表示为

$$\boldsymbol{a} = \frac{\mathrm{d}\boldsymbol{v}}{\mathrm{d}t} = \frac{\mathrm{d}v}{\mathrm{d}t}\boldsymbol{\tau}_0 + v\frac{\mathrm{d}\boldsymbol{\tau}_0}{\mathrm{d}t} = \boldsymbol{a}_{\tau_0} + \boldsymbol{a}_{n_0} \qquad (1.15)$$

切向加速度 $\qquad \boldsymbol{a}_{\tau_0} = \frac{\mathrm{d}v}{\mathrm{d}t}\boldsymbol{\tau}_0 = R\frac{\mathrm{d}\omega}{\mathrm{d}t}\boldsymbol{\tau}_0 = R\alpha\,\boldsymbol{\tau}_0$

法向加速度 $\qquad \boldsymbol{a}_{n_0} = v\frac{\mathrm{d}\boldsymbol{\tau}_0}{\mathrm{d}t} = v\frac{\mathrm{d}\theta}{\mathrm{d}t}\boldsymbol{n}_0 = v\omega\,\boldsymbol{n}_0 = R\omega^2\,\boldsymbol{n}_0 = \frac{v^2}{R}\boldsymbol{n}_0$

$\boldsymbol{n}_0$ 为法向单位矢量。

6.角量(极坐标系下的物理量)与线量(自然坐标系的物理量)之间的关系

$$v = R\omega, \Delta s = R\Delta\theta, a_{\tau_0} = \frac{\mathrm{d}v}{\mathrm{d}t} = R\alpha, a_{n_0} = \frac{v^2}{R} = R\omega^2$$

典型例题及解析

例 1-1 一个质点在 xy 平面上运动,其运动方程为 $\boldsymbol{r} = (5-t)\boldsymbol{i} + (t+3t^2)\boldsymbol{j}$ (SI),

试求:

(1)质点运动的轨迹方程;

(2)质点从 $t_0=1$s 运动到 $t=3$s 这段时间内的位移;

(3)质点从 $t_0=1$s 运动到 $t=3$s 这段时间内的平均速度。

解:(1)根据运动方程 $\boldsymbol{r}=(5-t)\boldsymbol{i}+(t+3t^2)\boldsymbol{j}$,得到质点在直角坐标系中的分量式

$$x=5-t,y=t+3t^2$$

消去时间 t,得到轨迹方程

$$y=3x^2-31x+80$$

(2)根据位移的定义,位移等于位置矢量的变化。所以有

$$\Delta\boldsymbol{r}=\boldsymbol{r}_{t=3}-\boldsymbol{r}_{t=1}=(5-3)\boldsymbol{i}+(3+3\times3^2)\boldsymbol{j}-(5-1)\boldsymbol{i}-(1+3\times1^2)\boldsymbol{j}=-2\boldsymbol{i}+26\boldsymbol{j}$$

(3)根据平均速度的定义 $\bar{\boldsymbol{v}}=\dfrac{\Delta\boldsymbol{r}}{\Delta t}$,得到

$$\bar{\boldsymbol{v}}=\frac{\Delta\boldsymbol{r}}{\Delta t}=\frac{-2\boldsymbol{i}+26\boldsymbol{j}}{2}=-\boldsymbol{i}+13\boldsymbol{j}$$

例 1-2 已知一个质点在 xOy 平面上做曲线运动,其运动时的运动学方程满足 $\boldsymbol{r}(t)=a\sin(\omega t)\boldsymbol{i}+a\cos(\omega t)\boldsymbol{j}$(其中 a,ω 为常量,且 $a>0$)(SI),试求:

(1)质点运动的轨迹方程;

(2)质点从 $t_0=\dfrac{\pi}{2\omega}$s 运动到 $t=\dfrac{\pi}{\omega}$s 的位移、路程;

(3)质点从 $t_0=\dfrac{\pi}{2\omega}$s 运动到 $t=\dfrac{\pi}{\omega}$s 的平均速度、平均速率;

(4)质点在任意时刻的速度、加速度。

解:(1)由质点的运动学方程 $\boldsymbol{r}(t)=a\sin(\omega t)\boldsymbol{i}+a\cos(\omega t)\boldsymbol{j}$,得到质点在直角坐标系中的分量式

$$x=a\sin(\omega t),y=a\cos(\omega t)$$

消去两分量式中的时间 t,得到质点运动的轨迹方程

$$x^2+y^2=a^2$$

从轨迹方程中,可以看到质点以坐标原点 O 为圆心、以 a 为半径做圆周运动。

(2)由位移的定义,知 $\Delta\boldsymbol{r}=\boldsymbol{r}_{t=\frac{\pi}{\omega}}-\boldsymbol{r}_{t=\frac{\pi}{2\omega}}$,代入运动方程,得到

$$\Delta\boldsymbol{r}=\left[a\sin\left(\omega\times\frac{\pi}{\omega}\right)\boldsymbol{i}+a\cos\left(\omega\times\frac{\pi}{\omega}\right)\boldsymbol{j}\right]-\left[a\sin\left(\omega\times\frac{\pi}{2\omega}\right)\boldsymbol{i}+a\cos\left(\omega\times\frac{\pi}{2\omega}\right)\boldsymbol{j}\right]$$
$$=-a\boldsymbol{i}-a\boldsymbol{j}$$

根据速度可判断出质点做顺时针方向运动。因而质点从 t_0 运动到 t 时间段内,质点运动的路程为 $\dfrac{1}{4}$ 圆周,即 $\Delta s=\dfrac{1}{2}\pi a$。

(3)根据平均速度 $\bar{\boldsymbol{v}}=\dfrac{\Delta\boldsymbol{r}}{\Delta t}$,平均速率 $\bar{v}=\dfrac{\Delta s}{\Delta t}$ 的定义,得到

平均速度 $$\bar{\boldsymbol{v}}=\frac{\Delta\boldsymbol{r}}{\Delta t}=-\frac{2a\omega}{\pi}(\boldsymbol{i}+\boldsymbol{j})$$

平均速率 $$\bar{v}=\frac{\Delta s}{\Delta t}=a\omega$$

(4)根据速度 $v = \dfrac{\mathrm{d}r}{\mathrm{d}t}$,加速度 $a = \dfrac{\mathrm{d}v}{\mathrm{d}t}$ 的定义,得到

速度 $$v = \frac{\mathrm{d}r}{\mathrm{d}t} = a\omega\cos(\omega t)i - a\omega\sin(\omega t)j$$

加速度 $$a = \frac{\mathrm{d}v}{\mathrm{d}t} = -a\omega^2\sin(\omega t)i - a\omega^2\cos(\omega t)j$$

例 1-3 一个质点在 xOy 平面上运动,其运动方程为 $r = 5ti + (t + 3t^2)j$(SI),试求:

(1)质点在 t 时刻的速度、加速度;

(2)质点在 t 时刻的切向加速度大小、法向加速度大小、曲率半径。

解:(1)根据速度 $v = \dfrac{\mathrm{d}r}{\mathrm{d}t}$、加速度 $a = \dfrac{\mathrm{d}v}{\mathrm{d}t}$ 的定义,得到

速度 $$v = \frac{\mathrm{d}r}{\mathrm{d}t} = \frac{\mathrm{d}x}{\mathrm{d}t}i + \frac{\mathrm{d}y}{\mathrm{d}t}j = 5i + (1 + 6t)j$$

加速度 $$a = \frac{\mathrm{d}v}{\mathrm{d}t} = 6j$$

(2)根据切向加速度的大小 $a_{\tau_0} = \dfrac{\mathrm{d}v}{\mathrm{d}t}$,加速度与切向加速度、法向加速度的关系 $a = a_{n_0} + a_{\tau_0}$,以及曲率半径与法向加速度之间的关系 $\rho = \dfrac{v^2}{a_{n_0}}$。

根据(1)式,可知质点的速率为

$$v = \sqrt{v_x^2 + v_y^2} = \sqrt{36t^2 + 12t + 26}$$

切向加速度的大小为 $$a_{\tau_0} = \frac{\mathrm{d}v}{\mathrm{d}t} = \frac{\mathrm{d}\sqrt{v_x^2 + v_y^2}}{\mathrm{d}t}$$

$$= \frac{\mathrm{d}\sqrt{25 + (1 + 6t)^2}}{\mathrm{d}t} = \frac{36t + 6}{\sqrt{36t^2 + 12t + 26}}$$

法向加速度的大小为 $$a_{n_0} = \sqrt{a^2 - a_{\tau_0}^2} = \sqrt{36 - \frac{(36t + 6)^2}{36t^2 + 12t + 26}}$$

$$= 30\sqrt{\frac{1}{36t^2 + 12t + 26}}$$

曲率半径为

$$\rho = \frac{v^2}{a_{n_0}} = \frac{(36t^2 + 12t + 26)^{\frac{3}{2}}}{30}$$

例 1-4 已知一辆小车沿着半径为 $R = 1\mathrm{m}$ 的圆弓形桥向前运动,其运动方程为 $s = t + \dfrac{2}{3}t^3$(SI),计算小车在 $t = 2\mathrm{s}$ 时刻的加速度大小。

解:由加速度 $a = a_{n_0} + a_{\tau_0}$,必须先计算出切向加速度的大小和法向加速度的大小。

切向加速度的大小为

$$a_{\tau_0}\Big|_{t=2} = \frac{\mathrm{d}v}{\mathrm{d}t} = \frac{\mathrm{d}^2 s}{\mathrm{d}t^2} = 4t\Big|_{t=2} = 8(\mathrm{m/s^2})$$

法向加速度的大小为

$$a_{n_0}\mid_{t=2}=\frac{v^2}{R}=\frac{1}{R}\left(\frac{\mathrm{d}s}{\mathrm{d}t}\right)^2=(1+2t^2)^2\mid_{t=2}=81(\mathrm{m/s^2})$$

加速度的大小为

$$a=\sqrt{a_{\tau_0}^2+a_{n_0}^2}\approx31.4(\mathrm{m/s^2})$$

例 1-5 一个质点沿着半径为 R 的圆周运动,其角坐标随时间的变化关系为 $\theta=at+bt^3$ (a,b 为常量),求它在任意时刻的加速度大小。

解: 由加速度 $\boldsymbol{a}=\boldsymbol{a}_{n_0}+\boldsymbol{a}_{\tau_0}$,必须先计算出切向加速度和法向加速度的大小。

切向加速度的大小为

$$a_{\tau_0}=\frac{\mathrm{d}v}{\mathrm{d}t}=R\frac{\mathrm{d}^2\theta}{\mathrm{d}t^2}=6Rbt$$

法向加速度的大小为

$$a_{n_0}=\frac{v^2}{R}=R\left(\frac{\mathrm{d}\theta}{\mathrm{d}t}\right)^2=R(a+3bt^2)^2$$

加速度的大小为

$$a=\sqrt{a_{\tau_0}^2+a_{n_0}^2}=R\sqrt{36b^2t^2+(a+3bt^2)^4}$$

例 1-6 已知一个质点从静止出发,加速度随时间的变化关系为 $\boldsymbol{a}=2t\boldsymbol{i}+(3t^2-5)\boldsymbol{j}(\mathrm{SI})$,计算质点在 $t=2\mathrm{s}$ 时的速度和空间位置。

解: 根据 $a_x=\frac{\mathrm{d}v_x}{\mathrm{d}t}=2t,a_y=\frac{\mathrm{d}v_y}{\mathrm{d}t}=3t^2-5$,则质点沿着 Ox 轴的速度为

$$v_x=\int_0^t(2t)\mathrm{d}t+v_{0x}=t^2\mid_{t=2}=4(\mathrm{m/s})$$

沿着 Oy 轴的速度为

$$v_y=\int_0^t(3t^2-5)\mathrm{d}t+v_{0y}=(t^3-5t)\mid_{t=2}=-2(\mathrm{m/s})$$

得到,质点在 $t=2\mathrm{s}$ 时的速度为

$$\boldsymbol{v}=4\boldsymbol{i}-2\boldsymbol{j}(\mathrm{m/s})$$

由 $v_x=\frac{\mathrm{d}x}{\mathrm{d}t}=t^2,v_y=\frac{\mathrm{d}y}{\mathrm{d}t}=t^3-5t$ 的定义,得到质点沿着 Ox 轴的空间位置为

$$x=\int_0^t t^2\mathrm{d}t+x_0=\frac{1}{3}t^3\mid_{t=2}=\frac{8}{3}(\mathrm{m})$$

沿着 Oy 轴的空间位置为

$$y=\int_0^t(t^3-5t)\mathrm{d}t+y_0=\left(\frac{1}{4}t^4-\frac{5}{2}t^2\right)\mid_{t=2}=-6(\mathrm{m})$$

所以,质点在 $t=2\mathrm{s}$ 时的位置矢量为

$$\boldsymbol{r}=\frac{8}{3}\boldsymbol{i}-6\boldsymbol{j}(\mathrm{m})$$

例 1-7 一名跳伞运动员从飞机上跳下来,在其竖直下落的过程中加速度随速度的变化关系为 $a=-kv^2$,k 为正常数。从跳伞运动员下落时刻开始计时,初速度为 v_0 且所在位置为坐标原点 O,竖直向下为正方向。试推出跳伞运动员位置随速度的变化关系。

解：由加速度 $a=\dfrac{\mathrm{d}v}{\mathrm{d}t}$ 的定义，以及题中的关系 $a=kv^2$，得到

$$a=-kv^2=\frac{\mathrm{d}v}{\mathrm{d}t}=\frac{\mathrm{d}v}{\mathrm{d}x}\frac{\mathrm{d}x}{\mathrm{d}t}=v\frac{\mathrm{d}v}{\mathrm{d}x}$$

将上式分离变量后，代入初始条件

$$-\int_0^x k\mathrm{d}x=\int_{v_0}^v \frac{\mathrm{d}v}{v}$$

得到 $\ln\left(\dfrac{v}{v_0}\right)=-kx$，所以

$$v=v_0\mathrm{e}^{-kx}$$

基础练习

基础练习一　质点运动的描述

一、选择题

1. 一个带电粒子运动时的运动方程满足 $\boldsymbol{r}=2t^2\boldsymbol{i}+(7-3t)\boldsymbol{j}$，则它在 $t=2\mathrm{s}$ 时的位置、速度分别为　　　　　　　　　　　　　　　　（　　）

　　A. $4\boldsymbol{i}+7\boldsymbol{j}$，$8\boldsymbol{i}-3\boldsymbol{j}$ 　　　　　　　　B. $8\boldsymbol{i}+\boldsymbol{j}$，$8\boldsymbol{i}-3\boldsymbol{j}$

　　C. $8\boldsymbol{i}-3\boldsymbol{j}$，$8\boldsymbol{i}+\boldsymbol{j}$ 　　　　　　　　D. $8\boldsymbol{i}+\boldsymbol{j}$，$4\boldsymbol{i}-7\boldsymbol{j}$

2. 一个质点沿直线运动，其运动方程为 $x=t^2-6t+7\,(\mathrm{m})$，则它在前 $4\mathrm{s}$ 内的位移、路程为　　　　　　　　　　　　　　　　（　　）

　　A. $8\mathrm{m}$，$8\mathrm{m}$ 　　　B. $8\mathrm{m}$，$-10\mathrm{m}$ 　　　C. $-8\mathrm{m}$，$10\mathrm{m}$ 　　　D. $-10\mathrm{m}$，$10\mathrm{m}$

3. 一个质点沿 Oy 轴做直线运动，运动方程为 $y=t^2-t-2\,(\mathrm{m})$，则质点返回坐标原点时的速度、加速度分别为　　　　　　　　　（　　）

　　A. $3\mathrm{m/s}$，$2\mathrm{m/s^2}$ 　　　　　　　　B. $3\mathrm{m/s}$，$7\mathrm{m/s^2}$

　　C. $11\mathrm{m/s}$，$3\mathrm{m/s^2}$ 　　　　　　　　D. $11\mathrm{m/s}$，$6\mathrm{m/s^2}$

4. 一个质点连续通过两个相等的位移，每个位移所对应的平均速度分别为 $\bar{v}_1=4\mathrm{m/s}$，$\bar{v}_2=6\mathrm{m/s}$，若质点做直线运动，则整个运动过程中质点的平均速度为　　　　　（　　）

　　A. $12\mathrm{m/s}$ 　　　B. $4.8\mathrm{m/s}$ 　　　C. $5\mathrm{m/s}$ 　　　D. $3.5\mathrm{m/s}$

5. 一辆汽车在 $\Delta t=1\mathrm{s}$ 沿着半径 $R=2\mathrm{m}$ 的半圆形拱桥从点 A 运动到点 B，如图 1-5 所示，则质点的平均速度大小、平均速率分别为　　　（　　）

　　A. 平均速度的大小 $4\mathrm{m/s}$，平均速率为 $6.28\mathrm{m/s}$

　　B. 平均速度的大小为 $4\mathrm{m/s}$，平均速率为 $4\mathrm{m/s}$

　　C. 平均速度的大小为 $6.28\mathrm{m/s}$，平均速率为 $6.28\mathrm{m/s}$

　　D. 平均速度的大小为 $6.28\mathrm{m/s}$，平均速率为 $4\mathrm{m/s}$

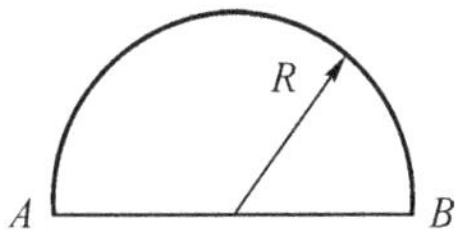

图 1-5

6. 一个质点沿着半径 $R=3\mathrm{m}$ 的圆周以角速度 ω 做匀速率圆周运动，如图 1-6 所示，走完一周所用的时间为 2s，从坐标原点出发，则质点在 $t=1\mathrm{s}$ 时刻的速度、加速度的大小分别为　　　　　　（　　）

A. $3\pi,3\pi$ 　　　　　　　　　　　　B. $3\pi,3\pi^2$

C. $3\pi^2,3\pi$ 　　　　　　　　　　　D. $3\pi^2,3\pi^2$

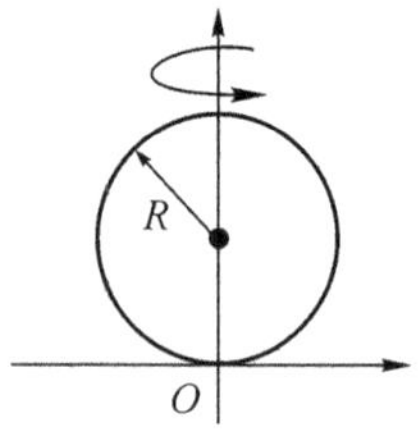

7. 接上题，质点从初始时刻到 $t=0.5\mathrm{s}$ 内走过的路程、位移大小分别为　　　　　　　　　　　　　　（　　）

A. $3\pi,6$ 　　　　B. $\dfrac{9}{4}\pi,3\sqrt{2}$ 　　　　C. $\dfrac{3}{2}\pi,3\sqrt{2}$

D. $3\pi,3\sqrt{2}$

图 1-6

8. 一质点沿 xOy 平面做曲线运动，其运动方程为 $\boldsymbol{r}=2t\boldsymbol{i}+(20-2t^2)\boldsymbol{j}$，则质点在任意时刻的速度是　　　　　　　　　　　　　　　　　（　　）

A. $2\boldsymbol{i}-4t\boldsymbol{j}$ 　　　　　　　　　　　B. $2\boldsymbol{i}-2t^2\boldsymbol{j}$

C. $\sqrt{4+14t^t}$ 　　　　　　　　　　D. $2t\boldsymbol{i}+(20-4t)\boldsymbol{j}$

9. 一质点从坐标原点出发沿 Oy 轴做直线运动，其速度随时间的变化关系为 $v=3+3t^2(\mathrm{SI})$，则 $t=1\mathrm{s}$ 时刻质点的位置矢量是　　　　　　　　　　　　　　（　　）

A. $y=4\boldsymbol{j}\,\mathrm{m}$ 　　　B. $y=6\boldsymbol{j}\,\mathrm{m}$ 　　　C. $y=-4\boldsymbol{j}\,\mathrm{m}$ 　　　D. $y=-6\boldsymbol{j}\,\mathrm{m}$

10. 河岸边有一艘小船，某人站在距河面高度为 h 的岸边用绳拉船。设该人以匀速率 v_0 收绳，绳不可以伸长、河水静止，则小船的运动速度随船移动距离 x 的变化关系为　　（　　）

A. $-v_0\sqrt{1+\left(\dfrac{h}{x}\right)^2}$ 　　　　　　　　B. $-v_0\left(\sqrt{1+\left(\dfrac{h}{x}\right)^2}\right)^{-1}$

C. $v_0^2\left(\sqrt{1+\left(\dfrac{h}{x}\right)^2}\right)^{-1}$ 　　　　　　D. $v_0\left(\sqrt{1+\left(\dfrac{h}{x}\right)^2}\right)^{-1}$

二、填空题

1. 质量为 $m=1.0\mathrm{kg}$ 的物体，其运动方程为 $\boldsymbol{r}=3t^2\boldsymbol{i}+(2+t)\boldsymbol{j}(\mathrm{SI})$，则物体的轨迹方程为_____，当 $t=2\mathrm{s}$ 时，物体的速度为_____ m/s，加速度为_____ m/s^2。

2. 一名小孩站在滑板车上沿一个斜面向上运动，其运动方程为 $s=9+4t-t^2(\mathrm{SI})$，则小孩经过 $\Delta t=$_____ s 会运动到斜面的最高点。

3. 一质点做直线运动的速度为 $v=2+3t^2(\mathrm{SI})$，当 $t=0$ 时，$x_0=0$。则质点的运动方程为 $x=$_____，加速度为 $a=$_____。

4. 质点沿 x 轴做直线运动，其运动方程为 $x=2-t^3+3t^2(\mathrm{SI})$，则 $t=0$ 时刻质点的速度为_____；质点加速度为零时，此时的速度为_____。

5. 质点沿 x 轴做直线运动，其速度方程为 $v=1+3t(\mathrm{SI})$，若 $t=0$ 时，质点位于坐标原点，则质点的加速度 $a=$_____；质点的运动方程为_____。

6. 质点的运动方程随时间的变化关系为 $\boldsymbol{r}=A\sin(\omega t)\boldsymbol{i}+B\cos(\omega t)\boldsymbol{j}(\mathrm{SI})$，其中 A,B,ω 均为常量。则质点的加速度 $\boldsymbol{a}=$_____，轨迹方程为_____。

7. 质点在 xOy 平面内运动，运动学方程为 $x=2t,y=19-2t^2(\mathrm{SI})$。则第 1 秒内质点

的平均速度大小为 $|\bar{v}|=$ ＿＿＿＿＿＿＿ m/s。

8. 质点沿直线运动，运动方程为 $x=1+3t^2-2t^3$(SI)，则在 $t=0$ 到 $t=2$s 的这段时间内，质点的位移为 ＿＿＿＿＿＿＿ m，走过的路程为 ＿＿＿＿＿＿＿ m，平均速率为 ＿＿＿＿＿＿＿ m/s，平均速度为 ＿＿＿＿＿＿＿ m/s。

9. 已知沿直线运动的物体，其加速度与速度的关系式为 $a=-2v^2$(SI)，且初始 $x=x_0$ 时，$v=v_0$，则物体运动的速度随着位置的变化关系式为 ＿＿＿＿＿＿＿。

10. 赛车手驾驶着赛车以初速度 v_0 从起点出发开始运动，经过 Δt 时间，赛车走完设定的长为 Δs 的曲线路径后，又回到出发点。此时的速度为 $-v_0$，则这段时间内，赛车的速度增量为 ＿＿＿＿＿＿＿，赛车的平均速率为 ＿＿＿＿＿＿＿。

三、计算题

1. 一个质量为 m 的物体在 xOy 平面上做曲线运动，其运动学方程为 $\boldsymbol{r}=(3-t^3)\boldsymbol{i}+(2-t)\boldsymbol{j}$(SI)，求：

(1) 物体的运动轨迹；

(2) 物体在 $t=0\sim2$s 这段时间内的位移、平均速度；

(3) 物体在 $t=0\sim2$s 这段时间内的径向增量、速度大小的增量；

(4) 物体在 $t=2$s 时的速度和加速度。

2. 质点沿 x 轴做直线运动，其加速度与位置的变化关系为 $a=2x+6x^2+5$(SI)。若质点从原点出发，此时的速度为 10m/s，求质点的速度随 x 的变化关系。

3. 一艘潜水艇从静止开始以加速度 $a=A\beta e^{-\beta t}$(A,β 是常量)铅直下沉，求潜水艇在任意时刻 t 的速度和运动方程。

4.质点沿 x 轴运动,其速度随位置的变化关系为 $v=3+2x$(SI),已知当 $t=0$ 时,质点位于 $x_0=3$m 处,其速度 $v_0=3$m·s^{-1},求质点的运动方程。

5.在水中运动的船受到水的阻力的作用,其加速度随速率变化关系为 $a=A-Bv$（A、B 为常量）（SI）。船初始时的运动速度为 v_0,则移动过程中船移动的速度与时间的变化关系是怎样?

基础练习二　曲线运动的描述

一、选择题

1.下面说法正确的有　　　　　　　　　　　　　　　　　　　　　　（　　）

A.质点做圆周运动时,其加速度方向一定与速度方向垂直

B.物体做直线运动时,其法向加速度一定为零

C.轨道最弯处其法向加速度最大

D.质点某时刻的速率为零,则此时刻的切向加速度必为零

2.下列情况不可能发生的是　　　　　　　　　　　　　　　　　　　（　　）

A.速率增加,加速度大小减少　　　　　　　B.速率不变而有加速度

C.速率增加而无加速度　　　　　　　　　　D.速率增加而法向加速度大小不变

3.质点沿半径 $r=1$m 的圆做圆周运动,某时刻其角速度 $\omega=2$rad/s,角加速度 $\alpha=2$rad/s^2,则此时刻质点的速率和加速度的大小为　　　　　　　　　　　（　　）

A.2m/s 和 2m/s　　　　　　　　　　　　　B.2m/s 和 4m/s

C.2m/s 和 $2\sqrt{5}$m/s　　　　　　　　　　D.2m/s 和 $3\sqrt{2}$m/s

4.质点做匀速率圆周运动时,其速度和加速度的变化情况为　　　　　（　　）

A.速度不变,加速度在变化　　　　　　　　B.加速度不变,速度在变化

C.两者都在变化　　　　　　　　　　　　　D.两者都不变

5.物体被斜抛向空中,抛出时的初速度大小为 v_0,与水平方向的夹角为 θ,则抛射点

的法向加速度、最高点的切向加速度及最高点的曲率半径分别为 （　　）

A. $g\cos\theta$、0、$\dfrac{(v_0\cos\theta)^2}{g}$ 　　　　　　　B. $g\cos\theta$、$g\sin\theta$、0

C. $g\sin\theta$、0、$\dfrac{(v_0\cos\theta)^2}{g}$ 　　　　　　　D. $g\sin\theta$、$g\cos\theta$、$\dfrac{(v_0\sin\theta)^2}{g}$

6. 沿仰角 α，以初速度 v_0 斜向上抛出的物体，以下说法中正确的是 （　　）

A. 物体从抛出至到达地面的过程，其切向加速度保持不变

B. 物体从抛出至到达地面的过程，其法向加速度保持不变

C. 物体从抛出至到达最高点之前，其切向加速度越来越小

D. 物体通过最高点之后，其切向加速度越来越小

7. 对于做曲线运动的物体，以下说法中哪一种是正确的 （　　）

A. 切向加速度必不为零

B. 法向加速度必不为零（拐点处除外）

C. 由于速度沿切线方向，法向分速度必为零，因此法向加速度必为零

D. 若物体做匀速率运动，其总加速度必为零

E. 若物体的加速度为常矢量，它一定做匀变速率运动

8. 足球被运动员踢中，以初速度 $50\mathrm{m/s}$，与水平成 30° 的方向在空中运动，则经过 $t=2\mathrm{s}$ 后，球所对应的速度大小为 （　　）

A. $5\mathrm{m/s}$ 　　　B. $25\sqrt{3}\mathrm{m/s}$ 　　　C. $10\sqrt{19}\mathrm{m/s}$ 　　　D. $30\sqrt{3}\mathrm{m/s}$

9. 一个转动的齿轮上，其中一个齿尖做半径 $r=1\mathrm{m}$ 的圆周运动，运动方程为 $s=t^2$，则当 $t=1\mathrm{s}$ 时的切向加速度、加速度的大小为 （　　）

A. $2\mathrm{m/s^2}$ 和 $2\mathrm{m/s^2}$ 　　　　　　　B. $2\mathrm{m/s^2}$ 和 $2\sqrt{5}\mathrm{m/s^2}$

C. $2\sqrt{5}\mathrm{m/s^2}$ 和 $2\sqrt{5}\mathrm{m/s^2}$ 　　　　　　　D. $2\mathrm{m/s^2}$ 和 $2\sqrt{2}\mathrm{m/s^2}$

10. 一个物体沿曲面运动，其运动方程为 $\boldsymbol{r}=5t\boldsymbol{i}+(15-5t^2)\boldsymbol{j}$（SI），则当 $t=1\mathrm{s}$ 时物体的切向加速度大小为 （　　）

A. $15\mathrm{m/s^2}$ 　　　B. $5\sqrt{5}\mathrm{m/s^2}$ 　　　C. $10\sqrt{5}\mathrm{m/s^2}$ 　　　D. $4\sqrt{5}\mathrm{m/s^2}$

二、填空题

1. 质点做半径为 $1\mathrm{m}$ 的圆周运动，其运动学方程为 $\theta=\pi+\dfrac{1}{4}t^4$（SI），则质点在任意时刻切向加速度大小为_____，法向加速度大小为_____，加速度大小为_____。

2. 以一定的初速度 v_0 斜向上抛出一个物体，忽略空气阻力，当物体的速度 v 与水平方向的夹角为 θ 时，则切向加速度大小为_____，法向加速度大小为_____。

3. 汽车沿半径 $R=10\mathrm{m}$ 的圆弧形弯道行驶，运动一段时间后，汽车的速率变为 $v=10\mathrm{m/s}$，切向加速度的大小为 $a_{\tau_0}=10\mathrm{m/s^2}$，则汽车的法向加速度的大小为_____，加速度的大小为_____。

4. 一人骑摩托车跳越一条大沟壑，他以初速度为 $40\mathrm{m/s}$，与水平面成 30° 角从一边起跳，刚好到达另一边，则此沟壑的宽度为_____。

5.任意时刻切向加速度 $a_{\tau_0}=0$ 的运动属于 _____ 运动；任意时刻法向加速度 $a_{n_0}=0$ 的运动是 _____ 运动；任意时刻总加速度 $a=0$ 的运动是 _____ 运动；任意时刻切向加速度 $a_{\tau_0}=0$，法向加速度 a_{n_0} 为常量的运动是 _____ 运动。

6.已知质点的运动方程为 $\boldsymbol{r}=t^2\boldsymbol{i}+t\boldsymbol{j}$(SI)，则其速度 $\boldsymbol{v}=$ _____；加速度 $\boldsymbol{a}=$ _____；切向加速度 $a_{\tau_0}=$ _____；法向加速度 $a_{n_0}=$ _____。

7.一个质点做半径为 $R=1$m 的圆周运动，任意时刻走过的路程随时间的变化关系为 $s=3t-t^2$(SI)。则任意时刻质点的加速度为 _____；当 $t=$ _____ s 时，质点的切向加速度大小等于法向加速度的大小。

8.在 xOy 平面内有一个质点，其运动方程为 $\boldsymbol{r}=A\cos(\omega t)\boldsymbol{i}+B\sin(\omega t)\boldsymbol{j}$(SI)($A$、$B$、$\omega$ 均为常量)，则质点在任意时刻的速度为 _____；切向加速度为 _____；该质点运动轨迹是 _____。

9.一个质点在平面内运动，其运动表达式为 $\boldsymbol{r}=3t\boldsymbol{i}+\dfrac{3}{2}t^2\boldsymbol{j}$(SI)，则质点在 t 时刻的速度为 _____；切向加速度为 _____；法向加速度为 _____。

10.一个质点按规律 $s=\dfrac{1}{3}t^3+\dfrac{1}{2}t^2$(SI) 在圆的轨道上运动，当 $t=2$s 时，质点的总加速度大小为 $\sqrt{349}$m·s^{-2}，则此时圆的半径为 _____。

三、计算题

1.一个质点沿平面做抛体运动，运动方程为 $\boldsymbol{r}=5t\boldsymbol{i}+(15t-5t^2)\boldsymbol{j}$(SI)，求：
(1)质点被抛出时的初速度、抛射角以及轨迹方程；
(2)当 $t=1$s 时，质点的切向加速度、法向加速度以及曲率半径。

2.一个人站在山脚下向山坡上扔石子，石子的初速度为 v_0，与山坡的夹角为 θ，山坡与水平方向的夹角为 α，不计空气阻力，计算石子落在山坡上的位置与山脚之间的距离 s。

3. 一个轰炸机沿着与铅垂线成 θ 角的方向俯冲,在距离地面高 h 处丢下一枚炸弹,炸弹离开飞机 t s 后击中地面目标。不计空气阻力,求:

(1)轰炸机的初速率;

(2)炸弹飞行的水平距离。

(3)t_0($0 < t_0 < t$)时的切向加速度和法向加速度。

4. 一辆表演杂技的飞机沿着半径 $R = 1$ m 的圆弧在竖直平面内飞行,假设飞行过程中飞机遵从 $s(t) = 20 + \dfrac{5}{3}t^3$ (m)(SI)的运动规律,飞机飞过最低点时的速率为 $v = 5$ m/s,计算飞机飞过最低点的切向加速度 a_{τ_0}、法向加速度 a_{n_0} 和总加速度 a。

5. 地面上垂直竖立着一根高度为 20m 的旗杆,已知正午时分太阳恰好在旗杆的正上方,计算下午两点时,旗杆顶在地面上杆影的速度大小;在什么时刻杆影将伸展到 20m。

提高练习

一、选择题

1. 质点沿 Ox 轴运动,运动方程为 $x = x(t)$,当满足下列哪个条件时,质点向坐标原点 O 运动 　　　　　　　　　　　　　　　　　　　　　　　　　　(　)

A. $\dfrac{\mathrm{d}x}{\mathrm{d}t} > 0$ B. $\dfrac{\mathrm{d}x}{\mathrm{d}t} < 0$

C. $\dfrac{\mathrm{d}x^2}{\mathrm{d}t} < 0$ D. $\dfrac{\mathrm{d}x^2}{\mathrm{d}t} > 0$

2. 质点以 $v(t)$ 沿 x 轴运动,$\dfrac{dv}{dt}$ 是非零常数。当 $t=0$ 时,$v=0$;当 $t>0$ 时,$v\dfrac{dv}{dt}$ 将 （　　）

A. 小于 0   B. 等于 0

C. 大于 0   D. 条件不足,无法判断

3. 质点沿螺旋线自外向内运动,如图 1-7 所示。已知其走过的弧长与时间 t 的一次方成正比,则该质点加速度的大小 （　　）

A. 越来越大

B. 越来越小

C. 为大于零的常数

D. 始终为零

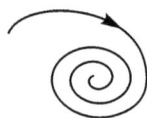

图 1-7　螺旋线运动

4. 质点从静止开始,沿半径为 6.0m 的圆弧形轨道做加速运动,其速率大小以 $8.0\,\mathrm{m\cdot s^{-2}}$ 增加,经过 0.75s 后,则该质点的加速度大小为 （　　）

A. $6.0\,\mathrm{m/s^2}$ B. $8.0\,\mathrm{m/s^2}$

C. $10.0\,\mathrm{m/s^2}$ D. $14.0\,\mathrm{m/s^2}$

5. 质点在半径为 R 的圆周上以恒定的速率运动,质点由位置 B 运动到位置 A,其中 $v_A=v_B=v$,OA 和 OB 所对的圆心角为 $\Delta\theta$,如图 1-8所示。则 A 和 B 位置之间的平均加速度是 （　　）

A. 0   B. $\dfrac{v^2\sqrt{2(1-\cos\Delta\theta)}}{R\Delta\theta}$

C. $\dfrac{v^2}{R\Delta\theta}$ D. $\dfrac{v\sqrt{(1-\cos\Delta\theta)}}{R\Delta\theta}$

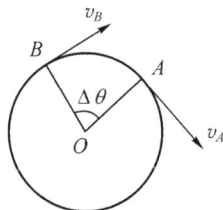

图 1-8　圆周运动

6. 质点以加速度 $a=-2v^2t$ 做直线运动,设初速度为 v_0,则质点的速度 v 的倒数随时间 t 的变化关系为 （　　）

A. $\dfrac{1}{v_0}+t^2$ B. $\dfrac{1}{v_0}-t^2$

C. $-\dfrac{1}{v_0}+t^2$ D. $-\left(\dfrac{1}{v_0}+t^2\right)$

7. 质量为 1kg 的质点,在加速度 $a=-6t+4\cos 2t$ 的作用下沿 Ox 轴做直线运动。已知当 $t=0$ 时,质点处于坐标原点,速度为 v_0。则质点运动微分方程为 （　　）

A. $v_0t-t^3-\cos 2t$ B. $v_0t-t^3-\cos 2t+1$

C. $v_0t-t^3-\cos 2t-1$ D. $v_0t-t^3+\cos 2t+1$

8. 一细直杆 AB,竖直靠在墙壁上,B 端沿水平方向以速度 v 滑离墙壁,则当细杆运动到图 1-9 所示位置时,细杆中点 C 的速度 （　　）

A. 大小为 $v/2$,方向与 B 端运动方向相同

B. 大小为 $v/2$,方向与 A 端运动方向相同

C. 大小为 $v/2$,方向沿杆身方向

图 1-9　细杆运动

D. 大小为 $\dfrac{v}{2\cos\theta}$,方向与水平方向成 θ 角

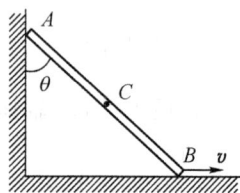

9. 如图 1-10 所示,一辆汽车在雨中沿直线行驶,其运动的速率为 v,雨滴下落的速度方向偏于竖直方向之前 θ 角,速率为 v_0。若车后有一个长方形物体,则物体正好不会被雨水淋湿的车速为　　　　　　(　　)

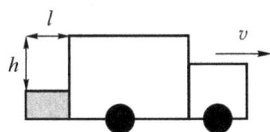

A. $v_0\left(\dfrac{l\cos\theta}{h}+\sin\theta\right)$　　B. $v_0\dfrac{l\cos\theta}{h}$

C. $v_0\left(\dfrac{l}{h}+\sin\theta\right)$　　D. $v_0\left(\dfrac{l\tan\theta}{h}+\sin\theta\right)$

图 1-10　运动的汽车

10. 以初速度 v_0 将一物体斜向上抛,抛射角为 θ,忽略空气阻力,则物体飞行轨道最高点处的曲率半径是　　　　　　　(　　)

A. $\dfrac{v_0\sin\theta}{g}$　　　B. $\dfrac{v_0^2}{g}$　　　C. $\dfrac{v_0^2\cos^2\theta}{g}$　　　D. $\dfrac{v_0^2\sin^2\theta}{2g}$

二、填空题

1. 一个质点按规律 $s=t^3+2t^2$(SI)在圆的轨道上运动,s 为圆弧的自然坐标。如果当 $t=2$s 时的总加速度大小为 $16\sqrt{2}$m·s^{-2},则此圆周的半径为_____。

2. 质点沿 x 轴运动,其加速度 $a=2t^2$(SI)。已知当 $t=0$ 时,质点位于 $x_0=4$m 处,其速度 $v=3$m·s^{-1},则其运动方程为_____。

3. 一个做平面运动的质点,它的运动方程为 $\boldsymbol{r}=\boldsymbol{r}(t)$,$\boldsymbol{v}=\boldsymbol{v}(t)$。若运动时,$\dfrac{\mathrm{d}\boldsymbol{r}}{\mathrm{d}t}=0$,$\dfrac{\mathrm{d}r}{\mathrm{d}t}\neq0$,质点做_____运动;$\dfrac{\mathrm{d}\boldsymbol{v}}{\mathrm{d}t}=0$,$\dfrac{\mathrm{d}v}{\mathrm{d}t}\neq0$,质点做_____运动。

4. 一个质点从距离地面高度 h 处,以初速度 v_0 沿与水平方向成 θ 角的方向做抛体运动,忽略空气阻力,则运动过程中标量值 $\dfrac{\mathrm{d}v}{\mathrm{d}t}$ 是否变化_____;矢量值 $\boldsymbol{a}=\dfrac{\mathrm{d}\boldsymbol{v}}{\mathrm{d}t}$ 是否变化_____;a_{n0} 是否变化_____;轨道最高点的曲率半径_____。

5. 如图 1-11 所示,一个物体沿空间做斜抛运动,测得该物体在轨道点 P 处的速度大小为 v_0,其方向与水平方向的夹角为 $45°$,则物体在点 P 的切向加速度为_____;轨道的曲率半径为_____。

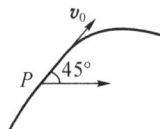

图 1-11　斜抛运动

三、计算题

1. 一艘正在行驶的快艇在速率为 v_0 的时候关闭发动机,其后快艇沿直线运动。运动过程中,其加速度随快艇速率的变化关系为 $a=-kv+b(k>0,b>0)$,计算:

(1)关闭发动机后,快艇在 t 时刻的速率;

(2)关闭发动机后的 t 时间内,快艇离初始点多远。

2.一个质量为 m 的小球,在距离地面高度 h 处以初速度 v_0 水平被抛出,计算:

(1)小球的运动方程;

(2)小球在落地之前的轨迹方程;

(3)落地前瞬间小球的 $\dfrac{\mathrm{d}\boldsymbol{r}}{\mathrm{d}t}$、$\dfrac{\mathrm{d}\boldsymbol{v}}{\mathrm{d}t}$、$\dfrac{\mathrm{d}v}{\mathrm{d}t}$。

3.跳水运动员自 10m 跳台上跳下,入水后因受到水的阻碍而减速,设加速度 $a=-0.4v^2$。求运动员速度减为入水速度的 10% 时的入水深度。

4.宽为 D 的河道,靠岸处水流速度为零,河心处流速最大为 $v_{\max}$,从岸边到河中心流速与离岸的距离成正比。船以恒速 v 垂直于水流方向离岸驶去,当此船驶至河宽的 $\dfrac{1}{4}$ 处,发现燃料不足,立即掉头以 $\dfrac{v}{2}$ 的速度垂直水流返回本岸。计算:

(1)船驶向河岸的轨迹;

(2)返回本岸的地点。

本章参考答案

第二章 质点动力学

本章知识点

一、牛顿三大定律的内容

1.牛顿第一定律:任何物体都具有保持静止或匀速直线运动状态的性质,直到外力迫使它改变这种状态为止。

2.牛顿第二定律:动量为 p 的物体,在合外力 F 的作用下,其动量随时间的变化率等于作用于物体的合外力。

3.牛顿第三定律:两物体之间的作用力 F 和反作用力 F',沿同一条直线,大小相同,方向相反,分别作用于两个不同的物体上。

二、刻画力对时间累积效应的物理量及其规律

1.变力的冲量:

$$I = \int_{t_1}^{t_2} F(t)\,\mathrm{d}t \qquad (2.1)$$

平均冲力:

$$\overline{F} = \frac{\int_{t_1}^{t_2} F(t)\,\mathrm{d}t}{t_2 - t_1} \qquad (2.2)$$

2.动量:

$$p = mv \qquad (2.3)$$

3.质点的动量定理:

$$I = \int_{t_1}^{t_2} F(t)\,\mathrm{d}t = mv_{t_2} - mv_{t_1} \qquad (2.4)$$

4. 质点系的动量定理：

$$\int_{t_1}^{t_2} \sum_i \boldsymbol{F}_i(t)\mathrm{d}t = \sum_i m_i \boldsymbol{v}_{it_2} - \sum_i m_i \boldsymbol{v}_{it_1} \qquad (2.5)$$

5. 动量守恒定律：

$$\sum_i \boldsymbol{F}_i(t) = 0, \qquad \sum_i m_i \boldsymbol{v}_{it_2} = \sum_i m_i \boldsymbol{v}_{it_1} = \text{Constant} \qquad (2.6)$$

三、描述力对空间累积效应的物理量及规律

1. 变力的功

$$W = \int_{\text{起点}}^{\text{终点}} \boldsymbol{F} \cdot \mathrm{d}\boldsymbol{r} \qquad (2.7)$$

保守力的功：保守力做功与路径无关。

$$W = \oint_L \boldsymbol{F}_{\text{保}} \cdot \mathrm{d}\boldsymbol{r} = 0 \qquad (2.8)$$

2. 动能

$$E_{\text{k}} = \frac{1}{2}m\boldsymbol{v} \cdot \boldsymbol{v} = \frac{1}{2}mv^2 \qquad (2.9)$$

3. 质点的动能定理

$$W = \int_{\text{起点}}^{\text{末点}} \boldsymbol{F} \cdot \mathrm{d}\boldsymbol{r} = \frac{1}{2}mv_2^2 - \frac{1}{2}mv_1^2 \qquad (2.10)$$

4. 质点系的动能定理

$$W_{\text{外}} + W_{\text{内}} = E_{\text{k}} - E_{\text{k0}} \qquad (2.11)$$

四、势能

1. 势能的定义式：规定势能零点

$$E_{pa} = \int_a^{\text{势能零点}} \boldsymbol{F}_{\text{保}} \cdot \mathrm{d}\boldsymbol{r} \qquad (2.12)$$

2. 常见的几种势能

重力势能：选择地面作为势能零点，质点距离地面高为 h 处的重力势能为

$$E_{\text{p}} = mgh \qquad (2.13)$$

弹性势能：选择弹簧处于原长处为势能零点，则弹簧形变量为 x 的弹性势能为

$$E_{\text{p}} = \frac{1}{2}kx^2 \qquad (2.14)$$

万有引力势能：选择两质点相距无穷远为势能零点，则相距为 r 的万有引力势能为

$$E_{\text{p}} = -G\frac{Mm}{r} \qquad (2.15)$$

3.保守力的功与势能的关系：在保守力作用下，质点从点 a 移动点 b，保守力做的功等于两点势能增量的负值

$$\int_a^b \boldsymbol{F}_{\text{保}} \cdot \mathrm{d}\boldsymbol{r} = -(E_{pb} - E_{pa}) \tag{2.16}$$

五、质点系的功能原理

$$W_{\text{外}} + W_{\text{非保守内力}} = E - E_0 \tag{2.17}$$

六、质点系的机械能守恒定律

$$W_{\text{外}} + W_{\text{非保守内力}} = 0, \quad E = E_0 \tag{2.18}$$

典型例题及解析

例 2-1　质量为 m 的物体，由不可伸长的轻绳绕过定滑轮与劲度系数为 k 的水平弹簧相连接，如图 2-1 所示。当弹簧处于自然伸长状态时，将物体从静止释放，求物体下落的速度随下落高度变化的函数关系。

解：以物体为研究对象，对其进行受力分析。如图 2-2 所示，受到地球对它的竖直向下的重力 mg 和绳子对它向上的拉力 $F = kx$。以释放处为坐标原点，竖直向下为 x 轴，根据牛顿第二定律，其运动方程为

$$mg - kx = ma = m\frac{\mathrm{d}v}{\mathrm{d}t} = mv\frac{\mathrm{d}v}{\mathrm{d}x}$$

分离变量，两边积分

$$\int_0^v v\mathrm{d}v = \int_0^x \left(g - \frac{k}{m}x\right)\mathrm{d}x$$

得到

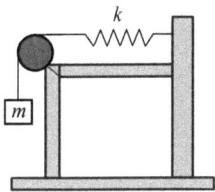

图 2-1

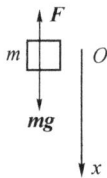

图 2-2

$$v = \sqrt{2gx - \frac{k}{m}x^2}$$

例 2-2　质量为 m 的质点在合力 $F = F_0 - kt$ 的作用下做直线运动，试写出：(1)质点的加速度；(2)质点的速度和位置（设质点开始静止于坐标原点处）。

解：(1)根据牛顿第二定律

$$F = F_0 - kt = ma$$

$$a = \frac{F_0 - kt}{m}$$

(2)由 $a = \dfrac{\mathrm{d}v}{\mathrm{d}t}$，得到

$$\int_0^v \mathrm{d}v = \int_0^t \left(\frac{F_0 - kt}{m}\right)\mathrm{d}t$$

$$v = \frac{F_0 t - \frac{1}{2}kt^2}{m}$$

由 $v = \frac{\mathrm{d}x}{\mathrm{d}t}$，得到

$$\int_0^x \mathrm{d}x = \int_0^t \left(\frac{F_0 t - \frac{1}{2}kt^2}{m} \right) \mathrm{d}t$$

$$x = \frac{\frac{1}{2}F_0 t^2 - \frac{1}{6}kt^3}{m}$$

例 2-3 质量为 1kg 的质点在 xOy 平面内运动，受到 $\boldsymbol{F} = (3+2t)\boldsymbol{i} + 5t\boldsymbol{j}$ 的作用，当 $t = 0$ 时，质点位于坐标原点，初速度 $\boldsymbol{v}_0 = -2\boldsymbol{i}$。求当 $t = 2\mathrm{s}$ 时，质点在 xOy 平面内的位置和运动速度。

解：根据牛顿第二定律有
$$a_x = \frac{F_x}{m} = \frac{3+2t}{1} = 3 + 2t$$

$$a_y = \frac{F_y}{m} = \frac{5t}{1} = 5t$$

$$v_x = v_{0x} + \int_0^t a_x \mathrm{d}t = -2 + \int_0^t (3+2t)\mathrm{d}t = -2 + 3t + t^2 \big|_{t=2} = 8(\mathrm{m/s})$$

$$v_y = v_{0y} + \int_0^t a_y \mathrm{d}t = \int_0^t 5t\,\mathrm{d}t = \frac{5}{2}t^2 \big|_{t=2} = 10(\mathrm{m/s})$$

于是质点在 2s 时的速度
$$\boldsymbol{v} = (8\boldsymbol{i} + 10\boldsymbol{j})\mathrm{m \cdot s^{-1}}$$

$$(2)\, x = x_0 + \int_0^t v_x \mathrm{d}t = \int_0^t (-2 + 3t + 2t^2)\mathrm{d}t = -2t + \frac{3}{2}t^2 + \frac{1}{3}t^3 \big|_{t=2} = \frac{14}{3}(\mathrm{m})$$

$$y = y_0 + \int_0^t v_y \mathrm{d}t = \int_0^t \frac{5}{2}t^2 \mathrm{d}t = \frac{5}{6}t^3 \big|_{t=2} = \frac{20}{3}(\mathrm{m})$$

质点在 2s 时在 xOy 平面内的位置为

$$\boldsymbol{r} = \left(\frac{14}{3}\boldsymbol{i} + \frac{20}{3}\boldsymbol{j} \right)\mathrm{m}$$

例 2-4 质量为 10kg 的物体，在合力 $\boldsymbol{F} = (3t+7)\boldsymbol{i}$ 的作用下从静止出发沿着 x 轴运动，试计算：(1)4s 后物体的冲量；(2)为了使冲量为 96N·s，该力应在这物体上作用多长时间？并说明冲量与物体运动的初速度无关。

解：(1)若物体原来静止，则
$$\boldsymbol{I} = \int_0^t (3t+7)\mathrm{d}t\,\boldsymbol{i} = \int_0^4 (3t+7)\mathrm{d}t\,\boldsymbol{i} = 52\boldsymbol{i}\,\mathrm{kg \cdot m \cdot s^{-1}}，沿 x 轴正向。$$

$$(2)\, I = \int_0^t (3t+7)\mathrm{d}t = 7t + \frac{3}{2}t^2 = 96$$

$$3t^2 + 14t - 192 = 0$$

解得 $t = 6\mathrm{s}$，

设物体的初速度为 v_0，则

$$p_0 = -mv_0, \quad p = m\left(-v_0 + \int_0^t \frac{F}{m}\mathrm{d}t\right) = -mv_0 + \int_0^t F\mathrm{d}t, 于是$$

$$\Delta p_2 = p - p_0 = \int_0^t F\mathrm{d}t = \Delta p_1,$$

同理 $$\Delta v_2 = \Delta v_1, \quad I_2 = I_1$$

这说明,只要力函数不变,作用时间相同,则不管物体有无初动量,也不管初动量有多大,物体获得的动量的增量(亦即冲量)一定相同,这就是动量定理。

例 2-5 质量为 m 的小球以恒定的角速度 ω 沿半径为 R 的水平面做圆周运动,如图 2-3 所示,试求:

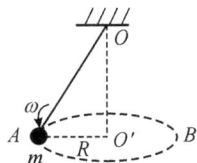

(1)小球绕行一周,作用于小球的重力和绳子的拉力的冲量大小和方向;

(2)小球绕行半周,作用于小球的绳子拉力的冲量大小和方向。

解:以小球为研究对象,小球在运动过程中受到地球对小球的恒定的重力和绳子对小球的变化的拉力作用,建立如图 2-4 所示的坐标系。

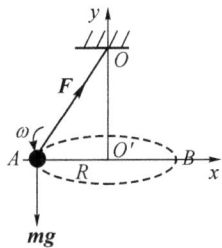

(1)小球运动一周所用的时间为

$$t = \frac{2\pi R}{v}$$

运动一周时,重力冲量为

$$I_{重力} = -mgt\bm{j} = -\frac{2\pi mgR}{v}\bm{j}$$

根据质点的动量定理,合力的冲量等于质点动量的增量。而小球绕行一周其动量不变,所以合外力冲量等于零,即 $I_{重力} + I_{拉力} = 0$。

$$I_{拉力} = -I_{重力} = \frac{2\pi mgR}{v}\bm{j}$$

(2)小球运动半周所用的时间为

$$t' = \frac{\pi R}{v}$$

则重力冲量为

$$I'_{重力} = -mgt'\bm{j} = -\frac{\pi mgR}{v}\bm{j}$$

根据质点的动量定理,小球所受合力的冲量等于质点动量的增量。

$$I = I'_{重力} + I'_{拉力} = mv_B - mv_A = mv\bm{i} - mv(-\bm{i}) = 2mv\bm{i}$$

I、$I'_{重力}$、$I'_{拉力}$ 三矢量的关系,由图 2-5 可见,拉力冲量大小为

$$I'_{拉力} = \sqrt{(2mv)^2 + \left(\frac{\pi Rmg}{v}\right)^2}$$

其方向与水平方向的夹角为

$$\tan\theta = \frac{\pi Rg}{2v^2}$$

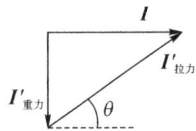

例 2-6 质量为 M 的人手里拿着一个质量为 m 的物体,此人以与水平面成 α 角的速度 v_0 向前跳去。当他到达最高位置时,把物体以相对人为 u 的水平速度向后扔出,计算

人抛出物体时,他向前跳跃的距离增加了多少?

解:把人与物体看作一个系统,在最高点把物体抛出的过程中在水平方向上满足动量守恒,所以有

$$(M+m)v_0\cos\alpha = Mv + m(v-u)$$

式中,v 为人抛出物体后相对于地面的水平速率,$v-u$ 为抛出物对地面的水平速率,解得

$$v = v_0\cos\alpha + \frac{m}{M+m}u$$

而人在水平方向的速率增量

$$\Delta v = v - v_0\cos\alpha = \frac{m}{M+m}u$$

而人从最高点到地面的运动时间为

$$t = \frac{v_0\sin\alpha}{g}$$

所以,人跳跃后增加的距离为

$$\Delta x = \Delta vt = \frac{mv_0\sin\alpha}{(M+m)g}u$$

例 2-7 质量为 M、半径为 R 的 1/4 圆弧形的光滑轨道静止在光滑的桌面上。现有质量为 m 的物块由轨道的上端 A 点静止滑下。如图 2-6 所示。试求当物块下滑到最低点 B 时,物块对轨道的压力以及物块由 A 点滑到 B 点时对轨道所做的功。

解:把物块、轨道和地球作为一个系统。在物块下滑的过程中,只有重力做功,所以系统的机械能守恒。得到

$$mgR = \frac{1}{2}Mv^2 + \frac{1}{2}mv_0^2$$

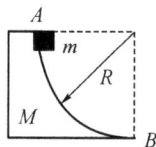

图 2-6

其中,v_0 是物块运动到最低点时相对于地面的速度。

把物块和轨道作为一个系统,此系统水平方向的动量守恒(选向左为正),有

$$0 = Mv - mv_0$$

物块 m 相对于轨道 M 的速度为

$$u = v + v_0$$

物块在轨道上做圆周运动,当物块下滑到最低点时,有

$$F_N - mg = m\frac{u^2}{R}$$

得到

$$F_N = \frac{3M+2m}{M}mg$$

根据动能定理,物块对轨道所做的功等于轨道动能的增量,有

$$W = \frac{1}{2}Mv^2 = \frac{Rgm^2}{M+m}$$

例 2-8 长为 l,质量为 m 的匀质细绳,其 4/5 放在水平桌面上,另 1/5 下垂与一劲度系数为 k 的轻质弹簧相连,弹簧另一端固定于地面。如图 2-7 所示,设绳与桌面之间的摩

擦系数为 μ，若以力 F 水平向左缓慢拉绳，求绳全部被拉至桌面时，F 所做的功。

解：以整根绳 AB 为研究对象，将绳分为 AO 水平段和 OB 竖直段。AO 水平段受重力、支持力，此二力与位移垂直，均不做功。水平方向受拉力、张力、摩擦力。OB 竖直段受重力、弹簧力、张力。为了计算方便，建立如图 2-8 所示坐标系。拉力的功等于克服三力做功之和。

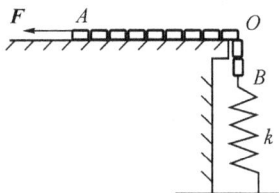

图 2-7

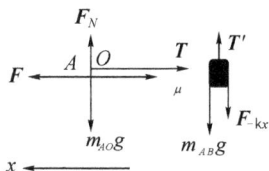

图 2-8

$$W_F = \int \boldsymbol{F} \cdot \mathrm{d}\boldsymbol{x} + \int \boldsymbol{m}_{OB}\boldsymbol{g} \cdot \mathrm{d}\boldsymbol{x} + \int -kx\,\mathrm{d}x$$

$$= \int_{\frac{l}{5}}^{0} -\mu\frac{m}{l}(l-x)g\,\mathrm{d}x + \int_{\frac{l}{5}}^{0} -\frac{m}{l}gx\,\mathrm{d}x + \int_{\frac{l}{5}}^{0} -kx\,\mathrm{d}x$$

$$= \frac{9\mu mg}{50} + \frac{mgl}{50} + \frac{kl^2}{50}$$

$$= \frac{1}{50}\left[(l+9\mu)mg + kl^2\right]$$

基础练习

基础练习一 牛顿运动定律及其应用

一、选择题

1. 质量为 M 的斜面上放有一质量为 m 的物快，斜面光滑，斜面与水平面之间的摩擦系数为 μ，现有一个如图 2-9 所示的水平推力 F 作用于斜面，欲使物块静止于斜面上，则水平推力最小为 （ ）

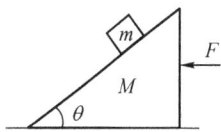

图 2-9 水平推力 F

    A. $(\mu + \tan\theta)(M+m)g$　　　　　　B. $(\mu + \tan\theta)Mg$

    C. $(\mu + \tan\theta)mg$　　　　　　　　D. $(\mu + \tan\theta)Mmg$

2. 有两个质量分别为 m_1 和 $m_2(m_2 > m_1)$ 的物体通过一条细线相连，m_1 置于摩擦系数为 μ_0 的桌面上，m_2 下垂，则 m_2 下落过程中，细绳对 m_1 产生的拉力为 （ ）

    A. $\dfrac{m_1 m_2 \mu_0 g}{m_1 + m_2}$　　　　　　　　　B. $\dfrac{(\mu_0 + 1)m_1 m_2 g}{m_1 + m_2}$

    C. $\dfrac{m_2 \mu_0 g}{m_1 + m_2}$　　　　　　　　　D. $\dfrac{(\mu_0 - 1)m_1 m_2 g}{m_1 + m_2}$

3. 天文观测台的屋顶是一个半径为 R 的半球形,现有一个质量为 m 的物体从光滑屋顶的顶端由静止落下,若摩擦系数为 μ_0,则物体静止在球面上与竖直方向的夹角为 θ 时,摩擦系数 μ_0 等于 （　　）

  A. $mg\sin\theta$ B. $mg\cos\theta$ C. $mg\tan\theta$ D. $\tan\theta$

4. 在升降机的顶上挂有一轻绳,在其下端系上一个质量为 m 的重物,当升降机以加速度 a 上升时,绳的拉力刚好等于绳子所能承受的最大拉力的 $1/3$,则绳子刚好被拉断时,升降机的加速度为 （　　）

  A. $3a$ B. $3(a+g)$ C. $3a+2g$ D. $2(a+g)$

5. 有一长为 l 的细绳,一端固定于 O 点,另一端系一个质量为 m 的小球,小球绕 O 点在铅直平面内做圆周运动,小球在最高点时绳的拉力为零而不下落,则小球在轨道上与最高点竖直线交角为 θ 时的速度为 （　　）

  A. $\sqrt{gl(3-2\cos\theta)}$ B. $\sqrt{3gl\sin\theta}$ C. $\sqrt{3gl(2-\cos\theta)}$ D. $\sqrt{3gl\cos\theta}$

6. 在光滑的水平面上有一质量为 M、倾角为 θ 的光滑斜面,其上有一质量为 m 的物块,如图 2-10 所示。物块在下滑的过程中相对于地面的加速度大小为（　　）

  A. $\dfrac{Mmg\cos\theta}{M+m\sin\theta\cos\theta}$ B. $\dfrac{Mmg\cos\theta}{M-m\sin\theta\cos\theta}$

  C. $\dfrac{mg\sin\theta\cos\theta}{M+m\sin^2\theta}$ D. $\dfrac{Mmg\cos\theta}{M-m\sin^2\theta}$

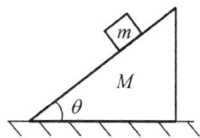

图 2-10　斜面上的物体

7. 一个质量为 M 的质点沿 Ox 轴正向运动,假设该质点通过坐标为 x 的位置时,速度的大小为 kx（k 为正值）,则此时作用于该质点上的力为（　　）,该质点从 $x=x_0$ 点出发运动到 $x=x_1$ 处所经历的时间为 （　　）

  A. Mk^2x,$\dfrac{1}{k}\ln\left(\dfrac{x_1}{x_0}\right)$ B. Mk^2x,$\dfrac{1}{k}\ln\left(\dfrac{x_0}{x_1}\right)$

  C. Mkx,$\dfrac{1}{k}\ln\left(\dfrac{x_1}{x_0}\right)$ D. Mkx,$\dfrac{1}{k}\ln\left(\dfrac{x_0}{x_1}\right)$

8. 质点的质量 $m=1\text{kg}$,在 $F=3(1+v)$ 的作用下从静止出发沿直线运动,则质点在任意时刻的速度为 （　　）

  A. $e^{3t}-1$ B. $3e^t$ C. $3e^{3t}-1$ D. e^{3t}

9. 质量为 m 的物体初始时位于 x_0 处,在合力 $F=-k/x^2$（k 为常数）的作用下从静止开始沿 Ox 轴运动,则物体在任意位置 x 处的速度为 （　　）

  A. $\sqrt{\dfrac{k}{m}\left(\dfrac{1}{x}-\dfrac{1}{x_0}\right)}$ B. $\sqrt{\dfrac{2k}{m}\left(\dfrac{1}{x}-\dfrac{1}{x_0}\right)}$

  C. $\sqrt{\dfrac{3k}{m}\left(\dfrac{1}{x}-\dfrac{1}{x_0}\right)}$ D. $2\sqrt{\dfrac{k}{m}\left(\dfrac{1}{x}-\dfrac{1}{x_0}\right)}$

10. 质量为 1kg 的质点,在合力 $\boldsymbol{F}=(3t+5)(\text{N})$ 的作用下做直线运动,当 $t=0$ 时该质点以 $v=2\text{m/s}$ 的速度通过坐标原点,则该质点在任意时刻 t 的位置为 （　　）

  A. $\dfrac{3}{2}t^2+5t+2$ B. $3t^2+5t+2$

  C. $\dfrac{1}{2}t^3+\dfrac{5}{2}t^2+2t$ D. $t^3+\dfrac{5}{2}t^2+2t+2$

二、填空题

1. 一个质量为 m 的质点，沿 x 轴做直线运动，受到的作用力为 $F = F_0 \sin(\omega t)i$ (SI)，$t = 0$ 时刻，质点的位置坐标为 x_0，初速度 $v_0 = 0$。则质点的位置坐标和时间的关系式是 $x = \underline{\hspace{2cm}}$。

2. 如图 2-11 所示，一个质量为 m 的小物体靠在一辆前进的小车的竖直前壁上，物体和车壁间的静摩擦系数为 μ，欲使物体不从车上掉下来，则小车的加速度最小值 $a = \underline{\hspace{2cm}}$。

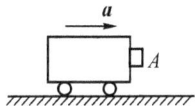
图 2-11 运动的小车

3. 物体静止在光滑的水平面上，先对物体施加一个水平向右的恒力 F_1，经过 t 秒后撤去 F_1，立即再对它施加一个水平向左的恒力 F_2，又经过 t 秒后物体回到出发点。在这一过程中，恒力 F_1 与 F_2 之间关系为 $\underline{\hspace{2cm}}$。

4. 质量为 m 的质点，在变力 $F = F_0(1 - kt)$（F_0 与 k 均为常量）的作用下沿 Ox 轴做直线运动。已知 $t = 0$ 时，质点位于坐标原点，速度为 v_0。则质点运动的微分方程表达式为 $\underline{\hspace{2cm}}$，质点速度随时间变化规律为 $\underline{\hspace{2cm}}$，质点的运动学方程为 $\underline{\hspace{2cm}}$。

5. 如图 2-12 所示，把一根匀质细棒 AC 放置在光滑桌面上，已知棒的质量为 m，长度为 L。今用大小为 F 的力沿水平方向推向棒左端。设想把棒分成 AB、BC 两段，且 $BC = 0.2L$，则 AB 段对 BC 段的作用力大小为 $\underline{\hspace{2cm}}$。

图 2-12 均匀细棒

6. 如图 2-13 所示，一个斜面与水平面的夹角为 θ，物体 A 和 B 的质量都是 m。物体 A 与斜面之间的摩擦系数为 μ_0，则绳对物体 A 的拉力为 $\underline{\hspace{2cm}}$。设绳与滑轮之间的摩擦力以及绳与滑轮的质量均可略去不计。

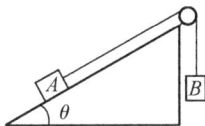
图 2-13 斜面运动

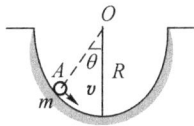
图 2-14 半圆形槽

7. 如图 2-14 所示，质量为 m 的小球 A 沿着中心在以 O 为圆心、半径为 R 的光滑半圆形槽内下滑。当小球 A 滑到图示的位置时，其速率为 v，小球中心与 O 的连线 OA 和竖直方向成 θ 角，则小球对槽的压力等于 $\underline{\hspace{2cm}}$；小球的切向加速度等于 $\underline{\hspace{2cm}}$。

8. 质量为 1kg 的质点在平面内运动，其运动规律满足 $r = 5\cos(4t)i + 4\sin(4t)j$，则任意 t 时刻质点所受的合力为 $\underline{\hspace{2cm}}$。

9. 质量为 $m = 2$kg 的雨滴下降时，因受空气阻力，在落地前已是匀速运动，其速率为 $v = 5.0$m/s。设空气阻力的大小与雨滴下落的速率成正比，比例系数 $k = 2.0$。则当雨滴下降速率为 $v = 4.0$m/s 时，其加速度大小为 $\underline{\hspace{2cm}}$（取 $g = 10$m/s^2）。

10. 质量为 m 的子弹以速度 v_0 水平射入沙土中。子弹运动中所受的阻力与速度大小成正比，比例系数为 k。子弹射入沙土后，其速度随时间变化的函数关系为 $\underline{\hspace{2cm}}$；子弹射入沙土的最大深度为 $\underline{\hspace{2cm}}$。

三、计算题

1. 锥面的轴线 OO' 的竖直方向与母线的夹角为 θ，质量为 m 的物体在光滑的锥面上以转速 n 转动，悬线长度为 l。求：

(1) 物体 m 的线速度；

(2) 悬线的张力，及锥面对物体的作用力；

(3) 使锥面的作用力为零时，物体所需要的转速。

2. 设飞机连同驾驶员总质量为 1000kg，飞机以 55m/s 的速率在水平跑道上着陆后，驾驶员开始制动，若阻力与速率成正比，比例系数为 500N/s，空气对飞机的升力不计，计算：(1) 10s 后飞机的速率；(2) 飞机停止时滑行的距离。

3. 如图 2-15 所示，漏斗绕铅直轴做着匀角速率转动，其内壁有一质量为 m 的小木块，木块到转轴的垂直距离为 R，木块与漏斗内壁间的静摩擦系数为 μ_0，漏斗内壁与铅直轴成 θ 角，若要使木块相对于漏斗内壁静止不动，计算：(1) 漏斗的最大角速度；(2) 漏斗的最小角速度。

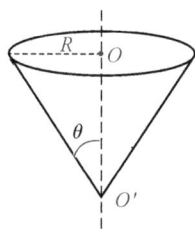

图 2-15　运动的漏斗

4. 一个质量为 m 的物体以 v_0 的初速率在水中竖直下沉，在运动过程中受到水对它的浮力大小为 F_1，水对它的黏滞阻力的大小与速率成正比，即 $F_2 = kv$（k 是常数），试推出：

(1) 物体的运动速率随时间变化的关系；

(2) t 时间内物体下落的深度；

(3) 物体停止运动前经过的距离；

(4) 当 $t = \dfrac{m}{k}$ 时速度减至多少？

5. 如图 2-16 所示,质量为 50kg 的跳水运动员从 10m 高台上跳下,入水后身体与运动方向垂直的截面面积为 $S = 0.08\text{m}^2$,假设人在水中所受合力满足 $f_{\text{合}} = \frac{1}{2}c\rho Sv^2$,$\rho$ 为水的密度,c 为受力系数,约为 0.5,试求跳水池的水深应该多少比较合理(运动员在入水前可视为自由落体,一般跳水运动员在水中当向下速度减少到 2m/s 时会转身,并以脚蹬池底上浮)?

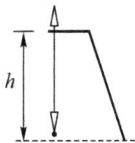
图 2-16 跳水运动

6. 一条总长度为 L 的链条,放在光滑的桌面上,其中一端下垂,下垂的长度为 l_0。假定开始时链条静止,计算链条下滑到一半时的速度。

7. 一个物体自地球表面以速率 v_0 竖直上抛。假定空气对物体阻力的关系为 $f = kmv^2$,其中 m 为物体的质量,k 为常数。计算:

(1)物体能够上升到的最大高度;(2)物体返回地面时速度的大小。

基础练习二 冲量 动量定理 动量守恒定律

一、选择题

1. 有一质量为 m 的小球,系在细绳的下端做圆周运动,如图 2-17 所示。圆的半径为 R,运动速率为 v,当小球在轨道上运动一周后回到原处时,小球在这一周期内物体的　　　　　　　　(　)

A. 动量不变,合外力为零,合外力的冲量不为零

B. 动量不变,合外力不为零,合外力的冲量不为零

C. 动量变化为零,合外力不为零,合外力的冲量为零

D. 动量变化为零,合外力为零,合外力的冲量不为零

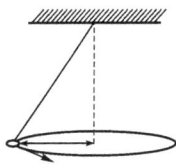
图 2-17 圆周运动

2.以下说法正确的是 （ ）

A.大力的冲量一定比小力的冲量大

B.小力的冲量有可能比大力的冲量大

C.速度大的物体动量一定大

D.质量大的物体动量一定大

3.质量为 m 的小球,在合力 $F=-kx$ 作用下运动,已知 $x=A\cos\omega t$,其中 k,ω,A 为正常量,则在 $t=0$ 到 $t=\dfrac{\pi}{2\omega}$ 这段时间内小球动量的增量为 （ ）

A. $\dfrac{kA}{\omega}$　　　　　　　　　　　　B. $-2\dfrac{kA}{\omega}$

C. $-\dfrac{kA}{\omega}$　　　　　　　　　　　　D. $\dfrac{2kA}{\omega}$

4.速度为 v 的 α 粒子 ${}_2^4\mathrm{He}$ 与一静止的 ${}_{10}^{20}\mathrm{Ne}$(氖)原子作完全弹性对心碰撞,则碰撞后 ${}_2^4\mathrm{He}$ 的速度为 （ ）

A. $v/3$　　　　　　　　　　　　B. $v/2$

C. $v/4$　　　　　　　　　　　　D. $v/6$

5.质量为 M 的船静止在平静的湖面上,质量为 m 的人以相对于船的速度 v 从船头走到船尾,设船运行的速度为 V,则根据动量守恒定律列出的方程为 （ ）

A. $MV+mv=0$　　　　　　　　B. $MV=m(v-V)$

C. $MV+m(v+V)=0$　　　　　　D. $(M+m)V=mv$

6.某人用合力 $\boldsymbol{F}=(2+5t)\boldsymbol{i}$(SI)推质量 $m=1\mathrm{kg}$ 的物体,使物体沿 Ox 轴的正方向从静止开始运动,则物体在 $2\mathrm{s}$ 末的动量以及这段时间内的冲量分别为 （ ）

A. $-18\boldsymbol{i}\mathrm{kg}\cdot\mathrm{m}\cdot\mathrm{s}^{-1},-18\boldsymbol{i}\mathrm{kg}\cdot\mathrm{m}\cdot\mathrm{s}^{-1}$　　B. $-14\boldsymbol{i}\mathrm{kg}\cdot\mathrm{m}\cdot\mathrm{s}^{-1},14\boldsymbol{i}\mathrm{kg}\cdot\mathrm{m}\cdot\mathrm{s}^{-1}$

C. $18\boldsymbol{i}\mathrm{kg}\cdot\mathrm{m}\cdot\mathrm{s}^{-1},18\boldsymbol{i}\mathrm{kg}\cdot\mathrm{m}\cdot\mathrm{s}^{-1}$　　D. $27\boldsymbol{i}\mathrm{kg}\cdot\mathrm{m}\cdot\mathrm{s}^{-1},27\boldsymbol{i}\mathrm{kg}\cdot\mathrm{m}\cdot\mathrm{s}^{-1}$

7.一个质量为 m 的乒乓球,以速率 v,与台面呈 $45°$ 的夹角撞向乒乓球台,假设碰撞后的速率,与台面的夹角和碰撞前的相同,且发生碰撞的时间为 Δt,则此过程中乒乓球所受乒乓球台的平均冲力大小为 （ ）

A. $\dfrac{2mv}{\Delta t}$　　　　　　　　　　　　B. $\dfrac{\sqrt{2}mv}{\Delta t}$

C. $\dfrac{mv}{\Delta t}$　　　　　　　　　　　　D. 0

8.质量为 $20\mathrm{g}$ 的子弹,以 $400\mathrm{m/s}$ 的速度沿与竖直方向呈 $30°$ 射入一个原来静止的质量为 $980\mathrm{g}$ 的摆球中,摆线长度不可伸缩。子弹射入后与摆球一起运动的速度为 （ ）

A. $4\mathrm{m/s}$　　　　　　　　　　　　B. $8\mathrm{m/s}$

C. $9\mathrm{m/s}$　　　　　　　　　　　　D. $7\mathrm{m/s}$

9.质量为 m 的物体以初速 v_0 做竖直上抛运动。不计空气阻力从抛出到落回抛出点这段时间内,物体动量的增量大小和重力的冲量大小分别为 （ ）

A. $0,0$　　　　　　　　　　　　B. $2mv_0,2mv_0$

C. $mv_0,2mv_0$　　　　　　　　　D. $0,mv_0$

10. 如图 2-18 所示有一质量为 M 的斜面,倾角为 α,底边 AB 长为 l,质量为 m 的物体从顶端由静止开始下滑,滑到地面时,斜面向左移动的速度为 v_0,则物体滑下斜面前的速度大小为　　(　　)

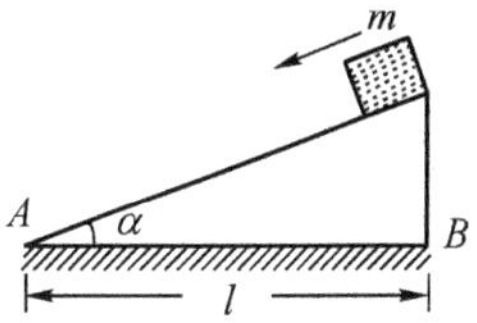

A. $\dfrac{Mv_0}{m}$　　　　　　　　　　B. $\dfrac{Mv_0\cos\alpha}{m}$

C. $\dfrac{mv_0}{M\cos\alpha}$　　　　　　　　　D. $\dfrac{Mv_0}{m\cos\alpha}$

图 2-18　斜面运动

二、填空题

1. 力 F 作用在质量为 1.0kg 的质点上,使之沿 x 轴运动。已知在此力作用下质点的运动学方程为 $x=3t^2+t^3$(SI)。则 $0\sim2$s 这段时间内力 F 的冲量大小 $I=$ _____。

2. 质量为 m 的弹球自高处落下,以速率 v_1 与地面发生碰撞,碰后竖直向上弹回,碰撞时间极短,弹起的速率为 v_2。碰撞过程中,以垂直地面向上为正方向,地面对弹球的冲量为 _____。

3. 质量为 m 的篮球被运动员从高为 y_0 处沿水平方向以速率 v_0 抛出,与地面碰撞后跳起的最大高度为 $\dfrac{y_0}{2}$,水平速率为 $\dfrac{v_0}{2}$,则碰撞过程中,地面对小球的冲量大小为 _____。

4. 一个原来静止在光滑水平面上的物体,突然裂成三块,以相同的速率沿三个方向在水平面上运动,各方向之间的夹角如图 2-19 所示,则三块物体的质量之比 $m_1:m_2:m_3$ = _____。

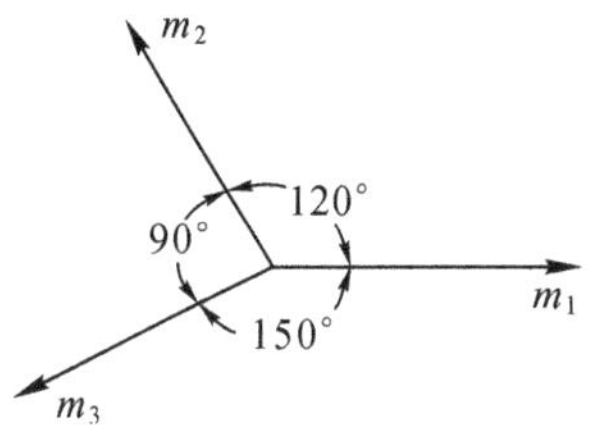

图 2-19　爆炸的物体

5. 在光滑水平桌面上停放着 A、B 两辆小车,其质量 $m_A=2m_B$,两车中间有一根用细线缚住的被压缩弹簧,当烧断细线弹簧弹开时,A 车的动量变化量和 B 车的动量变化量之比为 _____。

6. 以初速度 v_0 竖直上抛一个质量为 m 的小球,不计空气阻力,则小球上升到最高点的一半时间内的动量变化为 _____,小球上升到最高点的一半高度内的动量变化为 _____(选竖直向下为正方向)。

7. 车在光滑水平面上以 2m/s 的速度匀速行驶,煤以 100kg/s 的速率从上面落入车中,为保持车的速度为 2m/s 不变,则必须对车施加水平方向的平均拉力为 _____。

8. 在距地面 15m 高处,以 10m/s 的初速度竖直上抛出小球 a,向下抛出小球 b,若 a、b 两球的质量相同,运动中空气阻力不计,经过 1s,重力对 a、b 两球的冲量比等于 _____。

9. 一个质量为 1kg 的物体置于水平地面上,物体与地面之间的静摩擦系数 $\mu_0=0.2$,滑动摩擦系数 $\mu=0.16$,现对物体施加一个水平拉力 $F=2t^2-2$(SI),则 2s 末物体的速度大小为 _____。

10. 两个用轻弹簧连着的滑块 A、B,滑块 A 的质量为 $\dfrac{m}{2}$,B 的质量为 m,弹簧的倔强系数为 k,A、B 静止在光滑的水平面上(弹簧为原长)。若滑块 A 被水平方向射来的质

量为 $\frac{m}{2}$、速度为 v 的子弹射中,则在射中后,滑块 A 及嵌在其中的子弹共同运动的速度为_____,此时刻滑块 B 的速度为_____,在以后的运动过程中,滑块 B 的最大速度为_____。

三、计算题

1. 一个质量 $m=10\text{kg}$ 的物体放在水平地面上,在水平拉力 F 的作用下从静止开始沿 Ox 轴运动,其所受的力如图 2-20 所示,若已知物体与地面之间的滑动摩擦系数为 $\mu=0.2$,且 $t=0$ 时,$v_0=5\text{m/s}$,计算:

（1）物体在 $t=5\text{s}$ 时的速度大小;

（2）物体在 $t=7\text{s}$ 时的速度大小。

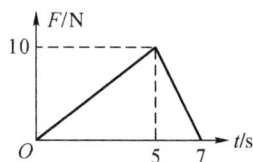

图 2-20 拉力的变化

2. 高空走钢丝演员的质量为 50kg,为安全起见,在演员腰上系一根长度为 5.0m 的弹性的安全带,弹性缓冲时间为 1.0s,当演员不慎跌下时,若缓冲时间为 0.05s,在缓冲时间内,安全带给演员的平均作用力有多大?

3.如图 2-21 所示的圆锥摆,绳长为 l,绳子一端固定,另一端系一质量为 m 的质点,以匀角速 ω 绕铅直线做圆周运动,绳子与铅直线的夹角为 θ。
在质点旋转一周的过程中,试求:

(1)质点所受合外力的冲量;

(2)质点所受张力 T 的冲量。

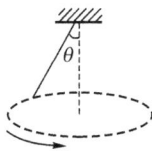

图 2-21　圆锥摆的圆周运动

4.质量为 m' 的人手里拿着一个质量为 m 的物体,此人用以与水平方向成 α 角的速率 v_0 向前跳去。当他达到最高点时,他将物体以相对于人为 u 的水平速率向后抛出,问:由于人抛出物体,他跳跃的距离增加了多少?(假设人可视为质点)

5.一个做斜抛运动的炮弹,飞到最高点时离地面为 19.6m 处,在最高点发生爆炸,裂为质量相同的 A、B 两块。爆炸 1s 后,A 块落到爆炸点的正下方地面上,此处距抛出点的水平距离为 100m,计算 B 块落在距抛出点多远的地面上(不计空气阻力)。

基础练习三　动能　动能定理　机械能守恒定律

一、选择题

1.C、D 两物体的质量分别为 m_C、m_D,且 $m_C = 4m_D$,两者用一个轻弹簧相连后放置在光滑的水平桌面上,现用外力将两物体压紧使弹簧压缩,然后在两物体静止时撤去外力,则此后两运动物体的动能比 $E_{kC} : E_{kD}$ 为　　　　　　　　　　　　　　　　（　　）

A.1：4

B.1：1

C.4：1

D.1：16

2. 质点受到合力 $F=F_0 e^{-kx}$ 的作用,若质点在 $x=0$ 处的速度为零,此质点所能达到的最大动能为 （ ）

  A. F_0/e^k B. F_0/k C. $F_0 k$ D. $F_0 k e^k$

3. 如图 2-22 所示,质点在合力作用下沿半径 $R=2$m 的圆做圆周运动,其中一个恒力 $\boldsymbol{F}=0.5\boldsymbol{i}$N,质点从点 C 开始沿逆时针方向经 1/4 圆周到达点 D,此过程中力 $\boldsymbol{F}$ 做的功为 （ ）

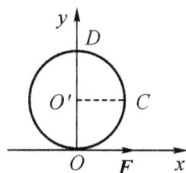

  A. 1.5J   B. 1J

  C. 2J   D. 0.5J

图 2-22   圆周运动

4. 劲度系数为 k 的轻弹簧竖直放置,下端吊挂一个质量为 m 的重物,开始时弹簧处于原长且重物恰好与地面相接触。现捏住弹簧上端缓慢拉起,直到重物完全脱离地面为止,则此过程中外力做的功为 （ ）

  A. $\dfrac{(mg)^2}{3k}$ B. $\dfrac{mg}{2k}$ C. $\dfrac{(mg)^2}{2k}$ D. $\dfrac{(mg)^2}{4k}$

5. 质量为 2kg 的物体,在变力 F 的作用下沿 Ox 轴做直线运动,变力 F 随坐标 x 的变化关系如图 2-23 所示,物体在 $x=0$m 处速度大小为 1m/s,则物体运动到 $x=7$m 处,其速度的大小为 （ ）

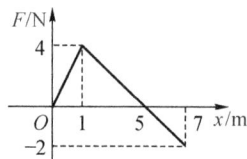

  A. 9m/s   B. $3\sqrt{2}$m/s

  C. $9\sqrt{2}$m/s   D. 3m/s

图 2-23 F 随 x 的变化

6. 有一劲度系数为 k 的轻弹簧,原长为 l_0,将它吊在天花板上。当它的下端挂有一托盘,托盘平衡时,其长度变为 l_1。然后在托盘中放砝码,弹簧的长度变为 l_2,则弹簧从 l_1 伸长到 l_2 的过程中,弹性力所做的功为 （ ）

  A. $-\displaystyle\int_{l_1}^{l_2} kx\,\mathrm{d}x$ B. $\displaystyle\int_{l_1}^{l_2} kx\,\mathrm{d}x$

  C. $-\displaystyle\int_{l_1-l_0}^{l_2-l_0} kx\,\mathrm{d}x$ D. $-\displaystyle\int_{l_1-l_0}^{l_2-l_0} kx\,\mathrm{d}x$

7. 质量为 m 的物体,从距地球中心距离为 R 处自由下落,且 R 比地球半径 R_0 大得多。若不计空气阻力,则落到地球表面时的速度为 （ ）

  A. $\sqrt{2g(R-R_0)}$ B. $\sqrt{2gR_0^2\left(\dfrac{1}{R}-\dfrac{1}{R_0}\right)}$

  C. $\sqrt{2gR_0^2\left(\dfrac{1}{R_0}-\dfrac{1}{R}\right)}$ D. $\sqrt{2gR_0^2\dfrac{1}{R^2}}$

8. 质量为 m 的一艘宇宙飞船关闭发动机返回地球时,认为该飞船只在地球的引力场中运动。已知地球质量为 M,万有引力恒量为 G,地球的半径为 R。则当它从距离地球表面 R_1 下降到 R_2 时,飞船增加的动能等于 （ ）

  A. $\dfrac{GMm}{R_2}$ B. $\dfrac{GMm}{R_2^2}$

  C. $\dfrac{GMm(R_1-R_2)}{R_1 R_2}$ D. $\dfrac{GMm(R_1-R_2)}{R_1^2}$

9.已知地球对一个质量为 m 的质点的引力为 $\boldsymbol{F}=-\dfrac{GMm}{r^2}\boldsymbol{e}_r$（$M,R$ 为地球的质量和半径、$\boldsymbol{e}_r$ 指从地心到质点的单位矢量，r 指地心到质点之间的距离）。（1）若选取无穷远处势能为零，计算地面处的势能；（2）若选取地面处势能为零，计算无穷远处的势能，则两种情况下的势能分别为   （   ）

A. $\dfrac{GMm}{R}$，$-\dfrac{GMm}{R}$ B. $\dfrac{GMm}{R}$，$\dfrac{GMm}{R}$

C. $-\dfrac{GMm}{R}$，$-\dfrac{GMm}{R}$ D. $-\dfrac{GMm}{R}$，$\dfrac{GMm}{R}$

10.用铁锤把质量很小的钉子敲入木板，设木板对钉子的阻力与钉子进入木板的深度成正比。在铁锤敲打第一次时，能把钉子敲入 1.00cm。如果铁锤第二次敲打的速度与第一次完全相同，那么第二次敲入深度为   （   ）

A. 0.41cm B. 0.50cm C. 0.73cm D. 1.00cm

二、填空题

1.某质点在力 $\boldsymbol{F}=(4+5x)\boldsymbol{i}(\text{SI})$ 的作用下沿 x 轴做直线运动，在从 $x=0$ 移动到 $x=10\text{m}$ 的过程中，力 F 所做的功为_____J。

2.质量 $m=1\text{kg}$ 的物体，在 0 到 5s 内，受到变力 $F=3x^2+x+1(\text{SI})$ 作用。物体由静止开始沿 x 轴正方向运动，变力的方向始终沿着 x 轴的正方向。则 3m 内变力 F 对物体所做的功为_____J。

3.力 $\boldsymbol{F}=x\boldsymbol{i}+3y^2\boldsymbol{j}(\text{SI})$ 作用于运动方程为 $x=2t(\text{SI})$ 的做直线运动的物体上，则在 0～1s 内，力 $\boldsymbol{F}$ 对物体所做的功为_____J。

4.质点在两恒力共同作用下，位移为 $\Delta r=3\boldsymbol{i}+8\boldsymbol{j}(\text{SI})$ 在此过程中，动能增量为24J，已知其中一个恒力 $\boldsymbol{F}_1=12\boldsymbol{i}-3\boldsymbol{j}(\text{SI})$，则另一恒力所做的功为_____J。

5.质量 $m=2\text{kg}$ 的物体按 $x=t^2$ 的规律在流体中做直线运动，假设流体对物体的阻力正比于速率的平方，阻力系数为 0.5，则物体从 0 运动到 3m 时，阻力所做的功为_____J。

6.质点在运动过程中受到合力 $\boldsymbol{F}=7\boldsymbol{i}-6\boldsymbol{j}(\text{SI})$ 的作用，当质点从坐标原点运动到 $r=-3\boldsymbol{i}+4\boldsymbol{j}+16\boldsymbol{k}(\text{SI})$，则合力 $\boldsymbol{F}$ 所做的功为_____J。如果质点的质量为 31kg，则质点的动能增量为_____J。

7.质量为 m 的物体，从距地球中心 H 处自由落下，且 $H\gg R_0$（R_0 是地球半径）。运动过程中忽略空气对物体的阻力，则物体落到地球表面时的速率为_____。

8.一通过滑轮链接的系统（滑轮质量不计，轴光滑），外力 $\boldsymbol{F}$ 通过不可伸长的绳子和劲度系数 $k=200\text{N/m}$ 的轻弹簧缓慢地拉地面上的物体，物体的质量 $M=1\text{kg}$，初始时弹簧为自然长度，在绳子拉下 20cm 的过程中，外力所做的功为_____。

9.质量为 m 的小球，连接在劲度系数为 k 的弹簧的一端，弹簧的另一端固定，初始给弹簧一定的压力，小球的直线运动的规律为 $x=A\cos(\omega t)$。小球从 $t=0$ 运动到 $t=\pi/(2\omega)$ 时刻小球的动能增量为_____；运动时，小球的最大弹性势能为_____；小球的最人动能为_____；小球的质量 m 和 ω 关系为_____（忽略摩擦力）。

10. 质量为 m 的子弹从水平方向以速度 v 射入竖直悬挂质量为 M 的靶内，随后它们一起运动，则子弹与靶摆动的最大高度等于_____。

三、计算题

1. 速率为 $300\mathrm{m/s}$ 水平飞行的飞机，与空中一个身长 $0.1\mathrm{m}$、质量为 $0.1\mathrm{kg}$ 的小鸟发生碰撞，假设碰撞后小鸟粘在飞机上，同时忽略小鸟碰撞前的速度，计算：

(1) 假设飞机在碰撞前的动能为 $9 \times 10^8 \mathrm{J}$，则飞机的质量及碰撞后飞机的动能、小鸟碰撞后的动能各为多少？

(2) 讨论在碰撞过程中小鸟和飞机系统的动能变化；

(3) 若飞机飞行高度为 1 万米，以地面为零势能点，飞机的重力势能为多少？

2. 一个质量为 m 的质点在 xOy 平面上运动，其位置矢量为：$\boldsymbol{r} = a\cos\omega t \boldsymbol{i} + b\sin\omega t \boldsymbol{j}$（SI），式中 a、b、ω 是常量且均为正值，且 $a > b$。计算：

(1) 质点在 A 点 $(a, 0)$ 和 B 点 $(0, b)$ 时的动能；

(2) 质点所受的合外力 $\boldsymbol{F}$；

(3) 当质点从 A 点运动到 B 点的过程中，合力 $\boldsymbol{F}$ 的分力 $\boldsymbol{F}_x$ 和 $\boldsymbol{F}_y$ 分别做的功为何？

3. 一根质量为 m、长度为 L 的链条放在桌面上，并使其下垂，下垂一段的长度为 h。设链条与桌面之间的滑动摩擦系数为 μ。令链条由静止开始运动，计算：

(1) 从运动到链条刚离开桌面的过程中，摩擦力对链条做的功；

(2) 链条刚离开桌面时的速率。

4.质量为 m 的小球在外力的作用下,由静止开始从 A 点出发做匀加速直线运动,到达 B 点时撤销外力,小球无摩擦地冲上一半径为 R 的半圆环轨道,恰好能到达最高点 C,而后又刚好落到原来的出发点 A 处,如图 2-24 所示。试求小球在 AB 段运动的加速度的大小。

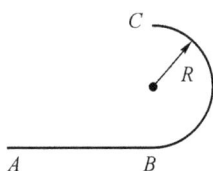

图 2-24　小球的运动

5.若在近似圆形轨道上运行的卫星受到尘埃的微弱空气阻力 f 的作用,设阻力与速度的大小成正比,比例系数 k 为常数,即 $f=-kv$,试求质量为 m 的卫星,开始在离地心 $r_0=4R$(R 为地球半径)陨落到地面所需的时间。

6.在光滑的水平面上平放一根轻弹簧,弹簧一端固定且另一端连一个物体 A,A 边上再放一个物体 B,如图 2-25 所示,它们的质量分别为 m_A 和 m_B,弹簧的劲度系数为 k,原长为 l。用力推 B,使弹簧压缩 x_0,然后释放。求:

(1)当 A 与 B 开始分离时,它们的位置和速度;

(2)分离之后,A 还能往前移动多远?

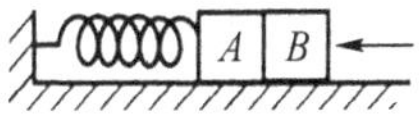

图 2-25　物体的运动

提高练习

一、选择题

1.电梯中放有一桶水,水中浮着一个物体,其质量为 M,体积为 V,物体的一部分浸在水中,当电梯以加速度 a 下降时,物体浸在水中的深度的变化为　　　　　（　　）

A.增大了 a/g 　　　　　　　　B.缩小了 a/g

C.增大了 Ma/g 所需的体积 　　D.缩小了 Ma/g 所需的体积

2.质量分别为 m 和 $4m$ 的两个质点分别以动能 E 和 $4E$ 沿一条直线相向运动,它们的总动量大小为　　　　　　　　　　　　　　　　　　　　　　　　　　　　（　　）

A. $2\sqrt{2mE}$　　　　　　　　　　　　　　B. $3\sqrt{2mE}$

C. $5\sqrt{2mE}$　　　　　　　　　　　　　　D. $(2\sqrt{2}-1)\sqrt{2mE}$

3.质量为 m 的钢球系在长为 l 的绳子的一端,另一端固定在 O 点。如图 2-26 所示,现把绳子拉到水平位置后将此球由静止释放,球在最低点与原来静止的、质量为 m' 的钢块发生完全弹性碰撞,则碰后钢球回弹的高度为　　　　　　　　　　（　　）

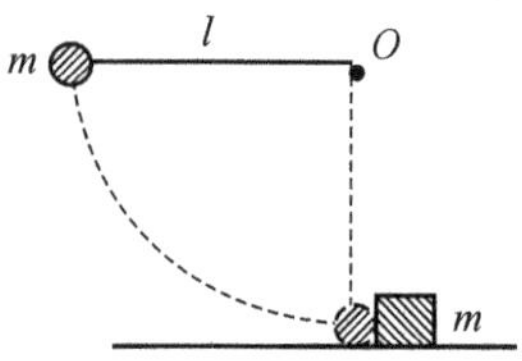

A. $\left(\dfrac{m}{m'+m}\right)l$　　　B. $\left(\dfrac{m+m'}{m'-m}\right)l$

C. $\left(\dfrac{m'-m}{m'+m}\right)^2 l$　　　D. $\left(\dfrac{m}{m'+m}\right)^2 l$

图 2-26　碰撞运动

4.如图 2-27 所示,光滑水平面上有一质量为 M 的物块 a,左侧与一个固定在墙上的弹簧相连,弹簧劲度系数为 k;物块 a 上有一个质量为 m 的物块 b。a、b 之间的最大静摩擦力为 f。现用一个水平力缓慢向左推动物块 a,使弹簧压缩。若在撤去此力后物块 a 与 b 之间没有相对运动,弹簧压缩的最大距离为　　　　　　　　　　　（　　）

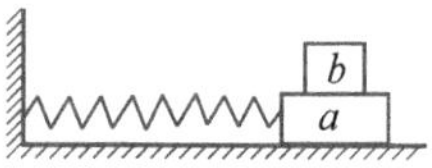

A. $\dfrac{M}{mk}f$　　　　　　　　　　　　B. $\dfrac{M+m}{mk}f$

C. $\dfrac{M}{(m+M)k}f$　　　　　　　　　　D. $\dfrac{m}{(m+M)k}f$

图 2-27

5.质量为 $m=0.1\text{kg}$ 的质点在 xOy 平面内运动,其运动方程为 $\boldsymbol{r}=5t^2\boldsymbol{i}+3\boldsymbol{j}\,(\text{SI})$,从 $t_1=2\text{s}$ 到 $t_2=4\text{s}$ 这段时间内,外力对质点所做的功为　　　　　　　　　　　（　　）

A. 30J　　　　　　B. 60J　　　　　　C. 65J　　　　　　D. 70J

6.打桩机锤的质量为 $m=10\text{t}$,将质量为 $m'=24\text{t}$、横截面为 $s=0.25\text{m}^2$、长 $l=38.5\text{m}$ 的钢筋混凝土桩打入地层,单位侧面积上所受的阻力为 $f=2.65\times10^4\text{N/m}^2$。在桩稳定后,将锤提升至离桩顶面 1m 让其自由下落击桩,假定锤与桩发生完全非弹性碰撞,则第一锤能使桩下落的深度为　　　　　　　　　　　　　　　　　　　　　　　　（　　）

A. 2m　　　　　　B. 0.2m　　　　　　C. 1.5m　　　　　　D. 0.15m

7.劲度系数为 k 的轻弹簧一端固定在墙上,另一端与置于水平面上质量为 m 的物体接触(未连接),弹簧水平且无形变。用水平力 F 缓慢推动物体,在弹性限度内弹簧长度被压缩了 x_0,此时物体静止。撤去 F 后,物体开始向左运动,运动的最大距离为 $4x_0$。物体与水平面间的动摩擦因数为 μ,重力加速度为 g。则下列描述错误的是　　（　　）

A. 撤去 F 时,物体的加速度大小为 $\dfrac{kx_0}{m}-\mu g$

B. 撤去 F 时,物体先做加速运动,再做减速运动

C. 物体做匀减速运动的时间为 $2\sqrt{\dfrac{x_0}{\mu g}}$

D. 物体在加速过程中克服摩擦力做的功为 $\mu mg\left(x_0-\dfrac{\mu mg}{k}\right)$

8. 一个质量为 m 的质点,在半径为 R 的半球形容器中,由静止开始自边缘上的某点滑下,到达最低点时,它对容器的正压力大小为 N,则质点自边缘滑下到最低点的过程中,摩擦力对其做的功为 ( )

A. $(N-mg)R$

B. $\frac{1}{2}(N-3mg)R$

C. $\frac{1}{2}(N-mg)R$

D. $\frac{1}{2}(N+mg)R$

9. 一颗速率为 800m/s 的子弹,打穿第一块木板后,速率下降了 200m/s。如果让它继续穿过厚度和阻力均与第一块完全相同的第二块木板,则子弹的速率将降到(空气阻力忽略不计) ( )

A. $400\sqrt{2}$ B. 200   C. $200\sqrt{2}$ D. 400

10. 起重机用钢丝绳吊运质量为 m 的物体时以速率 v_0 匀速下降,当起重机突然刹车时,因物体仍有惯性运动使钢丝绳有微小伸长。设钢丝绳劲度系数为 k,则钢丝绳所受的拉力为(不计钢丝绳本身质量) ( )

A. $mg+v_0\sqrt{mk}$

B. $mg-v_0\sqrt{mk}$

C. mg

D. $v_0\sqrt{mk}$

二、填空题

1. 质量为 $M=2.0$kg 的物体(不考虑体积),用一根长为 $l=1.0$m 的细绳悬挂在天花板上。今有一质量为 $m=20$g 的子弹以 $v_0=600$m/s 的水平速度射穿物体。刚射出物体时子弹的速度大小 $v=30$m/s。设穿透时间极短,则子弹刚穿出时,绳中张力等于_____;子弹在穿透过程中所受的冲量等于_____。

2. 如图 2-28 所示,光滑斜面与水平面的夹角为 $\alpha=30°$,轻质弹簧上端固定。今在弹簧的另一端轻轻地挂上质量为 $M=1.0$kg 的木块,木块沿斜面从静止开始向下滑动。当木块向下滑 $x=30$cm 时,恰好有一质量 $m=0.01$kg 的子弹,沿水平方向以速度 $v=200$m/s 射中木块并陷在其中。设弹簧的劲度系数为 $k=25$N/m,则子弹打入木块后它们的共同速度等于_____。

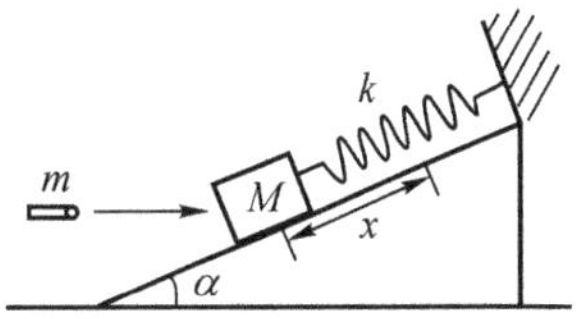

图 2-28 子弹运动

3. 一个质量为 0.2kg 的子弹以 200m/s 的速率射入墙壁内,设子弹所受的阻力与其进入墙壁的深度 x 的关系如图 2-29 所示,则该子弹能进入墙壁的深度为_____。

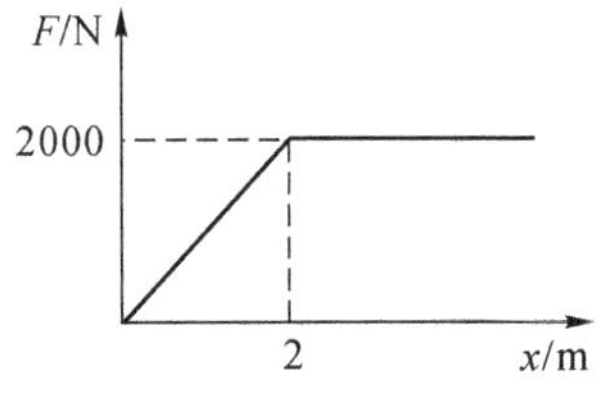

图 2-29 阻力随 x 的变化

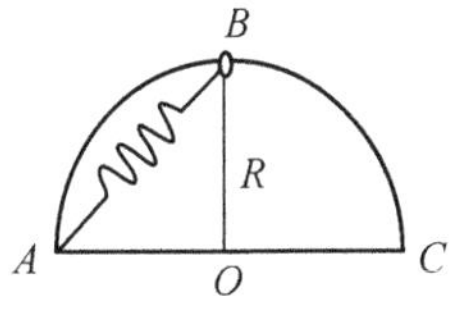

图 2-30 环的运动

4.一个弹簧原长 0.1m,劲度系数 50N/m,其一端固定在半径为 0.1m 的半圆环的端点 A,另一端与一套在半圆环上的小环相连。在把小环由图 2-30 中点 B 移到点 C 的过程中,弹簧的拉力对小环所做的功为_____。

5.质量为 m 的子弹,以水平速度 v_0 射入置于光滑水平面上的质量为 M 的静止砂箱,子弹在砂箱中前进距离 l 后停在砂箱中,同时砂箱向前运动的距离为 s,此后子弹与砂箱一起以共同速度匀速运动,则子弹受到的平均阻力 $\overline{F}=$_____,砂箱与子弹系统损失的机械能 $\Delta E=$_____。

6.两块并排放置的木块质量分别为 m_1 和 m_2,且 $m_1 > m_2$,静止在光滑的水平面上,质量为 m 子弹穿过两木块,假设子弹穿过两木块所用的时间分别为 Δt_1、Δt_2。在子弹穿过木块的过程中,木块对子弹的阻力恒为 F。则子弹穿过后,两木块各自的速度为_____、_____。

7.质量为 m,速率为 v 的小球,以入射角 α 斜向与墙壁相碰,又以原速率沿反射角 α 方向从墙壁弹回。设碰撞时间为 Δt,则墙壁受到的平均冲力大小等于_____。

8.用一根细绳悬挂着质量为 m 的小球,线的长度为 l_0,能承受的最大张力 $F=1.5mg$,现将绳拉直至水平位置然后放手。细线不可伸长,各种阻力不计,悬线与水平线夹角 θ 为_____时,细线裂断了。

9.劲度系数为 k 的弹簧,一端固定在墙上,另一端连接质量为 M 的容器,容器可在光滑的水平面上滑动,当弹簧处于原长时,容器恰在 O 点处,今使容器自 O 点左边 x_0 处由静止开始运动,每经过 O 点一次,就从上方滴入质量为 m 的油滴,当容器中刚滴入了 n 滴油后的瞬间,容器的速率 $u=$_____。容器距离 O 点的最远距离是_____。

10.如图 2-31 所示,质量为 m 的小球系在劲度系数为 k 的轻弹簧一端,弹簧的另一端固定在 O 点。开始时弹簧在水平位置 A,处于自然状态,原长为 l_0。小球由位置 A 释放,下落到 O 点正下方位置 B 时,弹簧的长度为 l,则小球在 B 点的速率为_____。

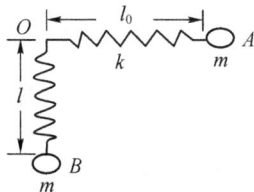

图 2-31 弹簧的运动

三、计算题

1.一个质量为 M 的木块,系在固定于墙壁的弹簧的末端,静止在光滑水平面上,弹簧的劲度系数为 k。一个质量为 m 的子弹射入木块后,弹簧长度被压缩了 L。计算:(1)子弹的速度;

(2)若子弹射入木块的深度为 s,子弹所受的平均阻力。

2.有一种自动卸货的车,满载时质量为 m,从与水平倾角 $\theta = 30°$ 斜面上的 A 点由静止下滑。该斜面对车的阻力为车重的 0.25,砂车由上滑下时,砂车与缓冲弹簧一道沿斜面运动。当砂车使弹簧产生最大压缩形变时,砂车自动卸货,然后砂车借助弹簧的弹性力作用,返回 A 位置装货。试问要完成这一过程,空载与满载时的质量之比为多大?

3.质量为 m 的钢板与直立轻弹簧的上端连接,弹簧下端固定在地上。如图 2-32 所示,平衡时,弹簧的压缩量为 x_0。物块从钢板正对距离为 $3x_0$ 的 A 处自由落下,打在钢板上并立刻与钢板一起向下运动,但不粘连,它们到达最低点后又向上运动。当物块质量为 m 时,它们恰好能回到 O 点,计算:

(1)物块与钢板碰后的速度 v;

(2)弹簧被压缩 x_0 时的弹性势能 E_p;

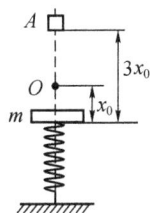

图 2-32　钢板与弹簧

(3)若物块的质量为 $2m$,仍从 A 处自由落下,则物块与钢板回到 O 点时,还具有向上的速度,物块向上运动到最高点与 O 点的距离。

4.一个质量为 m 的小球竖直落入水中,刚接触水面时其速率为 v_0。设此球在水中所受的浮力与重力相等,水的黏滞阻力为 $F_r = -bv$,b 为一常量。计算阻力对球做的功与时间的函数关系。

5. 如图 2-33 所示,在与水平面成 α 角的光滑斜面上放着一个质量为 m 的物体,此物体系于劲度系数为 k 的轻弹簧的一端,弹簧的另一端固定。设物体最初静止。今使物体获得沿斜面向下的速度,设物体在平衡位置处的起始动能为 E_{k_0}。以弹簧原长处物体所在的位置为坐标原点,沿斜面向下为 x 轴正向。试求物体在弹簧的伸长达到 x 时的动能。

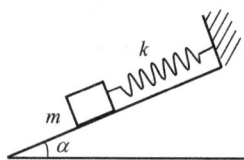

图 2-33 光滑斜面上
物体的运动

本章参考答案

第三章　刚体力学基础

本章知识点

1.刚体模型

物体受到外力作用时，物体的形变量可以忽略不计。

2.刚体绕定轴转动的转动定律

$$M = J\alpha \tag{3.1}$$

3.转动惯量

(1)离散刚体的转动惯量

$$J = \sum_i m_i r_i^2$$

(2)连续刚体的转动惯量

$$J = \int_{all} r^2 \, dm$$

4.角动量、角动量定理、角动量守恒定律

(1)质点的角动量、角动量定理、角动量守恒定律

质点的角动量

$$L = r \times p \tag{3.2}$$

质点的角动量定理

$$\int_{t_0}^{t} M \, dt = L_t - L_{t_0} \tag{3.3}$$

质点的角动量守恒定律

若 $M = 0$，则 $L_t = L_{t_0}$。

(2)刚体的角动量、角动量定理、角动量守恒定律

刚体的角动量

$$L = J\omega \tag{3.4}$$

刚体的角动量定理

$$\int_{t_0}^{t} \sum_i \boldsymbol{M}_i \mathrm{d}t = \boldsymbol{L}_t - \boldsymbol{L}_{t_0} = J_t \boldsymbol{\omega}_t - J_{t_0} \boldsymbol{\omega}_{t_0} \qquad (3.5)$$

刚体的角动量守恒定律

若 $\int_{t_0}^{t} \sum_i \boldsymbol{M}_i \mathrm{d}t = 0$，则 $J_t \boldsymbol{\omega}_t = J_{t_0} \boldsymbol{\omega}_{t_0}$。

5. 力矩的功、转动动能、刚体的转动动能定理

力矩的功

$$W = \int_{\theta_0}^{\theta} \boldsymbol{M} \mathrm{d}\theta \qquad (3.6)$$

刚体的转动动能

$$E_k = \frac{1}{2} J \omega^2 \qquad (3.7)$$

刚体的转动动能定理

$$W = \int_{\theta_0}^{\theta} \boldsymbol{M} \mathrm{d}\theta = \frac{1}{2} J_\theta \omega_\theta^2 - \frac{1}{2} J_{\theta_0} \omega_{\theta_0}^2 \qquad (3.8)$$

典型例题及解析

例 3-1 一个电动机启动后角速度随时间的变化关系为 $\omega = 9.0 \times (1 - e^{-\frac{t}{2.0}})$ rad/s，求：

(1) $t = 6.0$ s 时电机的转速；

(2) $t = 6.0$ s 时电机的角加速度；

(3) 电机启动后 6.0 s 内转过的角位移。

解：(1) 将 $t = 6.0$ s 代入到角速度随时间的变化关系式中，得到

$$\omega = 9.0 \times (1 - e^{-3}) = 8.6 \, (\text{rad/s})$$

(2) 根据 $\alpha = \dfrac{\mathrm{d}\omega}{\mathrm{d}t}$，得到角加速度随时间的变化关系式，并将 $t = 6.0$ s 代入关系式

$$\alpha = \frac{\mathrm{d}\omega}{\mathrm{d}t} = \frac{9.0}{2.0} e^{-\frac{t}{2.0}} = 4.5 e^{-\frac{t}{2.0}} \Big|_{t=6.0\text{s}} = 0.225 \, (\text{rad/s}^2)$$

(3) 电机启动后 6.0 s 内转过的角位移

$$\Delta\theta = \int_0^6 \omega \mathrm{d}t = \int_0^6 9.0 \times (1 - e^{-\frac{t}{2.0}}) \mathrm{d}t = 36.9 \, (\text{rad})$$

例 3-2 质量分别为 m 和 $2m$、半径分别为 r 和 $2r$ 的两个均匀圆盘，同轴地绕通过盘心且垂直盘面的水平光滑固定轴转动，大小圆盘边缘都绕有绳子，绳子下端分别挂两个质量为 M_A 和 M_B 的重物。圆盘与轴、绳与圆盘之间的摩擦力以及绳子的质量均略去不计，绳也不可以伸长。假设滑轮沿顺时针方向旋转，如图 3-1 所示。计算圆盘的角加速度的大小。

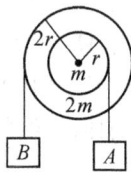

图 3-1 滑轮与物体

解：此题中圆盘属于刚体，物体属于质点，所以是质点动力学与刚体动力学联合题。分别对两个重物以及圆盘进行受力分析，如

图 3-2所示。

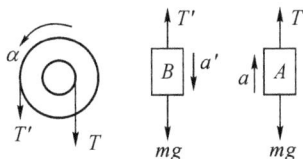

图 3-2　受力分析

根据牛顿定律和刚体转动定律,有

$$mg - T' = ma'$$

$$T - mg = ma$$

$$T' \cdot 2r - Tr = J\alpha = 9mr^2\alpha/2$$

由转盘和重物之间的运动学关系,有

$$a' = 2r\alpha$$

$$a = r\alpha$$

联立以上方程,可得

$$\alpha = \frac{2g}{19r}$$

例 3-3　一个质量为 m_0 的质点位于 (x_1, y_1) 处,速度为 $\boldsymbol{v} = v_x \boldsymbol{i} + v_y \boldsymbol{j}$,质点受到一个沿 x 轴负方向的力 f 的作用,求相对于坐标原点的角动量以及作用于质点上的力的力矩。

解:由题知,质点的位置矢量为

$$\boldsymbol{r} = x_1 \boldsymbol{i} + y_1 \boldsymbol{j}$$

作用在质点上的力为

$$\boldsymbol{f} = -f \boldsymbol{i}$$

所以,质点对原点的角动量 $\boldsymbol{L}$ 为

$$\boldsymbol{L} = \boldsymbol{r} \times m_0 \boldsymbol{v}$$

$$= (x_1 \boldsymbol{i} + y_1 \boldsymbol{j}) \times m_0 (v_x \boldsymbol{i} + v_y \boldsymbol{j})$$

$$= (x_1 m_0 v_y - y_1 m_0 v_x) \boldsymbol{k}$$

作用在质点上的力的力矩为

$$\boldsymbol{M} = \boldsymbol{r} \times \boldsymbol{f} = (x_1 \boldsymbol{i} + y_1 \boldsymbol{j}) \times (-f \boldsymbol{i}) = y_1 f \boldsymbol{k}$$

例 3-4　哈雷彗星绕太阳运动的轨道是一个椭圆。它离太阳的最近距离为 $r_1 = 8.75 \times 10^{10}$ m,此时的速率是 $v_1 = 5.46 \times 10^4$ m/s,离太阳最远时的速率是 $v_2 = 9.08 \times 10^2$ m/s,此时,它离太阳的距离 r_2 是多少?(太阳位于椭圆的一个焦点上)

解:哈雷彗星绕太阳运动时受到太阳的引力——即有心力的作用,所以角动量守恒;又由于哈雷彗星在近日点及远日点时的速度都与轨道半径垂直,故有

$$r_1 m v_1 = r_2 m v_2$$

$$r_2 = \frac{r_1 v_1}{v_2} = \frac{8.75 \times 10^{10} \times 5.46 \times 10^4}{9.08 \times 10^2} - 5.26 \times 10^{12} \, (\text{m})$$

例 3-5　物体的质量为 3kg,$t = 0$ 时物体位置矢量为 $\boldsymbol{r} = 4i$m,速度为 $\boldsymbol{v} = (\boldsymbol{i} + 6\boldsymbol{j})$m/s,现有

恒力 $f=5j$N 作用在物体上。计算 3s 后,(1)物体动量的变化;(2)相对 z 轴角动量的变化。

解:(1) $\Delta \boldsymbol{p} = \int f \mathrm{d}t = \int_0^3 5\boldsymbol{j} \mathrm{d}t = 15\boldsymbol{j} \, \mathrm{kg \cdot m \cdot s^{-1}}$

(2) 根据

$$M = \frac{\mathrm{d}L_z}{\mathrm{d}t}$$

故

$$\Delta \boldsymbol{L} = \int_0^t \boldsymbol{M} \cdot \mathrm{d}t = \int_0^t (\boldsymbol{r} \times \boldsymbol{F}) \mathrm{d}t$$

$$= \int_0^3 \left[(4+t)\boldsymbol{i} + \left(6t + \frac{1}{2}\right) \times \frac{5}{3}t^2 \boldsymbol{j} \right] \times 5\boldsymbol{j} \mathrm{d}t$$

$$= \int_0^3 5(4+t)\boldsymbol{k} \mathrm{d}t = 82.5\boldsymbol{k} \, \mathrm{kg \cdot m^2 \cdot s^{-1}}$$

例 3-6 一个质量为 M、半径为 R 并以角速度 ω 旋转着的飞轮(可视为匀质圆盘),在某一瞬时,突然有一质量为 m 的碎片从轮的边缘处竖直向上飞出,计算:

(1)碎片上升的高度;

(2)飞轮的角速度、角动量和转动动能。

解:(1)质量为 m 的碎片从轮的边缘处竖直向上飞出的前后,系统对于原转动轴的动量矩守恒,因此飞出瞬时,碎片的速率为飞轮边缘的速率,设上升高度 h,则

$$h = \frac{v^2}{2g} = \frac{(\omega R)^2}{2g} = \frac{\omega^2 R^2}{2g}$$

(2)由于系统对于原转动轴的动量矩守恒,飞轮的角速度仍为 ω;

角动量为 $L = J'\omega = \left(\frac{1}{2}MR^2 - mR^2\right)\omega = \left(\frac{1}{2}M - m\right)R^2\omega$,碎片带走角动量 $mR^2\omega$;

转动动能 $E_k = \frac{1}{2}J'\omega^2 = \frac{1}{2}\left(\frac{1}{2}M - m\right)R^2\omega^2$,碎片带走动能 $\frac{1}{2}mR^2\omega^2$。

结论:在碎片脱离时,机械能也守恒。

例 3-7 质量为 M、长为 L 的均匀直杆可绕过端点 O 的水平轴转动,一个质量为 m 的质点以水平速度 v 与静止杆的下端发生碰撞,若 $M=6m$,求质点与杆分别做完全非弹性碰撞和完全弹性碰撞后,杆的角速度大小。

解:(1)完全非弹性碰撞时,质点射入杆内和杆一起转动。在此过程中,质点和杆组成的系统角动量守恒,假设系统绕端点 O 转动的角速度为 ω,则

$$mvL = J\omega = \left(\frac{1}{3}ML^2 + mL^2\right)\omega = (2mL^2 + mL^2)\omega = 3mL^2\omega$$

解出

$$\omega = \frac{v}{3L}$$

(2)完全弹性碰撞时,碰撞前后系统关于端点 O 的角动量守恒,设碰撞后质点的水平速度为 v',直杆绕端点 O 转动的角速度为 ω,因此有

$$mvL = mv'L + J\omega = mv'L + \frac{1}{3}6mL^2\omega$$

得到

$$v - v' = 2L\omega \tag{1}$$

碰撞前后系统的机械能守恒,因此有

$$\frac{1}{2}mv^2=\frac{1}{2}mv'^2+\frac{1}{2}J\omega^2=\frac{1}{2}mv'^2+mL^2\omega^2$$

由上式得到

$$v^2-v'^2=2L^2\omega^2 \tag{2}$$

将(2)式和(1)式两边相除,得到

$$v+v'=L\omega \tag{3}$$

再由(3)式和(1)式解得

$$\omega=\frac{2v}{3L}$$

例 3-8 空心圆环可绕光滑的竖直固定轴 AC 自由转动,转动惯量为 J_0,环的半径为 R,初始时环的角速度为 ω_0。如图 3-3 所示,质量为 m 的小球静止在环内最高处 A 点,由于某种微小干扰,小球沿环向下滑动,问小球滑到与环心 O 在同一高度的 B 点和环的最低处的 C 点时,环的角速度及小球相对于环的速度各为多大?(设环的内壁和小球都是光滑的,小球可视为质点,环截面半径 $R\gg r$。)

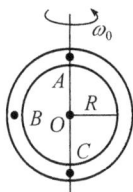

图 3-3　空心圆环的转动

解:选小球和环为系统。运动过程中所受合外力矩为零,所以角动量守恒。对地球、小球和环系统机械能守恒。取过环心 O 的水平面为势能零点。

小球到 B 点时,有

$$J_0\omega_0=(J_0+mR^2)\omega$$

$$\frac{1}{2}J_0\omega_0^2+mgR=\frac{1}{2}J_0\omega^2+\frac{1}{2}m(\omega^2R^2+v_B^2)$$

其中 v_B 表示小球在 B 点时相对于地面的竖直分速度,也就是它相对于环的速度。所以

$$\omega=J_0\omega_0/(J_0+mR^2)$$

小球到 C 点时,由角动量守恒定律,系统的角速度又恢复至 ω_0,而由机械能守恒,有

$$\frac{1}{2}mv_C^2=mg(2R)$$

所以

$$v_C=\sqrt{4gR}$$

基础练习

基础练习一　力矩　刚体绕定轴转动的转动定律

一、选择题

1.某力 $\boldsymbol{F}=(3\boldsymbol{i}+5\boldsymbol{j})$N 作用于某质点上,质点到其坐标原点的位置矢量为 $\boldsymbol{r}=(4\boldsymbol{i}-3\boldsymbol{j})$m,则该力对坐标原点的力矩为　　　　　　　　　　　　　　　(　　)

A. $-3k$N·m
B. $29k$N·m

C. $-29k$N·m
D. $3k$N·m

2. 如图 3-4 所示,一根质量为 m、长度为 l 的均匀细杆,一端固定,让杆从水平位置自由下落,则杆在开始时的水平位置处,其质心处的加速度为 （   ）

A. g
B. 0

C. $\dfrac{3}{4}g$
D. $\dfrac{1}{2}g$

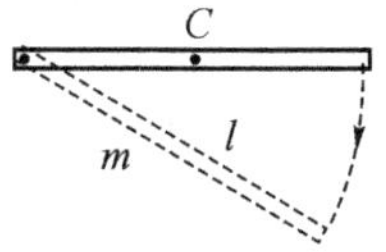

图 3-4　细杆的运动

3. 将细绳绕在一个具有水平光滑轴的飞轮边缘上,如果在绳端系质量为 m 的重物时,飞轮的角加速度为 α_1;如果以拉力 $F=mg$ 代替重物拉绳时,飞轮的角加速度为 α_2,则 α_1、α_2 的表达式为 （   ）

A. $\dfrac{mg}{J}$,$\dfrac{mg}{J}$
B. $\dfrac{mgR}{(J+mR^2)}$,$\dfrac{mgR}{(J+mR^2)}$

C. $\dfrac{mg}{J}$,$\dfrac{mgR}{(J+mR^2)}$
D. $\dfrac{mgR}{(J+mR^2)}$,$\dfrac{mg}{J}$

4. 质量为 m、长为 l 的细而均匀的棒,其下端铰接在水平地板上并竖直地立起,如让它掉下来,则棒以角速度 ω 撞击地板。将同样的棒截去 $l/2$ 的小段,初始条件不变,则它撞击地板的角速度为 （   ）

A. 2ω
B. $\sqrt{2}\omega$
C. ω
D. $\dfrac{1}{2}\omega$

5. 一根质量为 m、长度为 l 的匀质细直棒,平放在水平桌面上。若它与桌面间的滑动摩擦系数为 μ,在 $t=0$ 时,使该棒绕过其一端的竖直轴在水平桌面上旋转,其初始角速度为 ω_0,则细棒停止转动时所需要的时间 Δt 为 （   ）

A. $\dfrac{2\omega_0}{3g\mu}$
B. $\dfrac{\omega_0}{3g\mu}$
C. $\dfrac{\omega_0}{g\mu}$
D. $\dfrac{\omega_0}{6g\mu}$

6. 两个匀质圆盘 A 和 B 相对于过盘心且垂直于盘面的轴的转动惯量分别为 J_A 和 J_B,且两圆盘的质量和厚度相同,两盘的密度各为 ρ_A 和 ρ_B,则两圆盘的密度比 $\rho_A:\rho_B$ 等于 （   ）

A. $J_A:J_B$
B. $J_B:J_A$
C. $J_A^2:J_B^2$
D. $J_B^2:J_A^2$

7. 一个均匀圆盘状飞轮的质量为 20kg,半径为 30cm,当它以每分钟 60 转的速率旋转时,其动能为 （   ）

A. 8.1J
B. $8.1\pi^2$J
C. $16.2\pi^2$J
D. $1.8\pi^2$J

8. 如图 3-5 所示,Q,R 和 S 是附于质量为 m 的刚性杆上的质量分别为 $3m$、$2m$ 和 m 的 3 个质点,$QR=RS=l$,则系统对 OO' 轴的转动惯量为 （   ）

A. $14ml^2$

B. $43ml^2$

C. $\dfrac{14}{3}ml^2$

D. $\dfrac{46}{3}ml^2$

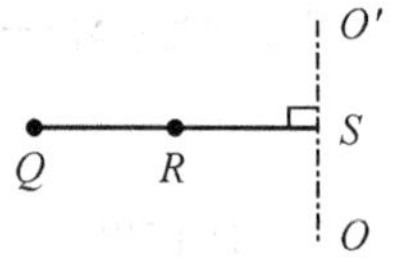

图 3-5　质点系的
转动惯量

9.如图 3-6 所示,两个质量均为 m,半径均为 R 的匀质圆盘状滑轮的两端,用轻绳两边分别系着质量为 m 和 $2m$ 的物体,若系统由静止释放,则两滑轮之间的绳内的张力为 （　　）

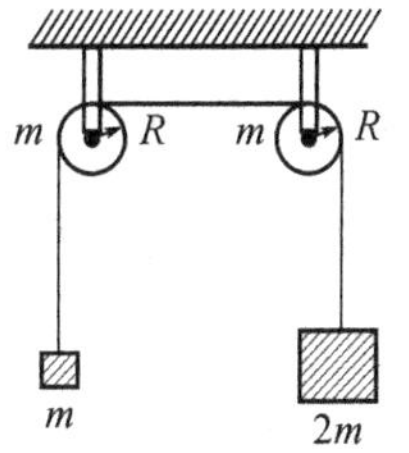

A. $\dfrac{11}{8}mg$　　　　　　　　　　　B. $\dfrac{3}{2}mg$

C. mg　　　　　　　　　　　　　　D. $\dfrac{1}{2}mg$

图 3-6　物体的运动

10.一根均匀细杆长为 l,质量为 m,平放在摩擦系数为 μ 的水平桌面上,设开始时杆以角速度 ω_0 绕过中心 O 且垂直于桌面的轴转动,则作用于杆的摩擦力矩是 （　　）

A. μmgl　　　　　　　　　　　B. $\dfrac{1}{4}\mu mgl$

C. $\dfrac{1}{3}\mu mgl$　　　　　　　　　　D. $\dfrac{1}{8}\mu mgl$

二、填空题

1.半径为 $r=1.0$m 的飞轮做匀变速转动,初角速度 $\omega_0=5.0$rad/s,角加速度 $\alpha=-1.0$rad/s^2,若初始时刻角位移为零,则经过 $t=$_____时角位移再次为零,此时边缘上点的线速率 $v=$_____。

2.两皮带轮半径分别为 R_A 和 R_B,用皮带连接,若皮带不打滑,则两轮的角速度 $\omega_A:\omega_B=$_____,各轮边缘的线速率 $v_A:v_B=$_____,切向加速度的大小 $a_{\tau A}:a_{\tau B}=$_____,法向加速度的大小 $a_{nA}:a_{nB}=$_____。

3.薄均匀圆盘半径为 R,质量为 m,绕通过薄均匀圆盘中心的平面轴转动,其转动惯量 $J_{AA'}=$_____,该圆盘从静止开始,在恒力的力矩 M 作用下转动,t 秒后边缘点 B 的切向加速度的大小 $a_{\tau B}=$_____,法向加速度的大小 $a_{nB}=$_____。

4.质量为 m,半径为 R 的匀质圆盘状滑轮的两端,轻绳两边分别系着质量为 m 和 $2m$ 的物体,若系统由静止释放,则绳对质量为 m 的物体的拉力为_____。

5.在 xOy 平面内有三个质点,质量分别为 $m_1=1.0$kg,$m_2=2.0$kg 和 $m_3=3.0$kg,坐标系中的位置(以 m 为单位)分别为 $m_1(-3,-2)$、$m_2(-2,1)$ 和 $m_3(1,2)$,则由这三个质点构成的质点组对 Oz 轴的转动惯量 $J_{Oz}=$_____。

6.劲度系数 $k=2.0$N·m^{-1} 的轻弹簧,一端固定,另一端用轻绳跨过半径 $R=0.1$m,质量 $m_1=2.0$kg 的定滑轮(看作均匀圆盘)系住质量 $m_2=1.0$kg 的物体,在弹簧未伸长时释放物体,当物体落下 $h=1.0$ m 时的速度的大小 $v=$_____。

7.质量为 m 的物体悬于一条轻绳的一端,绳的另一端绕在一个轮轴的轴上,如图 3-7 所示。轴水平且垂直于轮轴面,其半径为 r,整个装置架在光滑的固定轴承之上。当物体从静止释放后,在时间 t 内下降了一段距离 s,则整个轮轴的转动惯量为_____。

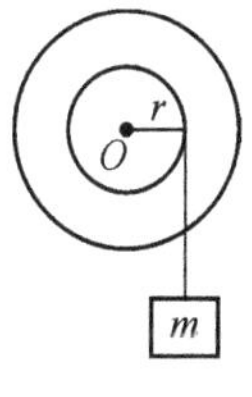

图 3-7　轮轴的运动

8.如图 3-8 所示，一长为 l 的均匀直棒可绕过其一端且与棒垂直的水平光滑固定轴转动。抬起另一端使棒向上与水平面成 60°，然后无初转速地将棒释放。已知棒对轴的转动惯量为 $\frac{1}{3}ml^2$，其中 m 和 l 分别为棒的质量和长度，则放手时，棒的角加速度为_____，棒转到水平位置时的角加速度为_____。

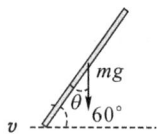

图 3-8　运动的直棒

9.一长为 L、质量不计的细杆，两端附着小球 m_1 和 $m_2(m_1 > m_2)$，细杆可绕通过杆的中心并垂直于杆的水平轴转动，先将杆置于水平然后放开，则刚开始转动的角加速度应为_____。

10.质量为 m_0、半径为 r 的绕有细线的圆柱可绕固定水平对称轴无摩擦转动，若质量为 m 的物体缚在线的一端，并在重力作用下由静止开始向下运动，当物体下降 h 的距离时，物体的动能与圆柱的动能之比为_____。

三、计算题

1.半径为 $r=0.5$m 的砂轮在启动的短时间内，其角速度与时间平方成正比，$\omega=kt^2$（k 是常数）。$t=2.0$s 时测得轮缘一点的速度值为 4.0m/s，计算：

(1)$t'=5.0$s 时砂轮角速度，轮缘一点的切向加速度、总加速度；

(2)该点在 $t=2.0$s 内转过的角位移。

2.质量为 m、半径为 R 的均匀圆盘放在粗糙的水平桌面上，圆盘与桌面的摩擦系数为 μ，圆盘可绕过中心且垂直于盘面的轴转动。设开始时杆以角速度 ω_0 绕过中心 O 且垂直于桌面的轴转动，计算：(1)转动过程中，作用于圆盘的摩擦力矩；(2)经过多长时间圆盘能够停止下来。

3.如图 3-9 所示，一个质量为 m 的物体与绕在定滑轮上的绳子相连，绳子的质量可以忽略，它与定滑轮之间无滑动。假设定滑轮质量为 M、半径为 R，其转动惯量为 $MR^2/2$，试求该物体由静止开始下落的过程中，下落速度与时间的关系。

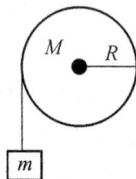

图 3-9　滑轮、质点的运动

4.一个质量为 m 的物体悬挂于一条轻绳的一端,绳另一端绕在一个轮轴的轴上,如图 3-10 所示,轴水平且垂直于轮轴面,其半径为 r,整个装置架在光滑的固定轴承之上。当物体从静止释放后,在时间 t 内下降了一段距离 S。试求整个轮轴的转动惯量(用 m、r、t 和 S 表示)。

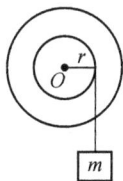

图 3-10 滑轮的运动

5.一条细绳跨过两个定滑轮,两端分别挂有质量为 $m_A = 1.5 \times 10^{-2}$ kg、$m_B = 4.5 \times 10^{-2}$ kg 的物体 A、B。两个匀质定滑轮的质量为 $M = 1.0 \times 10^{-2}$ kg,半径为 $r = 0.5$ m。绳与滑轮之间无相对滑动。计算两物体 A、B 的加速度以及绳子的拉力。

基础练习二　角动量守恒定律　刚体的转动动能定理

一、选择题

1.已知地球的质量为 m,太阳的质量为 M,地心与日心的距离为 R,引力常数为 G,则地球绕太阳做圆周运动的轨道角动量为 　　　　　　　　(　　)

A. $m\sqrt{GMR}$

B. $\sqrt{\dfrac{GMm}{R}}$

C. $Mm\sqrt{\dfrac{G}{R}}$

D. $\sqrt{\dfrac{GMm}{2R}}$

2.已知银河系中一个均匀球形天体,现时半径为 R,绕对称轴自转角速度为 ω_0,转动动能为 E_0;由于引力凝聚作用,其体积不断收缩,假设一万年后,其半径缩小为 r,则那时该天体的自转角速度、转动动能为 　　　　　　　　(　　)

A. $\dfrac{R}{r}\omega_0$, $\dfrac{R}{r}E_0$

B. $\dfrac{R^2}{r^2}\omega_0$, $\dfrac{R^2}{r^2}E_0$

C. $\dfrac{R}{r}\omega_0$, $\dfrac{R^2}{r^2}E_0$

D. $\dfrac{R^2}{r^2}\omega_0$, $\dfrac{R}{r}E_0$

3.一个圆盘正绕着垂直于盘面的水平光滑固定轴 O 转动,圆盘的转动惯量为 J,角速度为 ω_0,如图 3-11 所示,射来两个质量同为 m、速度大小相同、方向相反并在同一条直线上的子弹,子弹射入圆盘并留在盘内,且到圆盘盘心的距离为 r,若子弹射入瞬间圆盘的角速度为 ω_2,则   （   ）

A. $\omega_2 = \dfrac{J}{J+2mr^2}\omega_0$

B. $\omega_2 = \dfrac{2J}{J+2mr^2}\omega_0$

C. $\omega_2 = \dfrac{2J}{J+3mr^2}\omega_0$

D. $\omega_2 = \dfrac{J}{J+mr^2}\omega_0$

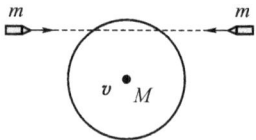

图 3-11   子弹撞击圆盘

4.一个质量为 60kg 的人静止地站在一个质量为 60kg、半径为 1m 的匀质圆盘的边缘,圆盘可绕与盘面相垂直的中心竖直轴无摩擦地转动。随后,人沿圆盘边缘开始走动,当人相对圆盘速度为 2m/s 时,圆盘转动的角速度大小为   （   ）

A. 1rad/s   B. 2rad/s   C. $\dfrac{2}{3}$rad/s   D. $\dfrac{4}{3}$rad/s

5.光滑的水平桌面上有一根长为 $2l$、质量为 m 的匀质细杆,绕通过其中点 O 且垂直于桌面的竖直固定轴自由转动。开始时杆静止,现有一个质量为 m 的小物块在桌面上正对着杆的一端在垂直于杆长的方向上以速率 v 运动,当小物块与杆的端点发生碰撞,碰后与杆粘在一起随杆转动,则碰撞后此系统的转动角速度大小为   （   ）

A. $\dfrac{3v}{4l^2}$ B. $\dfrac{12v}{13l}$ C. $\dfrac{3v}{4l}$ D. $\dfrac{v}{2l}$

6.一个半径为 R、质量为 m 的圆盘,在切向力 F 作用下由静止开始绕轴线做定轴转动,则在 2s 内 F 对圆盘所做的功为   （   ）

A. $4F^2/m$ B. $2F^2/m$ C. F^2/m D. $F^2/(2m)$

7.一块方板,可以绕通过其一个水平边的光滑固定轴自由转动.最初板自由下垂.今有一小团粘土,垂直板面撞击方板,并粘在板上.对粘土和方板系统,如果忽略空气阻力,在碰撞中守恒的量是   （   ）

A. 动能   B. 绕木板转轴的角动量

C. 机械能   D. 动量

8.一位花样滑冰运动员伸开两臂滑动时,转动惯量为 J_0,自转时的转动动能为 $E_0 = \dfrac{1}{2}J_0\omega_0^2$,然后他收回手臂,转动惯量减少到原来的 $\dfrac{1}{3}$,此时他的角速度变为 ω,转动动能变为 E,则   （   ）

A. $\omega = 3\omega_0, E = E_0$ B. $\omega = \dfrac{1}{3}\omega_0, E = 3E_0$

C. $\omega = \sqrt{3}\omega_0, E = E_0$ D. $\omega = 3\omega_0, E = 3E_0$

9.圆盘以 80rad/s 的角速度绕与盘面垂直的轴转动,且其对轴的转动惯量为 4kg·m²。由于受到一个阻力矩的作用,在 10s 内它的角速度降为 40rad/s。圆盘损失的转动动能、

所受阻力矩的大小为　　　　　　　　　　　　　　　　　　　　　　（　　）

    A. 80J, 80N·m   B. 800J, 40N·m

    C. 4000J, 32N·m   D. 9600J, 16N·m

10. 一根质量为 m、长度为 L 的匀质细直棒平放在桌面上。若它与桌面间的滑动摩擦系数为 μ。在 $t=0$ 时，使棒绕过其一端的竖直轴在水平桌面内旋转，其初始角速度为 ω_0。当细棒停止转动时，所需要的时间为　　　　　　　　　　　　　　　　　（　　）

    A. $\dfrac{2\omega_0 L}{3\mu g}$ B. $\dfrac{\omega_0 L}{3\mu g}$

    C. $\dfrac{4\omega_0 L}{3\mu g}$ D. $\dfrac{\omega_0 L}{6\mu g}$

二、填空题

1. 在光滑的水平面上，一根长 $l=2\text{m}$ 的绳子，一端固定于 O 点，另一端系一个质量 $m=0.5\text{kg}$ 的物体。开始时，物体位于位置 A，且 OA 之间的距离 $d=0.5\text{m}$，绳子处于松弛状态。现在使物体以初速度 $v_A=4\text{m/s}$ 垂直于 OA 向右滑动，如图 3-12 所示。假设以后的运动中，物体到达位置 B，此时物体速度的方向与绳垂直，则此时刻物体对 O 点的角动量大小 $L_B=$ _____。

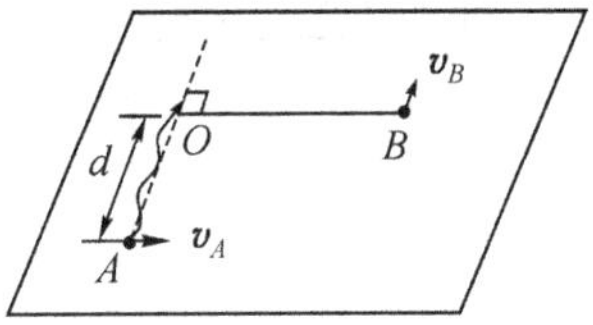

图 3-12　物体的角动量 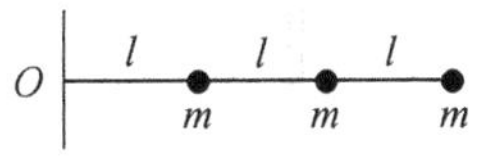　　　　　　　　　图 3-13　三个质点

2. 用三根长为 l 的杆（忽略杆的质量）把三个质量均为 m 的质点连接起来，并与转轴 O 相连，如图 3-13 所示，若系统以角速度 ω 绕垂直于杆的 O 轴转动，则中间一个质点的角动量 $L_0=$ _____，系统的总角动量为 $L=$ _____。若考虑杆的质量，设杆的质量为 M，则此系统绕 O 轴的总转动惯量为 _____，总转动动能为 _____。

3. 如图 3-14 所示，一根静止的均匀细棒，长为 l，质量为 M，可绕通过棒的端点且垂直于棒长的光滑固定轴 O 在水平面内转动。一个质量为 m、速率为 v 的子弹在水平面内沿与棒垂直的方向射向并穿出棒的自由端，设穿过棒后子弹的速率为 $\dfrac{1}{3}v$，则此时棒的角速度变为 _____。

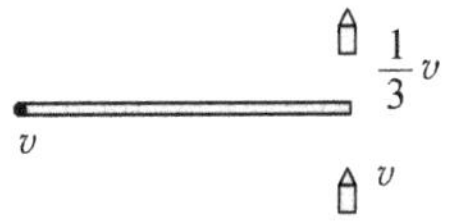

图 3-14　子弹撞击细棒

4. 一根长为 l、质量为 m 的匀质细杆，以角速度 ω 绕过杆端点且垂直于杆的水平轴转动，则杆的角动量大小为 _____，杆绕轴的转动动能为 _____。

5. 一长为 l 的轻质细杆，两端分别固定质量为 m 和 $2m$ 的两个小球，此系统在竖直平面内可绕过中点 O 且与杆垂直的水平光滑轴（O 轴）转动，开始时杆处于静止状态且与水平方向的夹角为 $60°$。现无初速地释放该杆，则该系统绕 O 轴转动的转动惯量 $J_O=$ _____；当杆转到水平位置时，刚体受到的合外力矩 $M=$ _____，角加速度 α

= _____。

6. 人和转盘的转动惯量为 J_0，哑铃的质量为 m，初始运动时的转速为 ω_1，当人的双臂由半径 r_1 收缩为半径 r_2 时，系统转动的角速度为 _____；人的转动动能的增量为 _____。

7. 一个转动惯量为 J 的圆盘绕一个固定轴转动，初始时的角速度为 ω_0，它受到与角速度成正比的阻力力矩作用，$M = k\omega$，其角速度从 ω_0 变为 $\omega_0/3$ 所需要的时间为 _____；此过程中阻力力矩所做的功为 _____。

8. 一轻弹簧与一个均匀细棒连接，装置如图 3-15 所示，已知弹簧的劲度系数 $k = 40$N/m，当 $\theta = 0°$ 时弹簧无形变，细棒的质量 $m = 5.0$kg，则在 $\theta = 0°$ 的位置上，细棒的角速度 ω 至少等于 _____ 时，细棒才能转动到水平位置。

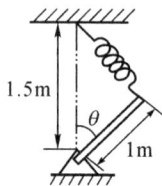

9. 一根长为 l、质量为 M 的匀质细棒自由悬挂于通过其端的光滑水平轴上。现有一个质量为 m 的子弹以水平速度 v_0 射向棒的中心，并以 $\dfrac{v_0}{2}$ 的水平速度穿出细棒，而后细棒上升。如图 3-16 所示，上升的最大的偏转角恰为 $90°$ 时，v_0 的大小为 _____。

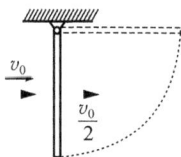

图 3-15 弹簧连接的细棒

图 3-16 子弹射过细棒 　　　　　 图 3-17 物体连着滑轮

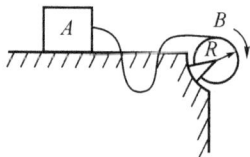

10. 如图 3-17 所示，物体 A 放在粗糙的水平面上，与水平桌面之间的摩擦系数为 μ，细绳的一端系住物体 A，另一端缠绕在半径为 R 的圆柱形转轮 B 上，物体与转轮的质量均为 M。开始时，物体与转轮皆静止，细绳松弛，若转轮以 ω_0 绕其转轴转动，则细绳拉紧的瞬间，物体 A 的速度为 _____；物体 A 运动后，细绳的张力为 _____。

三、计算题

1. 有一个人静止地站立在半径为 R 的距转轴 $R/2$ 处的水平圆形转盘上，人的质量 m 是圆盘质量 M 的 1/10。开始时盘载人相对于地面以角速度 ω_0 匀速转动。如果此人垂直于圆盘半径相对于盘以速率 v 沿与圆盘转动相反方向做圆周运动，计算：

(1) 圆盘相对于地面的角速度。

(2) 若圆盘相对于地面静止，人相对于圆盘的速度大小。

2.一个质量均匀分布的圆盘,质量为 M,半径为 R,放在一粗糙水平面上(圆盘与水平面之间的摩擦系数为 μ),圆盘可绕通过其中心 O 的竖直固定光滑轴转动。开始时,圆盘静止,一个质量为 m 的子弹以水平速度 v 垂直于圆盘半径打入圆盘边缘并嵌在盘边上(忽略子弹重力造成的摩擦阻力矩。),计算:

(1)子弹击中圆盘后,圆盘获得的角速度;

(2)圆盘在水平面上绕 O 轴转动时,所受到的摩擦力矩大小;

(3)从子弹击中圆盘到圆盘停止转动所需要的时间;

(4)从子弹击中圆盘到圆盘停止转动,摩擦力矩所做的功。

3.如图 3-18 所示,一根长为 l、质量为 M 均匀细棒,可绕过棒端且垂直于棒的光滑水平固定轴 O 在竖直平面内转动,棒被拉到水平位置从静止开始下落,当它转到竖直位置时,与放在地面上一静止的质量亦为 m 的小滑块碰撞,碰撞时间极短,小滑块与地面间的摩擦系数为 μ_0,碰后滑块移动距离 S 后停止,而细棒继续沿原转动方向转动,直到达到最大摆角。计算:

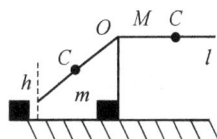

图 3-18　细棒碰撞物体

(1)碰撞前,棒的中点 C 的角速度;

(2)碰撞后,棒的中点 C 离地面的最大高度 h。

4.如图 3-19 所示,一根质量为 m_1、长 l 的均匀细棒,静止平放在滑动摩擦系数为 μ 的水平桌面上,它可绕通过其端点 O 且与桌面垂直的固定光滑轴转动。另一水平运动的质量为 m_2 的小滑块从侧面垂直于棒与棒的另一端 A 相碰撞,设碰撞时间极短。已知小滑块在碰撞前后的速度分别为 v_1 和 v_2,计算碰撞后从细杆开始转动到停止转动过程所需的时间。

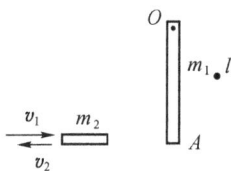

图 3-19　滑块碰撞细棒

5.如图 3-20 所示,滑轮的转动惯量 $J=0.5\text{kg}\cdot\text{m}^2$,半径 $r=0.3\text{m}$,弹簧的劲度系数 $k=2.0\text{N/m}$,重物的质量 $m=2.0\text{kg}$。当此滑轮—重物系统从静止开始启动,开始时弹簧没有伸长。滑轮与绳子间无相对滑动,其他部分摩擦忽略不计。问物体能沿斜面下滑多远? 当物体沿斜面下滑 1.0m 时,它的速率有多大?

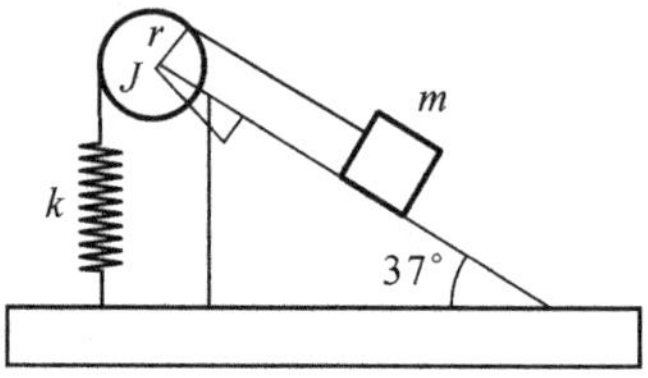

图 3-20　弹簧与物体

提高练习

一、选择题

1.计算半径 $R=0.5\text{m}$ 的飞轮对于通过其中心且与盘面垂直的固定转轴的转动惯量。在飞轮上绕以细绳,绳末端悬挂一个质量 $m_1=8\text{kg}$ 的重物。让重物从距离地面高为 $h=2\text{m}$ 处由静止落下,测得下落时间 $t_1=16\text{s}$。再换用另一个质量 $m_2=4\text{kg}$ 的重锤做同样测量,测得下落时间 $t_2=25\text{s}$。假定摩擦力矩是一个常量,测得飞轮的转动惯量为　　　（　　　）

A. $1.06\times10^3\text{kg}\cdot\text{m}^2$ B. $0.86\times10^3\text{kg}\cdot\text{m}^2$

C. $1.86\times10^3\text{kg}\cdot\text{m}^2$ D. $1.06\times10^2\text{kg}\cdot\text{m}^2$

2.一根匀质质量为 m、长度为 L 可绕过其端点的水平轴在竖直平面内转动的细杆,则细杆在水平位置时所受的重力矩为（　　　）;若将此杆截取 $\frac{2}{3}L$,则剩下 $\frac{1}{3}L$ 的重力矩为　　　（　　　）

A. $mgL,\dfrac{1}{3}mgL$ B. $\dfrac{1}{2}mgL,\dfrac{1}{18}mgL$

C. $\dfrac{1}{2}mgL,\dfrac{1}{3}mgL$ D. $mgL,\dfrac{1}{18}mgL$

3.如图 3-21 所示,在光滑的水平桌面上有一长为 l,质量为 m 的均匀细棒以与棒长方向相垂直的速度 v 向前平动,与一个固定在桌子上的钉子 O 相碰撞,碰撞后,细棒将绕点 O 转动,则转动的角速度为　　　（　　　）

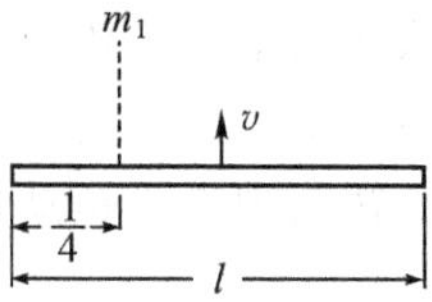

图 3-21　细棒的碰撞

A. $\dfrac{9v}{7l}$ B. $\dfrac{12v}{7l}$

C. $\dfrac{11v}{7l}$ D. $\dfrac{10v}{7l}$

4.长 $l=0.40\text{m}$、质量 $M=1.00\text{kg}$ 的匀质木棒,可绕水平轴 O 在竖直平面内转动,开始时,棒自然地竖直悬挂,现有质量 $m=8\text{g}$ 的子弹以 $v=200\text{m/s}$ 的速率从与 O 点的距离

为 $\frac{3}{4}l$ 的点射入棒中,则棒开始运动时的角速度为 （　　）

　　A. 6.3rad/s 　　　　B. 6.9rad/s 　　　　C. 8.88rad/s 　　　　D. 8.9rad/s

5. 质量为 m 的均质杆,长为 l,以角速度 ω 绕过杆的端点垂直于杆的水平轴转动,杆绕转动轴的动能、角动量为 （　　）

　　A. $\frac{1}{6}ml^2\omega^2$, $\frac{1}{3}ml^2\omega$ 　　　　　　　　　　　　B. $\frac{1}{12}ml^2\omega^2$, $\frac{1}{6}ml^2\omega$

　　C. $\frac{1}{3}ml^2\omega^2$, $\frac{1}{6}ml^2\omega$ 　　　　　　　　　　　　D. $\frac{2}{3}ml^2\omega^2$, $\frac{1}{3}ml^2\omega$

6. 一个质量为 m 的匀质细杆,靠在光滑的竖直墙壁上,置于粗糙水平地面而静止,杆身与竖直方向成 θ 角,则上端点对墙壁的压力大小为 （　　）

　　A. $\frac{1}{4}mg\cos\theta$ 　　　　B. $\frac{1}{2}mg\tan\theta$ 　　　　C. $mg\sin\theta$ 　　　　D. $\frac{1}{2}mg\sin\theta$

7. 如图 3-22 所示,劲度系数 $k=2\text{N}\cdot\text{m}^{-1}$ 的轻弹簧,一端固定,另一端用细绳跨过半径 $R=0.1\text{m}$、质量 $M=2\text{kg}$ 的定滑轮(均匀圆盘)系住质量为 $m=1\text{kg}$ 的物体,在弹簧未伸长时释放物体,当物体落下 $h=1\text{m}$ 时的速度为 （　　）

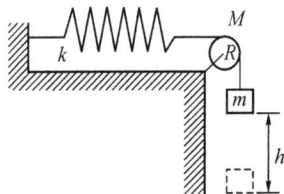

　　A. 3m/s

　　B. 4m/s

　　C. 0.3m/s

　　D. 0.4m/s

图 3-22　物体挂在弹簧下

8. 一根匀质细杆可绕通过其一端 O 的水平轴在竖直平面内自由转动,杆长 $\frac{5}{3}$m。今使杆从与竖直方向成 $60°$ 角处由静止释放,则杆的最大角速度为 （　　）

　　A. πrad/s 　　　　B. 3rad/s 　　　　C. $\sqrt{0.3}$rad/s 　　　　D. $\sqrt{2/3}$rad/s

9. 一个匀质的大圆盘质量为 M、半径为 R,对过圆心 O 点且垂直于盘面的转轴的转动惯量为 $J=\frac{1}{2}MR^2$。如果在大圆盘的右半圆上挖去一个小圆盘,半径为 $r=\frac{R}{2}$。如图 3-23 所示,剩余部分对过 O 点且垂直于盘面转轴的转动惯量为 （　　）

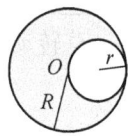

图 3-23　被挖去的圆盘

　　A. $\frac{1}{32}MR^2$ 　　　　　　　　　　　　　　B. $\frac{3}{32}MR^2$

　　C. $\frac{11}{32}MR^2$ 　　　　　　　　　　　　　D. $\frac{13}{32}MR^2$

10. 转台绕中心竖直轴以角速度 ω 均匀转动。转台对轴的转动惯量 $J=5\times10^{-5}\text{kg}\cdot\text{m}^2$,今有砂粒以 $\lambda=1\times10^{-3}\text{kg/s}$ 的速率垂直落入转台,砂粒黏附在转台上并形成一个圆形,且砂粒距轴的半径 $r=0.1$m,如图 3-24 所示,则砂粒落到转台上,使转台角速度减速到

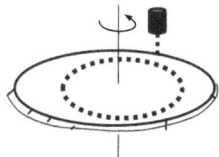

图 3-24　砂粒与转台

$\dfrac{1}{2}\omega$ 所需要的时间为 　　　　　　　　　　　　　　　（　　）

A. 3s 　　　　　　　　B. 4s 　　　　　　　　C. 5s 　　　　　　　　D. 6s

二、填空题

1. 转动着的飞轮的转动惯量为 J，在 $t=0$ 时角速度为 ω_0，此后飞轮经历制动过程，阻力矩 M 的大小与角速度 ω 的平方成正比，比例系数为 $k(k$ 为大于 0 的常量）。当 $\omega=\dfrac{1}{3}\omega_0$ 时，飞轮的角加速度 $\beta=$ _____。从开始制动到 $\omega=\dfrac{1}{3}\omega_0$ 所经过的时间 $t=$ _____。

2. 某电动机启动后转速随时间变化关系为 $\omega=\omega_0(1-e^{-\frac{t}{\tau}})$，则角加速度随时间的变化关系为 _____。

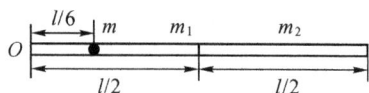

图 3-25　细棒、质点的转动惯量

3. 质量为 m_1、长为 $l/2$ 的细棒与质量为 m_2、长为 $l/2$ 的细棒相连，在距离质量为 m_1 的细棒端点为 $l/6$ 处嵌有一质量为 m 的小球，如图 3-25 所示，则该系统对棒的端点 O 的转动惯量 $J=$ _____。

4. 质量为 m 的质点做曲线运动的运动方程为 $\boldsymbol{r}=a\cos\omega t\boldsymbol{i}+b\sin\omega t\boldsymbol{j}$，其中 a、b 及 ω 均为常数，则此质点受到的相对于坐标原点的力矩为 _____，相对于坐标原点的角动量大小为 _____。

5. 如图 3-26 所示，用三根长为 l 的细杆（忽略杆的质量），将三个质量均为 m 的质点连接起来，并与转轴 O 相连接，若系统以角速度 ω 绕垂直于杆的 O 轴转动，系统的总角动量为 _____。若考虑杆的质量，每根杆的质量为 M，则此系统绕轴 O 的总转动惯量为 _____，总转动动能为 _____。

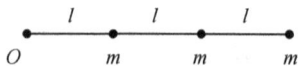

图 3-26　物体的转动

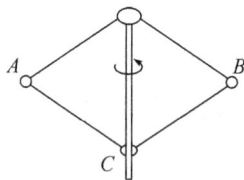

图 3-27　两球的转动

6. 如图 3-27 所示，钢球 A 和 B 质量相等，正被细绳牵着以 4rad/s 的初角速度绕竖直轴转动，两球与轴的距离都为 15cm。现在把轴上环 C 下移，使得两球离轴的距离缩减为 5cm，则钢球的角速度为 _____。

7. 将一个质量为 m 的小球系于轻绳的一端，绳的另一端穿过光滑水平桌面上的小孔用手拉住。先使小球以角速度 ω_1 在桌面上做半径为 r_1 的圆周运动，然后缓慢地将绳下拉，使半径缩小为 r_2，在此过程中小球的动能增量为 _____。

8.如图 3-28 所示,长为 l 的轻杆,两端各固定质量分别为 m 和 $2m$ 的小球,杆可绕水平光滑固定轴 O 在竖直面内转动,转轴 O 距两端分别为 $\frac{1}{3}l$ 和 $\frac{2}{3}l$。轻杆初始时静止在竖直位置。今有一质量为 m 的小球,以水平速度 v_0 与杆下端小球做完全弹性碰撞,碰后球以 $\frac{1}{2}v_0$ 的速度返回,则碰撞后轻杆所获得的角速度为_____。

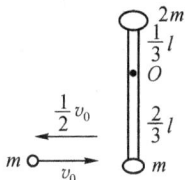

图 3-28   小球碰撞细杆

9.以速度 v_0 做匀速运动的汽车上,有一质量为 $m(m$ 较小)、边长为 l 的立方形货物箱,如图 3-29 所示。当汽车遇到前方障碍物急刹车停止时,货物箱绕其底面 A 边翻转。则汽车刹车停止瞬时,货物箱翻转的角速度为_____,角加速度为_____。

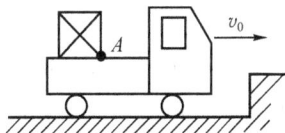

图 3-29   汽车上的货箱

10.一个质量为 M、半径为 R 并以角速度 ω 绕水平轴旋转着的飞轮(可看作匀质圆盘),突然有一片质量为 m 的碎片从轮的边缘上飞出,假定碎片脱离飞轮时的瞬时速度方向正好竖直向上,则碎片上升的高度为_____,余下部分的角动量为_____,转动动能为_____。

三、计算题

1.一长为 l、质量为 m 的匀质细杆竖直放置,其下端与一个固定铰链相连,并可以绕其转动。由于此竖直放置的细杆处于非稳定状态,其受到微小扰动时,细杆在重力的作用下由静止开始绕铰链转动。试计算细杆转到与竖直线成 θ 角时的角速度与角加速度。

2.一根放在水平光滑桌面上的匀质棒,可绕通过其一端的竖直固定光滑轴 O 转动。棒的质量为 m,长度为 l,对轴的转动惯量为 $J = \frac{1}{3}ml^2$。初始时,棒静止。今有一水平运动的子弹垂直地射入棒的另一端,并留在棒中,子弹的质量为 m',速率为 v。试计算:

(1)棒开始和子弹一起转动时的角速度有多大?

(2)若棒转动时受到大小为 M_f 的恒定的阻力力矩的作用,棒能转过的角度为多大?

3. 一长为 L、质量为 m 的均匀细棒，一端悬挂在 O 点上，可绕水平轴在竖直面内无摩擦地转动，在同一悬挂点，有长为 l 的轻绳悬挂一个小球，质量也为 m，当小球悬线偏离铅垂方向某一角度由静止释放，小球在悬点正下方与静止细棒发生弹性碰撞。若碰撞后小球刚好静止，试求绳长 l 应为多少？

4. 质量 $M=0.03\text{kg}$、长为 $l=0.2\text{m}$ 的均匀细棒，在水平面内绕通过棒的中心并与棒垂直的光滑固定轴自由转动，细棒上套有两个可沿棒滑动的小物体，每个质量都为 $m=0.02\text{kg}$，开始时，两小物体分别被固定在棒中心的两侧且距棒中心各为 $r=0.05\text{m}$，此系统以 $n=15\text{r/min}$ 转速转动，若将小物体松开后，它们在滑动过程中受到的阻力正比于速度（已知棒对中心轴的转动惯量为 $\frac{1}{12}Ml^2$）。求：

（1）当两小物体到达棒端时，系统的角速度是多少？

（2）当两小物体飞离棒端，棒的角速度是多少？

5. 质量很小、长度为 l 的均匀细杆，可绕过其中心 O 并与纸面垂直的轴在竖直平面内转动。当细杆静止于水平位置时，有一只小虫以速率 v_0 垂直落在距点 O 为 $l/4$ 处，并背离点 O 向细杆的端点 A 爬行。设小虫与细杆的质量均为 m。问：欲使细杆以恒定的角速度转动，小虫应以多大速率向细杆端点爬行？

本章参考答案

第四章　机械振动与机械波

本章知识点

一、简谐振动的定义及其特征量

1. 简谐振动的动力学方程

简谐振动的运动微分方程为

$$\frac{\mathrm{d}^2 x}{\mathrm{d}t^2} + \omega^2 x = 0 \tag{4.1}$$

简谐振动的运动方程：质点相对于平衡位置的位移按余弦（或正弦）函数的规律随时间变化，即表达式为

$$x = A\cos(\omega t + \varphi) \tag{4.2}$$

2. 描述简谐振动的三个物理量

振幅 A：振动物体偏离平衡位置的最大位移的绝对值。对于给定的振动系统，其值由初始条件(x_0, v_0)确定

$$A = \sqrt{x_0^2 + \left(\frac{v_0}{\omega}\right)^2} \tag{4.3}$$

周期 T：振动物体完成一次全振动所需要的时间。角频率 ω、频率 ν 周期 T 三者之间的关系为

$$\omega = 2\pi\nu = \frac{2\pi}{T} \tag{4.4}$$

相位 $\omega t + \varphi$：相位是描述简谐振动物体瞬时运动状态的物理量，初相位对应于简谐振动物体在初始时刻的运动状态，其值取决于初始时刻的选择。

二、简谐振动的表示方法

1. 曲线法：余弦曲线（见图 4-1）。

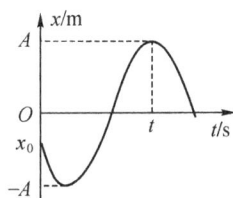

图 4-1　简谐振动曲线

2. 旋转矢量：旋转矢量的端点在参考轴上的投影点的运动可看作简谐振动；但旋转矢量本身的运动不是简谐振动。旋转矢量与简谐振动的关系：旋转矢量的长度对应振幅 A；旋转矢量的角速度对应于角频率 ω；旋转矢量在初始时刻的角位置对应于初相位 φ_0；旋转矢量的角位置对应于振动相位 $\omega t + \varphi_0$；矢量旋转所围绕的坐标原点与质点的平衡位置对应。

简谐振动可以用旋转矢量在 x 轴上的投影表示（见图 4-2）。

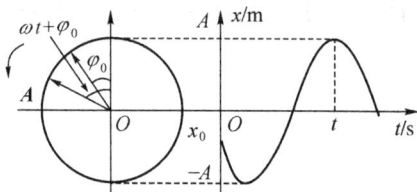

图 4-2　旋转矢量

矢量 A 在 x 轴上的投影就是简谐振动的方程：

$$x = A\cos(\omega t + \varphi_0) \tag{4.5}$$

三、简谐振动的能量

动能

$$E_k = \frac{1}{2}m\omega^2 A^2 \sin^2(\omega t + \varphi) \tag{4.6}$$

势能

$$E_p = \frac{1}{2}kA^2 \cos^2(\omega t + \varphi) \tag{4.7}$$

总机械能

$$E = E_k + E_p = \frac{1}{2}kA^2 \tag{4.8}$$

对于一个确定的振动系统，它的振动能量是守恒的，且振动系统的总能量与振幅的平方成正比。

四、简谐运动的合成

1. 两个同方向、同频率的简谐振动的合成

若 $x_1 = A_1\cos(\omega t + \varphi_1)$，$x_2 = A_2\cos(\omega t + \varphi_2)$，则合成后

$$x = x_1 + x_2 = A\cos(\omega t + \varphi) \tag{4.9}$$

式中，$A = \sqrt{A_1^2 + A_2^2 + 2A_1A_2\cos(\varphi_2 - \varphi_1)}$，$\tan\varphi = \dfrac{A_1\sin\varphi_1 + A_2\sin\varphi_2}{A_1\cos\varphi_1 + A_2\cos\varphi_2}$。

当相位差
$$\varphi_2 - \varphi_1 = 2k\pi \tag{4.10}$$
合振动的振幅最大 $\qquad A = A_1 + A_2$

当相位差
$$\varphi_2 - \varphi_1 = (2k+1)\pi \qquad (k = 0, \pm 1, \pm 2, \cdots) \tag{4.11}$$
合振动的振幅最小 $\qquad A = |A_1 - A_2|$

2. 两个同方向、不同频率的简谐振动的合成

当 $A_1 = A_2$，且初相位为零，合振动的运动方程为

$$x = 2A_1 \cos\left(\frac{\omega_2 - \omega_1}{2}t\right)\cos\left(\frac{\omega_1 + \omega_2}{2}t\right) \tag{4.12}$$

产生合振动的振幅时而加强、时而减弱的现象称为拍。单位时间内振动加强、减弱的次数称为拍频：

$$\nu_{拍} = \nu_2 - \nu_1 \tag{4.13}$$

五、简谐机械波

1.机械波

产生机械波的条件:波源和传播波的媒质。

机械波的分类:若质点的振动方向与波的传播方向相互垂直,此波称为横波;若质点的振动方向与波的传播方向一致,称为纵波。

2.简谐波的几个特征量

波长 λ:沿波传播方向两个相邻的、相位差为 2π 的振动质点之间的距离,即一个完整波形的长度。

波速 u:在波动过程中,某一振动状态即振动相位在单位时间内所传播的距离。

波速、波长、频率以及周期之间的关系：

$$T = \frac{2\pi}{w}, \lambda = uT \tag{4.14}$$

3.波的几何描述

波线:沿波的传播方向画一些带有箭头的射线。

波面:介质中各质点都在平衡位置附近振动,不同波线上相位相同的点所连接成的曲面。

波前:波传播时,传播在最前面的那个波面。

六、平面简谐波的波函数

1.在无吸收的均匀媒质中,沿 x 轴传播的平面简谐波的波函数为

$$y = A\cos\left[\omega\left(t \mp \frac{x}{u}\right) + \varphi\right] \tag{4.15}$$

"-"号表示沿 x 轴正方向传播;"+"号表示沿 x 轴负方向传播。

2.波函数的物理意义

(1)若 x 一定,则位移 y 是时间 t 的周期函数,此时波动方程表示距离原点 x 处的质点在不同时刻的位移,即为此处的质点的振动方程;

(2)若 t 一定,则位移 y 是 x 的周期函数,此时波动方程表示在给定的 t 时刻,各质点的位移在空间的分布,即为此刻的波形;

(3)若 x、t 都在变化,则波动方程表示了波线上各个不同质点在不同时刻的位移,即不仅反映了波形,而且反映了波形的传播。

七、机械波的能量

1. 波的能量

波的传播过程就是能量的传播过程,若波沿 Ox 轴正方向传播,任一体积元所具有的弹性势能为

$$dE_p = \frac{1}{2}(\rho dV)A^2\omega^2\sin^2\left[\omega\left(t-\frac{x}{u}\right)\right] \tag{4.16}$$

振动动能为

$$dE_k = \frac{1}{2}(\rho dV)A^2\omega^2\sin^2\left[\omega\left(t-\frac{x}{u}\right)\right] \tag{4.17}$$

总的机械能为

$$dW = (\rho dV)A^2\omega^2\sin^2\left[\omega\left(t-\frac{x}{u}\right)\right] \tag{4.18}$$

能量以波速 u 向前传播。

2. 能量密度

$$w = \frac{dW}{dV} = \rho A^2\omega^2\sin^2\left[\omega\left(t-\frac{x}{u}\right)\right] \tag{4.19}$$

八、机械波的衍射和干涉现象

1. 惠更斯原理

介质中波动所到达的各点,都可以看成是发射子波的波源,其后的任一时刻,这些子波的包络面就是原波动在该时刻的波前。

惠更斯原理适用于任何波动过程,用它可以解释波的特征现象——波的干涉、衍射、折射以及反射等。

2. 波的叠加原理

(1)独立性原理:几列波相遇之后,仍然保持它们各自原有的特征(频率、波长、波幅、振动方向等)不变,并按照原来的方向继续前进,好像没有遇到其他波一样。

(2)波的叠加原理:在相遇区域内任一点的振动,为各列波单独存在时在该点所引起的振动位移的矢量和。

3. 波的干涉现象

(1)波的相干条件:频率相同、振动方向相同、相位相同或相位差恒定。

(2)干涉相长和干涉相消的条件

相干波相遇之后,合成的合振幅为

$$A = \sqrt{A_1^2 + A_2^2 + 2A_1A_2\cos\left(\varphi_2 - \varphi_1 - \frac{2\pi(r_2-r_1)}{\lambda}\right)} \tag{4.20}$$

若 $\varphi_1 \neq \varphi_2$,则 $\Delta\varphi = (\varphi_2-\varphi_1) - \frac{2\pi}{\lambda}(r_2-r_1)$

$$\Delta\varphi=\begin{cases}\pm 2k\pi & (k=0,1,2,\cdots) & \text{干涉相长},A=A_1+A_2 \\ \pm(2k+1)\pi & (k=0,1,2,\cdots) & \text{干涉相消},A=|A_1-A_2|\end{cases} \quad (4.21)$$

若 $\varphi_1=\varphi_2$

$$\delta=r_2-r_1=\begin{cases}\pm k\lambda & (k=0,1,2,\cdots) & A=A_1+A_2 \\ \pm(2k+1)\dfrac{\lambda}{2} & (k=0,1,2,\cdots) & A=|A_1-A_2|\end{cases} \quad (4.22)$$

4.波的衍射现象

波在传播过程中遇到障碍物时,能够绕过障碍物的边缘,在障碍物的阴影内继续传播的现象。

九、驻波

1.驻波波函数:两列振幅、频率和振动方向相同,沿相反方向传播的相干波的叠加。

2.驻波的波方程

若 $\varphi_1\neq\varphi_2$,则波方程为

$$y=2A\cos\left(\frac{2\pi}{\lambda}x+\frac{\varphi_2-\varphi_1}{2}\right)\cos\left(\omega t+\frac{\varphi_2+\varphi_1}{2}\right) \quad (4.23)$$

若 $\varphi_1=\varphi_2$,则波方程为

$$y=2A\cos\left(\frac{2\pi}{\lambda}x\right)\cos(\omega t) \quad (4.24)$$

3.取驻波方程 $y=2A\cos\left(\dfrac{2\pi}{\lambda}x\right)\cos(\omega t)$

波腹的位置为

$$x_k=\pm k\frac{\lambda}{2} \qquad k=0,1,2,\cdots \quad (4.25)$$

波节的位置为

$$x_k=\pm(2k+1)\frac{\lambda}{4} \qquad k=0,1,2,\cdots \quad (4.26)$$

4.相邻两波腹、波节之间的距离为

$$\Delta x=\frac{\lambda}{2} \quad (4.27)$$

5.半波损失:当波从波疏介质垂直入射到波密介质界面上,并从波密介质界面上反射时有半波损失。所以形成驻波时,在界面处出现波节。

典型例题及解析

例 4-1 质量为 $m=10\times10^{-3}$kg 的物体与轻弹簧组成的系统做简谐振动,其振动方程为 $x=0.1\cos\left(8\pi t+\dfrac{2}{3}\pi\right)$(SI),试求:

(1)振动周期、振幅、初相位、最大速度以及最大加速度;

(2)最大回复力、振动能量、平均动能和平均势能;在哪些位置上动能与势能相等?

(3)$t_1 = 1s$,$t_2 = 5s$ 这两个时刻的相位差。

解:(1)简谐振动的标准方程为 $x = A\cos(\omega t + \varphi_0)$,可知

$$A = 0.1m, \omega = 8\pi, \varphi_0 = 2\pi/3$$

而

$$T = \frac{2\pi}{\omega} = \frac{1}{4}s$$

又

$$|v_m| = \omega A = 0.8\pi m \cdot s^{-1} = 2.51 m \cdot s^{-1}$$

$$|a_m| = \omega^2 A = 63.2 m \cdot s^{-2}$$

(2)

$$|F_m| = ma_m = 0.63N$$

$$E = \frac{1}{2}mv_m^2 = 3.16 \times 10^{-2}J$$

$$\overline{E}_p = \overline{E}_k = \frac{1}{2}E = 1.58 \times 10^{-2}J$$

当 $E_k = E_p$ 时,有 $E = 2E_p$,

即

$$\frac{1}{2}kx^2 = \frac{1}{2} \cdot \left(\frac{1}{2}kA^2\right)$$

所以

$$x = \pm\frac{\sqrt{2}}{2}A = \pm\frac{\sqrt{2}}{20}m$$

(3)

$$\Delta\varphi = \omega(t_2 - t_1) = 8\pi(5-1) = 32\pi$$

例 4-2 某振动质点的 x-t 曲线如图 4-3(a)所示,试求:(1)运动方程;(2)点 P 对应的相位;(3)到达点 P 相应位置所需要的时间。

解:(1)从图 4-3(a)中,可以看出,质点的振幅为 $A = 2m$。

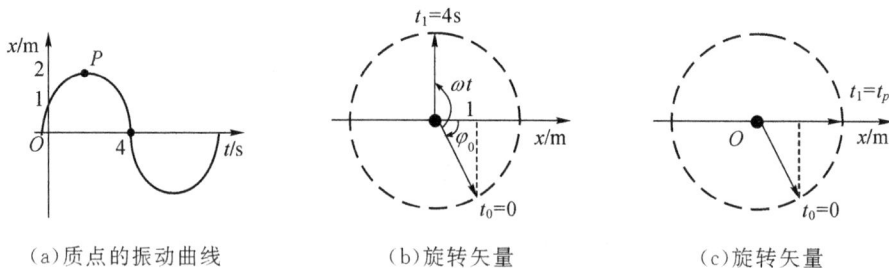

(a)质点的振动曲线   (b)旋转矢量   (c)旋转矢量

图 4-3 质点的振动

由振动曲线,利用旋转矢量法,画出 $t_0 = 0$ 和 $t_1 = 4s$ 时的旋转矢量的位置,如图 4-3(b)所示。

$t_0 = 0$ 时,可得此时的初相位为

$$\varphi_0 = -\frac{\pi}{3} \left(\text{或 } \varphi_0 = \frac{5\pi}{3}\right)$$

再根据图 4-3(b)所示

$$\omega(t_1 - t_0) = \frac{\pi}{2} + \frac{\pi}{3}$$

得到

$$\omega = \frac{5\pi}{24}s^{-1}$$

则运动方程为
$$x = 2.0\cos\left[\left(\frac{5\pi}{24}\right)t - \frac{\pi}{3}\right]$$

(2)图 4-3 中点 P 的位置是质点从 1m 处运动到正向的端点处,对应的旋转矢量如图 4-3(c)所示。

初相位取为
$$\varphi_0 = -\frac{\pi}{3}$$

则点 P 的相位为
$$\varphi_P = \varphi_0 + \omega(t_P - 0) = 2\pi$$

(3)由旋转矢量图,可得
$$\omega(t_P - 0) = \frac{\pi}{3}$$
$$t_P = 1.6\text{s}$$

例 4-3 如图 4-4(a)所示为一个简谐运动质点的速度与时间的关系曲线,且振幅为 2cm。计算:(1)振动周期;(2)加速度的最大值;(3)质点的运动方程。

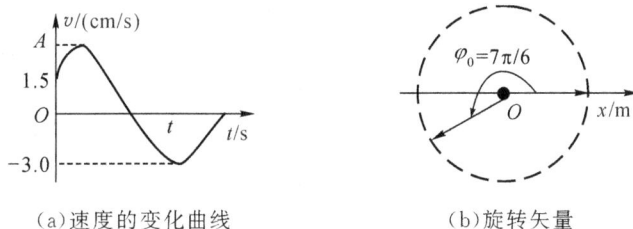

(a)速度的变化曲线　　　　(b)旋转矢量

图 4-4　简谐运动质量

解:(1)根据图 4-4(a)可知,速度的最大值为 $v_{\max} = A\omega = 2\omega = 3\text{cm/s}$,可得
$$T = \frac{2\pi}{\omega} = \frac{2\pi A}{v_{\max}} = 4.2\text{s}$$

(2)质点运动的加速度的最大值为
$$a_{\max} = A\omega^2 = 4.5 \times 10^{-2}\text{m/s}$$

(3)由图 4-4(a)知,$t = 0$ 时,质点的运动速度为
$$v_{t=0} = -A\omega\sin\varphi = (A\omega)/2$$
$$\sin\varphi = -\frac{1}{2}$$

可得 $\varphi = -\frac{\pi}{6}$ 或 $\varphi = -\frac{5\pi}{6}$。

因为质点沿 x 轴正向向着平衡位置运动,则取 $\varphi = -\frac{5\pi}{6}$。其旋转矢量如图 4-4(b)所示,则运动方程为
$$x = 2\cos(1.5t - 5\pi/6)$$

例 4-4 已知两同方向、同频率的简谐运动方程分别为 $x_1 = 0.05\cos(10t + 0.75\pi)$ 和 $x_2 = 0.06\cos(10t + 0.25\pi)$(SI)。求:(1)合振动的振幅以及初相位;(2)若有另一同方向、同频率的简谐运动 $x_3 = 0.07\cos(10t + \varphi_3)$,则 φ_3 为多少时,$x_1 + x_3$ 的振幅最大?φ_3 为多少时,$x_2 + x_3$ 的振幅最小?

解:(1)利用旋转矢量法计算两运动的合成,如图 4-5 所示。

这两个简谐振动的相位差为

$$\Delta\varphi=\varphi_2-\varphi_1=-\frac{\pi}{2}$$

所以,合振动的振幅为

$$A=\sqrt{A_1^2+A_2^2+2A_1A_2\cos\left(-\frac{\pi}{2}\right)}=7.8\times10^{-2}\,\text{m}$$

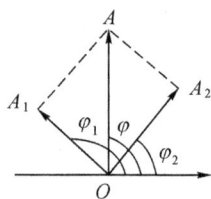

图 4-5　简谐运动合成

合振动的初相位为

$$\varphi=\arctan\left(\frac{A_1\sin\varphi_1+A_2\sin\varphi_2}{A_1\cos\varphi_1+A_2\cos\varphi_2}\right)=\arctan(11)=1.48\,\text{rad}$$

(2)要使 x_1+x_3 的振幅最大,即两振动同相位,则 $\Delta\varphi=2k\pi$,得到

$$\varphi_3=\varphi_1+2k\pi=2k\pi+0.75\pi,\qquad k=0,\pm1,\pm2,\cdots$$

要使 x_2+x_3 的振幅最小,即两振动反相位,则 $\Delta\varphi=(2k+1)\pi$,得到

$$\varphi_3=\varphi_2+(2k+1)\pi=2k\pi+1.25\pi,\qquad k=0,\pm1,\pm2,\cdots$$

例 4-5　一个立方体木块漂浮于静止的水面上,其浸在水中部分的高度为 h,现将其稍微下压,使浸在水中部分的高度变为 $b(b>h)$,释放木块后,它将在水面上上下振动。证明木块的振动是简谐振动,并求出振动周期和振幅。

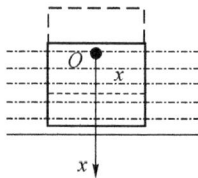

图 4-6　简谐振动

解:设木块的边长为 l,密度为 ρ_1,水的密度为 ρ_2,木块在初始位置静止时,应满足浮力等于重力

$$l^3\rho_1g=l^2h\rho_2g$$

则木块的密度为

$$\rho_1=\frac{h}{l}\rho_2$$

取木块静止时质心的位置为坐标原点 O,竖直向下为 x 轴正方向,如图 4-6 所示。现把木块的质心向下移动 x 距离,木块所受的合力为

$$F=l^3\rho_1g-l^2(h+x)\rho_2g=-\rho_2l^2gx=-kx$$

则 $k=\rho_2l^2g$,负号表示力 $\mathbf{F}$ 方向与位移 x 方向相反。所以证明木块在水面上的振动是简谐振动。

振动的角频率为

$$\omega=\sqrt{\frac{k}{m}}=\sqrt{\frac{\rho_2l^2g}{\rho_1l^3}}=\sqrt{\frac{g}{h}}$$

振动周期为

$$T=\frac{2\pi}{\omega}=2\pi\sqrt{\frac{h}{g}}$$

振幅为

$$A=b-h$$

若以释放作为计时起点,初相位为 $\varphi_0=0$,则木块的振动方程为

$$x=(b-h)\cos\left(\sqrt{\frac{g}{h}}t\right)$$

例 4-6 已知波源在原点的一列平面简谐波,波动方程为 $y=A\cos(Bt-Cx)$,其中 A、B、C 为正值恒量。求:

(1)波的振幅、波速、频率、周期与波长;

(2)波传播方向上距离波源为 l 点处的振动方程;

(3)任一时刻,在波的传播方向上相距为 d 的两点的相位差。

解:(1)已知平面简谐波的波动方程

$$y=A\cos(Bt-Cx)(x\geqslant 0)$$

将上式与波动方程的标准形式

$$y=A\cos\left(2\pi\nu t-2\pi\frac{x}{\lambda}\right)$$

比较,可知:波的振幅为 A,频率为 $\nu=\dfrac{B}{2\pi}$,波长为 $\lambda=\dfrac{2\pi}{C}$,波速为 $u=\lambda\nu=\dfrac{B}{C}$,波动周期为 $T=\dfrac{1}{\nu}=\dfrac{2\pi}{B}$。

(2)将 $x=l$ 代入波动方程即可得到该点的振动方程

$$y=A\cos(Bt-Cl)$$

(3)因任一时刻 t 同一波线上两点之间的位相差为

$$\Delta\varphi=\frac{2\pi}{\lambda}(x_2-x_1)$$

将 $x_2-x_1=d$,及 $\lambda=\dfrac{2\pi}{C}$ 代入上式,即得

$$\Delta\varphi=Cd$$

例 4-7 有一个以速度 u 沿 Ox 轴正向传播的平面余弦波,其质点振动的振幅和角频率分别为 A 和 ω,设某一瞬时的波形如图 4-7 所示,并以此瞬时为计时起点,求:(1)分别以 O 和 P 为坐标原点,写出对应的波动方程;

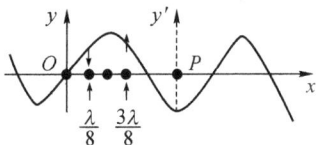

图 4-7 余弦波波形

(2)$t=0$ 时,距离 O 点分别为 $\dfrac{\lambda}{8}$ 和 $\dfrac{3\lambda}{8}$ 两处质点振动速度的大小和方向。

解:(1)以 O 为坐标原点,建立波动方程。假设 O 点的振动方程为

$$y=A\cos(\omega t+\varphi_0)$$

从图 4-7 中可以看出,当 $t=0$ 时,有

$$y_0=A\cos(\varphi_0)=0,\ 得到\ \varphi_0=\pm\frac{\pi}{2}$$

因为 $v_0=-A\omega\sin(\varphi_0)<0$,所以 $\varphi_0=\dfrac{\pi}{2}$

于是得到原点 O 点的振动方程为

$$y=A\cos\left(\omega t+\frac{\pi}{2}\right)$$

以 O 为原点的波动方程为

$$y=A\cos\left[\omega\left(t-\frac{x}{u}\right)+\frac{\pi}{2}\right]$$

以 P 为坐标原点,建立波动方程。假设 P 点的振动方程为 $y=A\cos(\omega t+\varphi_0)$

从图 4-7 中可以看出,当 $t=0$ 时,有

$$y_0=A\cos(\varphi_0)=-A,得到 \varphi_0=\pm\pi$$

因为 $v_0=-A\omega\sin(\varphi_0)=0$,所以 $\varphi_0=\pi$

于是得到 P 点的振动方程为

$$y=A\cos(\omega t+\pi)$$

以 P 为原点的波动方程为

$$y=A\cos\left[\omega\left(t-\frac{x}{u}\right)+\pi\right]$$

(2)与原点 O 相距 x 的质点振动速度的表达式为

$$v=\frac{\mathrm{d}y}{\mathrm{d}t}=-A\omega\sin\left[\omega\left(t-\frac{x}{u}\right)+\frac{\pi}{2}\right]=-A\omega\sin\left(\omega t-\frac{2\pi}{\lambda}x+\frac{\pi}{2}\right)$$

则在 $x=\frac{\lambda}{8}$ 处,有

$$v=-A\omega\sin\left(\omega t-\frac{2\pi}{\lambda}\times\frac{\lambda}{8}+\frac{\pi}{2}\right)=-A\omega\sin\left(\omega t+\frac{\pi}{4}\right)$$

则在 $x=\frac{3\lambda}{8}$ 处,有

$$v=-A\omega\sin\left(\omega t-\frac{2\pi}{\lambda}\times\frac{3\lambda}{8}+\frac{\pi}{2}\right)=-A\omega\sin\left(\omega t-\frac{\pi}{4}\right)$$

当 $t=0$ 时,$v_0=\frac{\sqrt{2}}{2}A\omega$,指向 y 轴正方向。

例 4-8 在同一介质中有两个相干波源 P 和 Q,由它们发出的平面简谐波沿由 P 到 Q 的延长线方向传播,波速为 $u=400\mathrm{m/s}$,P、Q 两点之间的距离为 3.0m,两波源频率为 $\nu=100\mathrm{Hz}$,振幅相等,P 点的相位比 Q 的相位超前 $\frac{\pi}{2}$。在 PQ

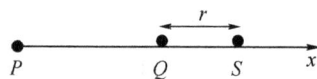

图 4-8 相干波源叠加

延长线上 Q 的一侧有一点 S,S 距离 Q 为 r,试写出两波源在 S 点的分振动,并求它们的合成。

解:根据题意,画出图 4-8 这些点之间的关系。

以 P 为坐标原点,建立如图 4-8 所示的坐标系,且波线方向与 x 轴正方向一致。从题意知,$\varphi_P-\varphi_Q=\frac{\pi}{2}$

选取适当的计时起点,使 $\varphi_P=\frac{\pi}{2}$,$\varphi_Q=0$。同时根据已知条件,得

$$\omega=2\pi\nu=200\pi\mathrm{s}^{-1}$$

设两波源的振幅为 A,且在波传播的过程中不衰减,于是 P 波源在 S 点的分振动为

$$y_P=A\cos\left[\omega\left(t-\frac{\overline{PS}}{u}\right)+\varphi_P\right]=A\cos\left[200\pi\left(t-\frac{r+3}{400}\right)+\frac{\pi}{2}\right]$$

Q 波源在 S 点的分振动为

$$y_Q = A\cos\left[\omega\left(t - \dfrac{\overline{QS}}{u}\right) + \varphi_Q\right] = A\cos\left[200\pi\left(t - \dfrac{r}{400}\right)\right]$$

为了讨论 S 点的振动,则两分振动在 S 点的相位差为

$$\Delta\varphi = \left[200\pi\left(t - \dfrac{r+3}{400}\right) + \dfrac{\pi}{2}\right] - \left[200\pi\left(t - \dfrac{r}{400}\right)\right] = -\pi$$

则相位差满足 $\Delta\varphi = \pm(2k+1)\pi, (k=0)$ 的条件,得到合振幅为两振幅之差。因此,S 点的振动属于干涉相消。

例 4-9 设 B 点发出的平面简谐波沿 BP 方向传播,它在 B 点的振动方程为 $y_1 = 2\times10^{-3}\cos(2\pi t)$;$C$ 点发出的平面简谐波沿 CP 方向传播,且 C 点的振动方程为 $y_2 = 2\times10^{-3}\cos(2\pi t + \pi)$。设 $BP = 0.4\mathrm{m}, CP = 0.5\mathrm{m}$,波速 $u = 0.2\mathrm{m/s}$,求:

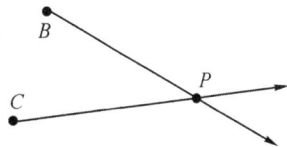

图 4-9　P 点的合振动

(1)两简谐波传到 P 点时,引起 P 点的相位差;

(2)当这两列波的振动方向相同时,P 点处的合振动的振幅;

(3)当这两列波的振动方向互相垂直时,P 点处的合振动的振幅。

解:(1)
$$\Delta\varphi = (\varphi_2 - \varphi_1) - \dfrac{2\pi}{\lambda}(\overline{CP} - \overline{BP})$$

$$= \pi - \dfrac{\omega}{u}(\overline{CP} - \overline{BP})$$

$$= \pi - \dfrac{2\pi}{0.2}(0.5 - 0.4) = 0$$

(2)由(1)知,P 点属于干涉相长,且振动方向相同,所以

$$A_P = A_1 + A_2 = 4\times10^{-3}\mathrm{m}$$

(3)若两振动方向垂直,又两分振动的相位差为 0,这时合振动轨迹是通过二、四象限的直线,所以合振幅为

$$A = \sqrt{A_1^2 + A_2^2} = \sqrt{2}A_1 = 2\sqrt{2}\times10^{-3} = 2.83\times10^{-3}(\mathrm{m})$$

例 4-10 两列波在一根很长的细绳上传播,传播时的运动方程分别为

$$y_1 = 0.06\cos(\pi x - 4\pi t), \quad y_2 = 0.06\cos(\pi x + 4\pi t)$$

求:(1)各波的频率、波长、波速和传播方向;

(2)证明细绳的振动是驻波,并写出驻波上对应的波节和波腹的位置;

(3)$x = 1.2\mathrm{m}$ 处的振动方程。

解:(1)
$$y_1 = 0.06\cos(\pi x - 4\pi t) = 0.06\cos\left[4\pi\left(t - \dfrac{x}{4}\right)\right]$$

为沿 x 轴正方向传播的简谐波。

$$y_2 = 0.06\cos(\pi x + 4\pi t) = 0.06\cos\left[4\pi\left(t + \dfrac{x}{4}\right)\right]$$

为沿 x 轴负方向传播的简谐波。

与标准的简谐波进行比较,可得

$$\omega = 4\pi, \quad u = 4\mathrm{m/s}, \quad f = \dfrac{\omega}{2\pi} = 2(\mathrm{Hz}), \quad \lambda = \dfrac{u}{f} = 2(\mathrm{m})$$

(2)$y = y_1 + y_2 = 0.06\cos\left[4\pi\left(t - \dfrac{x}{4}\right)\right] + 0.06\cos\left[4\pi\left(t + \dfrac{x}{4}\right)\right]$

$= 0.12\cos(\pi x)\cos(4\pi t)$

此式为驻波方程的标准形式,故细绳的振动属于驻波。

当 $\cos(\pi x) = 0$ 时,合振幅为零,此为波节。此时 $\pi x = (2k+1)\dfrac{\pi}{2}$,所以,波节的位置为

$$x = (2k+1)\dfrac{1}{2}, \qquad k = 0, \pm 1, \pm 2, \pm 3, \cdots$$

当 $\cos(\pi x) = \pm 1$ 时,合振幅为最大,此为波腹。此时 $\pi x = k\pi$,所以,波腹的位置为

$$x = k, \qquad k = 0, \pm 1, \pm 2, \pm 3, \cdots$$

(3)$x = 1.2\,\text{m}$ 处的振动方程为

$$y = 0.12\cos(\pi x)\cos(4\pi t) = 0.12\cos(1.2\pi)\cos(4\pi t)$$

$$= -0.097\cos(4\pi t) = 0.097\cos(4\pi t + \pi)$$

例 4-11 已知入射波方程为 $y = A\cos\left[2\pi\left(\dfrac{x}{\lambda} + \dfrac{t}{T}\right)\right]$,在 $x = \dfrac{5}{6}\lambda$ 处发生反射后形成波节,设反射后波的强度不变,求:

(1)反射波的方程;

(2)在 $x = \dfrac{2}{3}\lambda$ 处的质元合振动的振动方程。

解:(1)由入射波方程 $y = A\cos\left[2\pi\left(\dfrac{x}{\lambda} + \dfrac{t}{T}\right)\right]$ 可知,入射波是沿 x 轴负方向传播的,它在 $x = \dfrac{5}{6}\lambda$ 处的振动方程为

$$y_{\frac{5}{6}\lambda} = A\cos\left[2\pi\left(\dfrac{5}{6} + \dfrac{t}{T}\right)\right]$$

因为在 $x = \dfrac{5}{6}\lambda$ 反射后形成合成波的波节,说明发生半波损失,反射波与入射波在该点的相位相反,所以反射波在该点的振动方程为

$$y_{\frac{5}{6}\lambda\text{反}} = A\cos\left[2\pi\left(\dfrac{5}{6} + \dfrac{t}{T}\right) + \pi\right]$$

反射波是沿 x 轴正向传播的,所以反射波的方程为

$$y_\text{反} = A\cos\left[2\pi\left(\dfrac{4}{3} + \dfrac{t}{T} - \dfrac{x}{\lambda}\right)\right]$$

(2)由入射波和反射波,得到形成的驻波方程为

$$y = 2A\cos\left(\dfrac{2\pi x}{\lambda} + \dfrac{4\pi}{3}\right)\cos\left(\dfrac{2\pi t}{T} + \dfrac{4\pi}{3}\right)$$

将 $x = \dfrac{2}{3}\lambda$ 代入驻波方程,得到该点的振动方程为

$$y = 2A\cos\left(\dfrac{2\pi}{\lambda} \times \dfrac{2\lambda}{3} + \dfrac{4\pi}{3}\right)\cos\left(\dfrac{2\pi t}{T} + \dfrac{4\pi}{3}\right)$$

$$= 2A\cos\left(\dfrac{2}{3}\pi\right)\cos\left(\dfrac{2\pi t}{T} + \dfrac{4\pi}{3}\right) = A\cos\left(\dfrac{2\pi t}{T} + \dfrac{7\pi}{3}\right)$$

基础练习

基础练习一　机械振动

一、选择题

1. 两个质点各自做简谐振动，它们的振幅相同、周期相同，第一个质点的振动方程为 $x_1 = A\cos(\omega t + \alpha)$。当第一个质点从相对于其平衡位置的正位移处回到平衡位置时，第二个质点正在最大正位移处，则第二个质点的振动方程为　　　　　（　　　）

A. $x_2 = A\cos\left(\omega t + \alpha + \dfrac{1}{2}\pi\right)$

B. $x_2 = A\cos\left(\omega t + \alpha - \dfrac{1}{2}\pi\right)$

C. $x_2 = A\cos\left(\omega t + \alpha - \dfrac{3}{2}\pi\right)$

D. $x_2 = A\cos(\omega t + \alpha + \pi)$

2. 劲度系数分别为 k_1 和 k_2 的两个轻弹簧串联在一起，下面挂着质量为 m 的物体，构成一个竖挂的弹簧振子，则该系统的振动周期为　　　　　（　　　）

A. $T = 2\pi\sqrt{\dfrac{m(k_1 + k_2)}{2k_1 k_2}}$

B. $T = 2\pi\sqrt{\dfrac{m}{k_1 + k_2}}$

C. $T = 2\pi\sqrt{\dfrac{m(k_1 + k_2)}{k_1 k_2}}$

D. $T = 2\pi\sqrt{\dfrac{2m}{k_1 + k_2}}$

3. 一个质点做简谐振动，振幅为 A，在起始时刻质点的位移为 $\dfrac{1}{2}A$，且向 x 轴的正方向运动，代表此简谐振动的旋转矢量图为图 4-10 中的　　　　　（　　　）

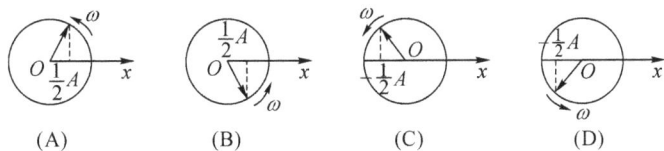

图 4-10　简谐振动的旋转矢量图

4. 一个弹簧振子绕着平衡位置做等幅度的振动，振幅为 10cm，周期为 2s，某时刻振子从平衡位置开始振动，经一段时间后达到振动的最左端点，在这段时间内，振子通过的路程可能为　　　　　（　　　）

A. 30cm　　　　　B. 90cm　　　　　C. 120cm　　　　　D. 190cm

5. 一个质点沿 Ox 轴做简谐振动，其振动方程为 $x = 0.08\cos\left(\pi t - \dfrac{\pi}{3}\right)$（SI），质点从 $t = 0$ 时刻算起，当质点运动到 $x = -0.04\text{m}$ 处，之间经历的最短时间间隔为　　（　　　）

A. 1s　　　　　B. $\dfrac{1}{6}$s　　　　　C. $\dfrac{1}{4}$s　　　　　D. $\dfrac{1}{2}$s

6.已知某简谐运动的振动曲线如图 4-11 所示,则此运动的运动方程为 （ ）

A. $x=2\cos\left(\dfrac{2}{3}\pi t-\dfrac{2}{3}\pi\right)$

B. $x=2\cos\left(\dfrac{2}{3}\pi t+\dfrac{2}{3}\pi\right)$

C. $x=2\cos\left(\dfrac{4}{3}\pi t-\dfrac{2}{3}\pi\right)$

D. $x=2\cos\left(\dfrac{4}{3}\pi t+\dfrac{2}{3}\pi\right)$

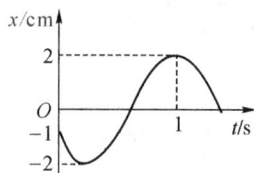

图 4-11　简谐振动曲线

7.一个物体做简谐振动,振动方程为 $x=A\cos\left(\omega t+\dfrac{1}{2}\pi\right)$。则该物体在 $t=0$ 时刻的动能与 $t=\dfrac{T}{8}$（T 为振动周期）时刻的动能之比为 （ ）

A.1∶4　　　　　　　B.1∶2　　　　　　　C.1∶1　　　　　　　D.2∶1

8.一个弹簧振子做简谐运动,当位移为振幅的一半时,其动能为总能量的 （ ）

A. $\dfrac{1}{2}$　　　　　　B. $\dfrac{1}{\sqrt{2}}$　　　　　　C. $\dfrac{\sqrt{3}}{2}$　　　　　　D. $\dfrac{3}{4}$

9.一个物体两个分振动的振动方程分别为 $x_1=3\cos(50\pi t+0.25\pi)$、$x_2=4\cos(50\pi t+0.75\pi)$,则它们的合振动表达式为 （ ）

A. $x=2\cos(50\pi t+0.25\pi)$　　　　　　B. $x=5\cos(50\pi t)$

C. $x=5\cos\left(50\pi t+0.25\pi+\arctan\dfrac{4}{3}\right)$　　　　D. $x=2\cos\left(50\pi t+0.25\pi+\arctan\dfrac{4}{3}\right)$

10.两个同方向同频率的简谐振动,其合振动的振幅为 0.2m,合振动的相位与第一个简谐振动的相位差为 30°,若第一个简谐振动的振幅为 $\dfrac{\sqrt{3}}{10}$m,则第二个简谐振动的振幅为 （ ）

A.0.1m　　　　　　　　　　　　　B.0.2m

C.0.3m　　　　　　　　　　　　　D.0.4m

二、填空题

1.如图 4-12 所示,质点在 Ox 轴上的 A、B 两点之间做简谐运动,O 为平衡位置,质点每秒往返三次,若以 x_1 为振动的起始位置,它的振动方程为_____;若以 x_2 为振动的起始位置,它的振动方程为_____。

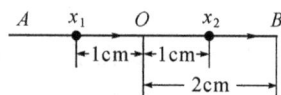

图 4-12　简谐振动的合振幅

2.一个质量为 1×10^{-2}kg 的物体,沿 Ox 轴做简谐振动,其振动表达式为 $x=2\times10^{-2}\cos\left(2\pi t+\dfrac{\pi}{3}\right)$（SI）,则当 $t=1$s 时,物体的振动速度为_____;加速度为_____;物体所受的合力为_____。

3.弹簧振子在水平桌面上做振幅 $A=2.0\times10^{-2}$m 的简谐振动。用旋转矢量法表示下列各种情况下简谐振动的初相位:(1)$t=0$ 时,振子正在正方向的端点处,初相位为

_____；(2)振子处于平衡位置且向负方向运动,初相位为_____；(3)振子处于 $x=$ 1.0×10^{-2} m 处且向负方向运动,初相位为_____。

4.已知两个简谐振动的振动曲线如图 4-13(a)、(b)所示,写出两简谐振动的振动方程_____；_____。

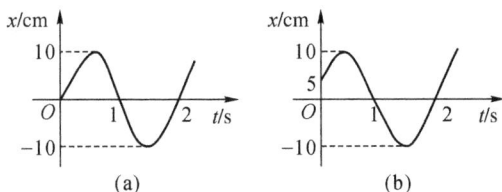

图 4-13　两个简谐振动的曲线

5.一个简谐振子在振动时的振动表达式为 $x=A\cos(2t+\varphi_0)$,已知运动时的初位置为 $x_0=0.04$ m,初速度为 $v_0=0.08$ m/s,则振子振动的振幅为_____；初相位为_____。

6.质量为 1kg 的物体,以振幅 1.0×10^{-2} m 做简谐运动。最大加速度为 4.0 m/s²,则物体振动的周期为_____；通过平衡位置时的动能为_____；总能量为_____。

7.有两个同方向、同频率的简谐振动,振动方程分别为 $x_1=4\cos\left(6t+\dfrac{\pi}{3}\right)$、$x_2=3\cos\left(6t-\dfrac{\pi}{6}\right)$(SI),则合振动的振幅为_____；初相位为_____。若有另一个表达式为 $x_3=8\cos(6t+\varphi)$(SI)的简谐振动,则 $\varphi=$_____时,x_2+x_3 的合振幅最小。

8.两个同方向、同频率的简谐振动,其振动表达式分别为 $x_1=0.6\cos\left(5t+\dfrac{\pi}{2}\right)$、$x_2=0.8\cos(5t+\pi)$,则它们合振动的振幅为_____；初相位为_____。

9.一个物体同时参与同一直线上的两个简谐振动

$$x_1=3\cos\left(4\pi t+\dfrac{\pi}{3}\right)\text{(SI)} \text{与} x_2=4\cos\left(4\pi t+\dfrac{4\pi}{3}\right)\text{(SI)}$$

则合振动的振动方程为_____。

三、计算题

1.一个竖直放置的轻弹簧的下端悬挂一个小球,弹簧被拉长 $l_0=1.2$ cm 后而平衡。再经拉后,该小球在竖直方向做振幅为 $A=2$ cm 的振动,试证此振动为简谐振动;选小球在正最大位移处开始计时,写出此振动的数值表达式。

2. 某振动质点的 x-t 曲线如图 4-14 所示，试求：

(1)运动方程；

(2)点 P 对应的相位；

(3)到达 P 点相应位置所需的时间。

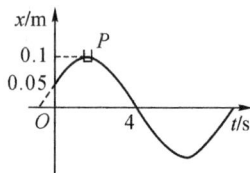

图 4-14 x-t 曲线

3. 如图 4-15 所示为一个做简谐运动的质点的速度与时间的关系，振幅为 2cm，求：

(1)振动周期；

(2)质点运动加速度的最大值；

(3)质点的运动方程。

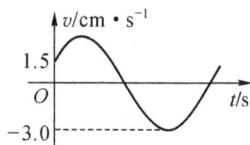

图 4-15 v-t 曲线

4. 质量为 0.1kg 的物体以振幅 2cm 做简谐振动，其最大加速度为 4.0m/s^2，求：(1)振动周期；(2)物体通过平衡位置时的总能量与动能；(3)当动能和势能相等时，物体的位移是多少？(4)当物体的位移为振幅的一半时，动能、势能各占总能量的多少？

5. 有两个同方向、同频率的简谐振动，它们的振动方程为：

$$x_1=0.05\cos\left(10t+\frac{3}{4}\pi\right),\ x_2=0.06\cos\left(10t+\frac{1}{4}\pi\right)\text{（SI 制）}$$

(1)求它们合成振动的振幅和初相位。

(2)若另有一振动 $x_3=0.07\cos(10t+\varphi_3)$，问 φ_3 为何值时，x_1+x_3 的振幅为最大；φ_3 为何值时，x_2+x_3 的振幅为最小？

基础练习二　机械波

一、选择题

1. 下列说法中哪个是正确的？ （　　）

A. 波只有横波和纵波之分

B. 波动的质点以波速向前移动

C. 波在传播的过程中，传播的只是运动状态和能量

D. 波在不同介质中传播时的波长不变

2. 已知一个平面简谐波的波动方程为 $y = 6\cos\left(\pi t - 3\pi x + \dfrac{\pi}{2}\right)$（SI），则下列说法正确的是 （　　）

A. $u = 3\,\text{m/s}$ 　　　B. $u = \dfrac{1}{3}\,\text{m/s}$ 　　　C. $f = \pi\,\text{Hz}$ 　　　D. $f = 1.5\,\text{Hz}$

3. 有一平面简谐波沿 Ox 轴的正方向传播，已知其周期为 0.5 s，振幅为 1 m，波长为 2 m，且在 $t = 0$ 时坐标原点处的质点位于负的最大位移处，则该简谐波的波动方程为 （　　）

A. $y = \cos(\pi t - 4\pi x + \pi)$ 　　　　　　B. $y = \cos(4\pi t + \pi x + \pi)$

C. $y = \cos(4\pi t - \pi x - \pi)$ 　　　　　　D. $y = \cos(4\pi t - \pi x)$

4. 一个平面简谐波沿 Ox 轴正方向传播，波长为 4 m。若图 4-16 中点 A 处的振动方程为 $y_A = 5\cos(2\pi t + \pi)$（SI），则点 B 处质点的振动方程为 （　　）

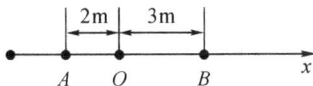

图 4-16　A、B 两点的波动

A. $y_B = 5\cos(2\pi t + \pi/2)$ 　　　　　　B. $y_B = 5\cos(2\pi t - \pi/2)$

C. $y_B = 5\cos(2\pi t + \pi)$ 　　　　　　　D. $y_B = 5\cos(2\pi t - \pi x/2 + \pi/2)$

5. 一个平面简谐波在弹性媒质中传播，研究其中一个质元，下列说法正确的是（　　）

A. 若该质点位于负的最大位移处，其动能为零，势能最大

B. 该质点的机械能总是守恒的

C. 该质点在最大位移处的势能最大，在平衡位置的势能最小

D. 该质点的动能和势能总是相等

6. 图 4-17 为一平面简谐波在 $t = \dfrac{T}{4}$ 时的波形图，则 P 点处的振动方程为 （　　）

A. $y = 2\cos(10\pi t - \pi x/2 + \pi/2)$ 　　　　B. $y = 2\cos(10\pi t - \pi x/2 - \pi/2)$

C. $y = 2\cos(5\pi t - \pi x + \pi)$ 　　　　　　D. $y = 2\cos(5\pi t - \pi x + \pi/2)$

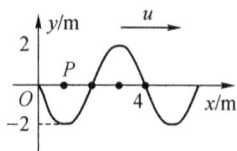

图 4-17 $t=\dfrac{T}{4}$ 波形图

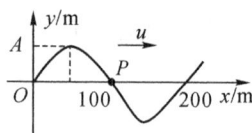

图 4-18 $t=0$ 波形图

7. 图 4-18 是一个平面简谐波在 $t=0$ 时刻的波形图,波速 $u=200\text{m/s}$,则 P 处质点的振动速度表达式为 （　　）

　　A. $v=-0.2\pi\cos(2\pi t-\pi)$　　　　　　B. $v=-0.2\pi\cos(\pi t-\pi)$

　　C. $v=0.2\pi\cos(2\pi t-\pi/2)$　　　　　　D. $v=0.2\pi\cos(\pi t-3\pi/2)$

8. 图 4-19 中是一个平面简谐波在 $t=2\text{s}$ 时刻的波形图,则平衡位置在 P 点的质点的振动方程是 （　　）

　　A. $y_P=0.01\cos\left[\pi(t-2)+\dfrac{\pi}{3}\right]$

　　B. $y_P=0.01\cos\left[\pi(t+2)+\dfrac{\pi}{3}\right]$

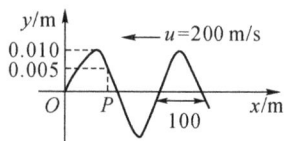

图 4-19 $t=2\text{s}$ 波形图

　　C. $y_P=0.01\cos\left[2\pi(t-2)+\dfrac{\pi}{3}\right]$

　　D. $y_P=0.01\cos\left[2\pi(t-2)-\dfrac{\pi}{3}\right]$

9. 图 4-20 为一个简谐波在 $t=0$ 时刻的波形图,波速 $u=200\text{m/s}$,则图中 O 点的振动加速度的表达式为 （　　）

　　A. $a=0.4\pi^2\cos\left(\pi t-\dfrac{\pi}{2}\right)$

　　B. $a=0.4\pi^2\cos\left(\pi t-\dfrac{3\pi}{2}\right)$

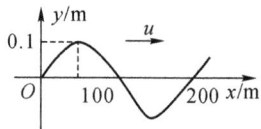

图 4-20 $t=0$ 波形图

　　C. $a=-0.4\pi^2\cos(2\pi t-\pi)$

　　D. $a=-0.4\pi^2\cos\left(2\pi t+\dfrac{\pi}{2}\right)$

10. 如图 4-21 所示,两相干波源 S_1 和 S_2 之间相距 $\dfrac{\lambda}{4}$(λ 为波长),S_1 相位比 S_2 相位超前 $\dfrac{\pi}{2}$,在 S_1、S_2 连线上,S_1 外侧各点(例如 P 点)两列波引起振动的相位差是 （　　）

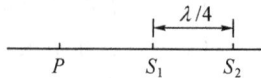

图 4-21 两相干波源的合振动

　　A. 0　　　　　　　　　　　　　　　　B. $\dfrac{\pi}{2}$

　　C. π　　　　　　　　　　　　　　　D. $\dfrac{3\pi}{2}$

二、填空题

1. 已知一个平面简谐波的波动方程为 $y = 5\cos\left(\pi t + 4\pi x + \dfrac{\pi}{2}\right)$（SI），从此方程中可知该简谐波的传播方向为_____，其振幅为_____，周期为_____，波长为_____，波速为_____。

2. 一个平面简谐波在 $t = t_0$ 时的波形曲线如图 4-22 所示，其波速为 u，周期为 T，则原点处质点的振动方程为_____，该简谐波的波动方程为_____。

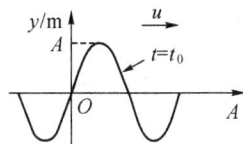

图 4-22 $t = t_0$ 波形图

3. 一个平面简谐波（机械波）沿 Ox 轴正方向传播，波动表达式为 $y = 0.2\cos\left(\pi t - \dfrac{1}{2}\pi x\right)$（SI），则在 $x = -3\text{m}$ 处媒质质点的振动加速度 a 的表达式为_____。

4. 一个简谐波的波形曲线如图 4-23 所示，若已知该时刻质元 A 向上运动，则该简谐波的传播方向为_____，B、C、D 各质点在该时刻的运动方向为 B_____，C_____，D_____。

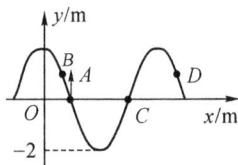

图 4-23 各质元的振动

5. 已知一个平面简谐波的波动方程为 $y = 7\cos(3t - 5x)$（SI），则在 $x_1 = -3\text{m}$ 处的质点振动方程为_____，它与在 $x_2 = 4\text{m}$ 处的质点相位差为_____。

6. 一个平面简谐波沿 Ox 轴的负方向传播，其波速为 u，若已知原点处质点的振动方程为 $y = A\cos(\omega t + \varphi_0)$，则简谐波的波动方程为_____，若取 $x = 4\text{m}$ 处为新的坐标系原点，该平面简谐波的波动方程可写为_____。

7. 两个相干的点波源 S_1 和 S_2，它们振动时的振动方程分别是 $y_1 = A\cos\left(\omega t + \dfrac{\pi}{2}\right)$ 和 $y_2 = A\cos\left(\omega t - \dfrac{\pi}{2}\right)$。波从 S_1 传到 P 点经过的路程等于 2 个波长，波从 S_2 传到 P 点的路程等于 $\dfrac{7}{2}$ 个波长。设两波波速相同，在传播过程中振幅不衰减，则两波传到 P 点的振动的合振幅为_____。

8. 如图 4-24 所示，S_1 和 S_2 为同相位的两相干波源，相距为 L，P 点距 S_1 为 r；波源 S_1 在 P 点引起的振动振幅为 A_1，波源 S_2 在 P 点引起的振动振幅为 A_2，两波波长都是 λ，则 P 点的振幅 A 为_____。

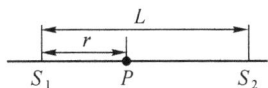

图 4-24 相干波源的振动

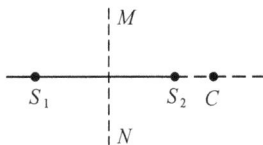

图 4-25 两波源的相干

9. S_1、S_2 为振动频率、振动方向均相同的两个点波源，振动方向垂直纸面，两者相距

$\frac{3}{2}\lambda$（λ 为波长），如图 4-25 所示。已知 S_1 的初相位为 $\frac{1}{2}\pi$。

(1)若使射线 S_2C 上各点由两列波引起的振动均干涉相消,则 S_2 的初相位应为_____。

(2)若使 S_1S_2 连线的中垂线 MN 上各点由两列波引起的振动均干涉相消,则 S_2 的初相位应为_____。

三、计算题

1.一列横波沿绳子传播,传播时波的表达式为 $y=0.05\cos(100\pi t-2\pi x)$（SI）。计算:
(1)此波的振幅、波速、频率和波长;
(2)绳子上各质点的最大振动速度和最大振动加速度;
(3)$x_1=0.2$m 处和 $x_2=0.7$m 处两质点振动的相位差。

2.一列平面简谐波沿 Ox 轴正向传播,波的振幅 $A=10$cm,波的角频率 $\omega=7$rad/s。当 $t=1.0$s 时,$x=10$cm 处的 a 质点正通过其平衡位置向 y 轴负方向运动,而 $x=20$cm 处的 b 质点正通过 $y=5.0$cm 点向 y 轴正方向运动。设该波的波长 $\lambda>10$cm,计算该平面波的表达式。

3.图 4-27 为一个平面简谐波在 $t=0$ 时刻的波形图,求:
(1)该波的波动表达式;
(2)P 处质点的振动方程。

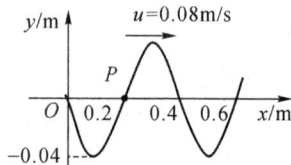

图 4-27　$t=0$ 时刻的波形图

4.一列沿 Ox 轴负方向传播的简谐波的波长为 $\lambda=6\mathrm{m}$。若已知在 $x=3\mathrm{m}$ 处质点的振动曲线如图 4-28 所示,求:

（1）该质点的振动方程;

（2）该简谐波的振动方程;

（3）原点处质点的振动方程。

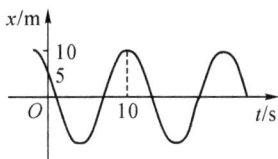

图 4-28 $x=3\mathrm{m}$ 处质点的振动曲线

5.图 4-29 所示为一列平面余弦波在 $t=0$ 时刻与 $t=2\mathrm{s}$ 时刻的波形图。已知波速为 u,求:（1）坐标原点处介质质点的振动方程;

（2）该波的波动表达式。

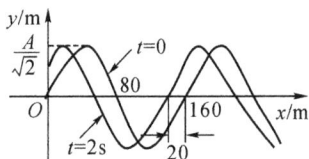

图 4-29 双时刻的波形图

6.一列平面简谐波沿 Ox 轴正方向传播,振幅为 2cm,频率为 50Hz,波速为 200m/s。在 $t=0$ 时,$x=0$ 处的质点正在平衡位置向 y 轴正方向运动,计算 $x=4\mathrm{m}$ 处媒质质点振动的表达式及该点在 $t=2\mathrm{s}$ 时的振动速度。

7.一列平面简谐波沿 Ox 轴正方向传播,其振幅为 A,频率为 f,波速为 u,设 $t=t'$ 时刻的波形曲线如图 4-30 所示。计算:

（1）$x=0$ 处质点的振动方程;

（2）该平面波的表达式。

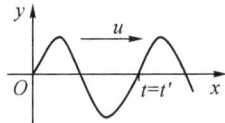

图 4-30 $t=t'$ 时刻的波形图

8.如图 4-31 所示，两相干波源在 Ox 轴上的位置为 S_1、S_2，其间距离为 $d=30\mathrm{m}$，S_1 位于坐标原点 O。设波只沿 Ox 轴正负方向传播，单独传播时强度保持不变。$x_1=9\mathrm{m}$ 和 $x_2=12\mathrm{m}$ 处的两点是相邻的两个因干涉而静止的点。求两波的波长和两波源间最小相位差。

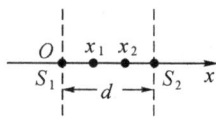

图 4-31　相干波源的相消

本章参考答案

第五章　波动光学

本章知识点

一、光的干涉现象

1. 获得相干光源的方法

同一光源的同一点发出的波阵面上获得两个子波源,然后两个子波源发出两个相干光波,经过不同的路径,在空间相遇。具体方法有分波阵面法和分振幅法。

2. 光程、光程差

(1)光程:把光在介质中传播的路程折合为光在真空中的相应路程,数值上等于介质的折射率乘以光在介质中传播的路程。

(2)相位差与光程差的关系

$$\Delta\phi=(\phi_{20}-\phi_{10})-\frac{2\pi}{\lambda}\Delta \tag{5.1}$$

(3)半波损失:当光从光疏介质射向光密介质,在光密介质的界面上反射时,反射光的相位有 π 的突变,相当于光程增加或减少 $\frac{\lambda}{2}$。

3. 干涉明、暗条纹的条件

两个相干光在空间某点相遇,若两个光源不在同一个波阵面上,则相位差 $\Delta\varphi=\varphi_2-\varphi_1=\frac{2\pi}{\lambda}(n_2r_2-n_1r_1)$

$$\Delta\varphi=\begin{cases}\pm 2k\pi & (k=1,2,3,\cdots)\text{明纹} \\ \pm(2k+1)\pi & (k=0,1,2,3,\cdots)\text{暗纹}\end{cases} \tag{5.2}$$

若两个光源在同一个波阵面上,则光程差 $\Delta=n_2r_2-n_1r_1$

$$\Delta=\begin{cases}\pm k\lambda & (k=1,2,3,\cdots)\text{明纹} \\ \pm(2k+1)\frac{\lambda}{2} & (k=0,1,2,3,\cdots)\text{暗纹}\end{cases} \tag{5.3}$$

二、几种干涉现象

1. 杨氏双缝干涉实验

(1) 接收屏幕上出现明、暗条纹的位置

$$x_k = \begin{cases} \pm k \dfrac{D\lambda}{d} & (k=0,1,2,3,\cdots) \text{明纹} \\ \pm(2k+1)\dfrac{D\lambda}{2d} & (k=1,2,3,\cdots) \text{暗纹} \end{cases} \qquad (5.4)$$

(2) 相邻的两个明、暗条纹的间距为

$$\Delta x = \frac{D\lambda}{d} \qquad (5.5)$$

(3) 干涉条纹的特征：干涉条纹是等宽、等间距的明暗相间的平行直条纹。

2. 薄膜干涉

两束反射光的光程差为

$$\Delta = 2d\sqrt{n_2^2 - n_1^2\sin^2 i} + \delta' = \begin{cases} k\lambda(k=1,2,3,\cdots) & \text{明纹} \\ (2k+1)\dfrac{\lambda}{2}(k=0,1,2,3,\cdots) & \text{暗纹} \end{cases} \qquad (5.6)$$

δ' 代表附加的光程差

$$\delta' = \begin{cases} 0 & n_1 > n_2 > n_3 \quad \text{或} \quad n_1 < n_2 < n_3 \\ \dfrac{\lambda}{2} & n_1 > n_2 < n_3 \quad \text{或} \quad n_1 < n_2 > n_3 \end{cases} \qquad (5.7)$$

(1) 等倾干涉：当薄膜厚度均匀时，入射角 i 相同的地方，对应同一级次的干涉条纹。

条纹特征：等倾干涉条纹是明、暗相间的同心环圆条纹，且内疏外密，越靠近中心，干涉条纹级次越高。

(2) 等厚干涉：当薄膜处于同一介质中，且光线从空气中垂直（$i=0$）入射到薄膜时，此时的光程差为

$$\Delta = 2nd + \frac{\lambda}{2} = \begin{cases} k\lambda(k=1,2,3,\cdots) & \text{明纹} \\ (2k+1)\dfrac{\lambda}{2}(k=0,1,2,3,\cdots) & \text{暗纹} \end{cases} \qquad (5.8)$$

可以看出，薄膜厚度相同的地方光程差相同，所以对应于同一级条纹，称为等厚条纹。劈尖干涉和牛顿环都属于等厚干涉。

1) 劈尖干涉

① 条纹特征：劈尖干涉条纹是明、暗相间的等间距的平行直条纹。棱边（$d=0$）处为零级暗条纹，随着薄膜厚度的增加，条纹干涉级次增高。

② 相邻明（暗）条纹对应的厚度差

$$\Delta d = \frac{\lambda}{2n} \qquad (5.9)$$

③相邻明(暗)条纹之间的间距

$$\Delta l = \frac{\lambda}{2n\sin\theta} \approx \frac{\lambda}{2n\theta} \quad (\theta \text{ 为劈尖的劈角}) \tag{5.10}$$

2)牛顿环

①条纹特征:牛顿环是明、暗相间的同心圆环,且内疏外密,越靠近中心,条纹干涉级次越低。

②明、暗圆环的半径

$$r_k = \begin{cases} \sqrt{\dfrac{(2k-1)R\lambda}{2n}} & \text{明纹}(k=1,2,3,\cdots) \\ \sqrt{\dfrac{kR\lambda}{n}} & \text{暗纹}(k=0,1,2,3,\cdots) \end{cases} \tag{5.11}$$

三、衍射现象

1.惠更斯—菲涅耳原理

波在传播过程中,从同一波阵面上各点发出的子波,经传播而在空间某点相遇时,产生相干叠加。

2.单缝的夫琅禾费衍射

(1)当用单色光垂直入射单缝时,衍射明、暗纹的条件

$$\Delta = a\sin\varphi = \begin{cases} 0 & \text{中央明纹} \\ \pm 2k\dfrac{\lambda}{2} = \pm k\lambda & \text{暗纹}(k=1,2,3,\cdots) \\ \pm(2k+1)\dfrac{\lambda}{2} & \text{明纹}(k=1,2,3,\cdots) \end{cases} \tag{5.12}$$

(2)衍射明、暗纹的位置

$$x_k = \begin{cases} \pm f\dfrac{k\lambda}{a} & (k=1,2,3,\cdots) \quad \text{暗纹位置} \\ \pm f\dfrac{(2k+1)\lambda}{2a} & (k=1,2,3,\cdots) \quad \text{明纹位置} \end{cases} \tag{5.13}$$

(3)中央明纹的线宽度

$$\Delta l = \frac{2\lambda}{a}f \tag{5.14}$$

中央明纹的角宽度

$$\Delta\theta = \frac{2\lambda}{a} \tag{5.15}$$

(4)相邻明、暗条纹的线宽度

$$\Delta l' = \frac{\lambda}{a}f \tag{5.16}$$

相邻明、暗条纹的角宽度

$$\Delta\theta = \frac{\lambda}{a} \tag{5.17}$$

（5）衍射条纹的特征

单缝衍射条纹是明、暗相间的直条纹，中央明纹最宽最亮，其他明纹亮度迅速减弱。中央明纹宽度是其他明纹宽度的 2 倍。

3. 圆孔衍射

艾里斑的半角宽度（最小分辨角）

$$\Delta\theta = 1.22\frac{\lambda}{D} \tag{5.18}$$

光学仪器的分辨率

$$f' = \frac{1}{\Delta\theta} = \frac{D}{1.22\lambda} \tag{5.19}$$

4. 光栅衍射

光栅是由大量等宽、等间距的平行狭缝构成的光学元件。光栅衍射是单缝衍射和多缝干涉的总效果。

（1）光栅方程：当单色光垂直光栅入射时，产生主明纹的条件为

$$(a+b)\sin\varphi = \pm k\lambda \qquad 明纹(k=0,1,2,3,\cdots) \tag{5.20}$$

当单色光非垂直入射时，产生主明纹的条件为

$$(a+b)(\sin\varphi \pm \sin\theta) = \pm k\lambda \qquad 明纹(k=0,1,2,3,\cdots) \tag{5.21}$$

（2）缺级现象：当衍射角同时满足单缝暗纹条件和光栅的明纹条件的。缺级条件为

$$(a+b)\sin\varphi = k\lambda \tag{5.22}$$

$$b\sin\varphi = k'\lambda \tag{5.23}$$

缺级级次

$$k = \frac{a+b}{b}k' \qquad (k' = \pm1, \pm2, \pm3, \cdots) \tag{5.24}$$

四、光的偏振

1. 自然光和偏振光

自然光：光矢量具有各个方向的振动，且各个方向振动的概率相等。

偏振光：自然光经过某些介质的反射、折射和吸收后，只保留某一方向的光振动。

2. 马吕斯定律：光强为 I_0 的线偏振光，透过检偏器后的光强为

$$I = I_0\cos^2\alpha \tag{5.25}$$

α 为光振动方向与检偏器的偏振化方向的夹角。

3. 布儒斯特定律

自然光入射到介质分界面时，在一般情况下反射光和折射光都是部分偏振光，当入射角 i_0 满足

$$\tan i_0 = \frac{n_2}{n_1} \tag{5.26}$$

时，反射光是振动方向垂直于入射面的线偏振光，折射光是部分偏振光，折射光线与反射光线垂直。

典型例题及解析

例 5-1 在杨氏双缝干涉装置中,用一个折射率 $n=1.58$、很薄的云母片盖住其中一条缝,结果原屏幕上的第 7 级明条纹恰好移到屏幕中央零级明纹的位置处。若入射光的波长 $\lambda=550$nm,求此云母片的厚度。

解:设云母片厚度为 e,则由云母片引起的光程差为

$$\Delta=ne-e=(n-1)e$$

按题意 $\Delta=7\lambda$,得到云母片的厚度为

$$e=\frac{7\lambda}{n-1}=\frac{7\times5500\times10^{-10}}{1.58-1}=6.6\times10^{-6}(\text{m})=6.6(\mu\text{m})$$

例 5-2 为了利用干涉降低玻璃表面的反射,通常会在透镜的表面镀上一层膜。现在在折射率 $n_1=1.52$ 的镜头表面涂有一层折射率 $n_2=1.38$ 的 MgF_2 的增透膜,如果此膜适用于波长 $\lambda=550$nm 的光,问薄膜的厚度应取何值?

解:设光垂直入射增透膜,欲使透射增强,则膜上、下两表面反射光应满足干涉相消条件,即

$$2n_2e=\left(k+\frac{1}{2}\right)\lambda(k=0,1,2,\cdots)$$

故

$$e=\frac{\left(k+\frac{1}{2}\right)\lambda}{2n_2}=\frac{k\lambda}{2n_2}+\frac{\lambda}{4n_2}$$

$$=\frac{550}{2\times1.38}k+\frac{550}{4\times1.38}=(199.3k+99.6)(\text{nm})$$

令 $k=0$,得到膜的最薄厚度为 99.6nm。

当 k 为其他正整数时,也都满足要求。

例 5-3 利用迈克尔逊干涉仪可以测量单色光的波长。当 M_1 移动距离为 0.322mm 时,观察到干涉条纹移动数为 1024 条,求所用单色光的波长。

解:由

$$\Delta d=\Delta N\frac{\lambda}{2}$$

得

$$\lambda=2\frac{\Delta d}{\Delta N}=2\times\frac{0.322\times10^{-3}}{1024}$$

$$=6.289\times10^{-7}(\text{m})$$

例 5-4 一个单色平行光垂直照射一个单缝,若其第 $k=0$ 级明条纹位置正好与 600nm 的单色平行光的第 2 级明条纹位置重合,求前一种单色光的波长。

解:单缝衍射的明纹公式为

$$a\sin\varphi=(2k+1)\frac{\lambda}{2}$$

当 $\lambda=600$nm 时,$k=2$

$\lambda=\lambda_x$ 时,$k=3$

重合时 φ 角相同,所以有

$$a\sin\varphi=(2\times2+1)\frac{6000}{2}=(2\times3+1)\frac{\lambda_x}{2}$$

得

$$\lambda_x=\frac{5}{7}\times600=428.6\,(\text{nm})$$

例 5-5 用橙黄色的平行光垂直照射一宽为 $a=0.6\text{mm}$ 的单缝,缝后凸透镜的焦距 $f=0.4\text{m}$,观察屏幕上形成的衍射条纹。若屏上离中央明条纹中心 1.4mm 处的 P 点为一明条纹;求:(1)入射光的波长;(2)P 点处条纹的级数;(3)从 P 点看,对该光波而言,狭缝处的波面可分成几个半波带?

解:(1)由于 P 点是明纹,故有 $a\sin\varphi=(2k+1)\frac{\lambda}{2}$,$k=1,2,3,\cdots$

由 $\frac{x}{f}=\frac{1.4}{400}=3.5\times10^{-3}=\tan\varphi\approx\sin\varphi$

故 $\lambda=\frac{2a\sin\varphi}{2k+1}=\frac{2\times0.6}{2k+1}\times3.5\times10^{-3}$

$\quad\quad=\frac{1}{2k+1}\times4.2\times10^{-3}\,(\text{mm})$

当 $k=3$ 时,得 $\lambda_3=600\text{nm}$

当 $k=4$ 时,得 $\lambda_4=470\text{nm}$

(2)若 $\lambda_3=600\text{nm}$,则 P 点是第 3 级明纹;

若 $\lambda_4=470\text{nm}$,则 P 点是第 4 级明纹。

(3)由 $a\sin\varphi=(2k+1)\frac{\lambda}{2}$ 可知,

当 $k=3$ 时,单缝处的波面可分成 $2k+1=7$ 个半波带;

当 $k=4$ 时,单缝处的波面可分成 $2k+1=9$ 个半波带。

例 5-6 波长 $\lambda=600\text{nm}$ 的单色光垂直入射到一个光栅上,第 2、3 级明条纹分别出现在 $\sin\varphi=0.2$ 与 $\sin\varphi=0.3$ 处,第 4 级为缺级。求:(1)光栅常数;(2)光栅上狭缝的宽度;(3)在 $90°>\varphi>-90°$ 范围内,实际呈现的全部级数。

解:(1)由 $(a+b)\sin\varphi=k\lambda$

对应于 $\sin\varphi_1=0.2$ 与 $\sin\varphi_2=0.3$ 处满足:

$$0.2(a+b)=2\times6000\times10^{-10}$$
$$0.3(a+b)=3\times6000\times10^{-10}$$

得

$$a+b=6\times10^{-6}\text{m}$$

(2)因第 4 级缺级,故须同时满足

$$(a+b)\sin\varphi=k\lambda$$
$$a\sin\varphi=k'\lambda$$

解得

$$a=\frac{a+b}{4}k'=1.5\times10^{-6}k'$$

取 $k'=1$,得光栅狭缝的最小宽度为 $1.5\times10^{-6}\text{m}$

（3）由 $(a+b)\sin\varphi=k\lambda$

$$k=\frac{(a+b)\sin\varphi}{\lambda}$$

当 $\varphi=\dfrac{\pi}{2}$，对应 $k=k_{\max}$

故

$$k_{\max}=\frac{a+b}{\lambda}=\frac{6\times10^{-6}}{6000\times10^{-10}}=10$$

因 ±4，±8 缺级，所以在 $-90°<\varphi<90°$ 范围内实际呈现的全部级数为 $k=0$，±1，±2，±3，±5，±6，±7，±9，共 15 条明条纹（$k=\pm10$ 在 $k=\pm90°$ 处看不到）。

例 5-7 使自然光通过两个偏振化方向夹角为 $60°$ 的偏振片时，透射光强为 I_1，今在这两个偏振片之间再插入一偏振片，它的偏振化方向与前两个偏振片均成 $30°$，问此时透射光强 I 与 I_1 之比为多少？

解： 由马吕斯定律

$$I_1=\frac{I_0}{2}\cos^2 60°=\frac{I_0}{8}$$

$$I=\frac{I_0}{2}\cos^2 30°\cos^2 30°=\frac{9I_0}{32}$$

所以

$$\frac{I}{I_1}=\frac{9}{4}=2.25$$

例 5-8 一束自然光以某一角度射到平行平面玻璃上，反射光恰为线偏振光，且折射光的折射角为 $32°$，求：（1）自然光的入射角；（2）玻璃的折射率；（3）玻璃后表面的反射光、透射光的偏振状态。

解：（1）由布儒斯特定律知，反射光为线偏振光时，反射光与折射光相互垂直，则自然光的入射角为

$$i_0=90°-32°=58°$$

（2）根据布儒斯特定律 $\tan i_0=\dfrac{n_2}{n_1}$，因此，玻璃的折射率为

$$n_2=n_1\tan 58°=1.6$$

（3）自然光以布儒斯特角入射时，垂直入射面的光振动并不完全被反射，在折射光中仍然含有。所以，折射光是部分偏振光。

基础练习

基础练习一 杨氏双缝干涉现象 薄膜干涉

一、选择题

1. 采用下列的方法形成两个光源：

(1)两盏完全相同的钠光灯；

(2)一盏钠光灯,用黑纸盖住它的中部,将钠光灯分成上下两部分；

(3)一盏钠光灯照亮一条狭缝,此亮缝再照亮与它平行、间距很小的两条狭缝。

在上面的三种方法中,能够在接收屏上形成稳定干涉条纹的是　　　　　　　　(　　)

A.(3)　　　　　　　B.(2)　　　　　　　C.(1)、(3)　　　　　　D.(2)、(3)

2. 把双缝干涉实验装置放在折射率为 n 的水中,两缝间距离为 d,双缝到屏的距离为 $D(D\gg d)$,所用单色光在真空中的波长为 λ,则屏上干涉条纹中相邻的明纹之间的距离是

(　　)

A. $\dfrac{n\lambda D}{d}$　　　　　　B. $\dfrac{\lambda D}{nd}$　　　　　　C. $\dfrac{\lambda d}{nD}$　　　　　　D. $\dfrac{\lambda D}{2nd}$

3. 一束波长为 λ 的光线垂直投射到一双缝上,在屏上形成明、暗相间的干涉条纹,则下列光程差中对应于最低级次暗纹的是　　　　　　　　　　　　　　　　　　(　　)

A. 2λ　　　　　　B. $\dfrac{3}{2}\lambda$　　　　　　C. λ　　　　　　D. $\dfrac{\lambda}{2}$

4. 一束波长为 λ 的单色光在折射率 $n_1<n_2>n_3$ 三种介质中行走的光路图如图 5-1 所示,则光程差为　　(　　)

A. $n_1(r_4-r_6)+n_2(r_3+r_2)$

B. $n_1(r_4-r_6)+n_2(r_3+r_2)+\dfrac{\lambda}{2}$

C. $n_1(r_4-r_6-r_1)+n_2(r_3+r_2)$

D. $n_1(r_4-r_6-r_1)+n_2(r_3+r_2)+\dfrac{\lambda}{2}$

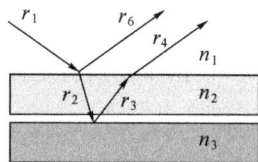

图 5-1 薄膜干涉的光程差

5. 如图 5-2 所示,设 S_1、S_2 是两个相干光源,发出波长为 λ 的单色光,分别通过折射率为 n_1 和 n_2,且 $n_1>n_2$ 的两种介质,射到介质的分界面上的 P 点,已知 $S_1P=S_2P=r$,则这两束光的几何路程差 Δr、光程差 Δ 和相位差 $\Delta\varphi$ 分别为　　　　　　　(　　)

A. $\Delta r=0$；$\Delta=0$；$\Delta\varphi=0$

B. $\Delta r=(n_2-n_1)r$；$\Delta=(n_2-n_1)r$；$\Delta\varphi=\dfrac{2\pi}{\lambda}(n_2-n_1)r$

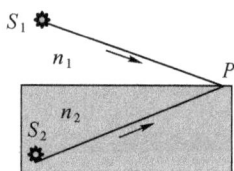

图 5-2 相干波源的相位差

C. $\Delta r=0$;$\Delta=(n_2-n_1)r$;$\Delta\varphi=\dfrac{2\pi}{\lambda}(n_2-n_1)r$

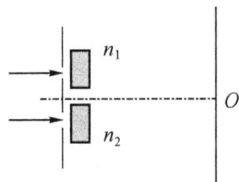

D. $\Delta r=(n_2-n_1)r$;$\Delta=0$;$\Delta\varphi=\dfrac{2\pi}{\lambda}(n_2-n_1)r$

6. 频率为 f 的单色光在折射率为 n 的媒质中的波速为 v,则在此媒质中传播距离为 l 后,其光振动的相位改变了 （　　）

A. $\dfrac{2\pi lf}{v}$ 　　　　 B. $\dfrac{2\pi vf}{l}$ 　　　　 C. $\dfrac{2\pi nlf}{v}$ 　　　　 D. $\dfrac{vlf}{2\pi}$

7. 如图 6-3 所示,用厚度为 d,折射率分别为 n_1 和 n_2($n_2 < n_1$)的两片透明介质分别盖住杨氏双缝实验中的上、下两个缝,若入射光的波长为 λ,此时屏上原来的中央明纹处被第三级明纹所占据,则该媒质的厚度为 （　　）

A. 3λ

B. $\dfrac{3\lambda}{n_2-n_1}$

C. 2λ

D. $\dfrac{2\lambda}{n_2-n_1}$

图 6-3　有介质的双缝干涉

8. 用白光(波长为 $400\sim700$nm)垂直照射间距为 0.25mm 的双缝,缝到屏幕间的距离为 500mm,则观察到的第一级彩色条纹和第五级彩色条纹的宽度分别为 （　　）

A. 36mm,36mm 　　B. 72mm,36mm 　　C. 36mm,72mm 　　D. 72mm,72mm

9. 在杨氏双缝干涉实验中,两条缝之间的间距为 0.3mm,在距双缝 1.2m 的距离处测得中央明纹一侧第 4 级暗纹和另一侧 4 级暗纹之间的距离为 22.78mm,则所用单色光的波长为 （　　）

A. 632.8nm 　　　B. 760.8nm 　　　C. 832.8nm 　　　D. 638.8nm

10. 波长为 λ 的单色光垂直入射到厚度为 e 的平行薄膜上,入射介质的折射率为 n_1,薄膜的折射率为 n_2,透射介质的折射率为 n_3。如图 5-4 所示,则在下面三种情况下:(1)$n_1 < n_2 < n_3$;(2)$n_1 < n_2 > n_3$;(3)$n_1 > n_2 < n_3$,使反射光消失的条件为 （　　）

A. (1)$2n_2e=k\lambda$;(2)$2n_2e=k\lambda$;(3)$2n_2e=k\lambda$

B. (1)$2n_2e=k\lambda+\dfrac{\lambda}{2}$;(2)$2n_2e=k\lambda+\dfrac{\lambda}{2}$;(3)$2n_2e=k\lambda-\dfrac{\lambda}{2}$

C. (1)$2n_2e=k\lambda-\dfrac{\lambda}{2}$;(2)$2n_2e=k\lambda$;(3)$2n_2e=k\lambda$

图 5-4　薄膜干涉

D. (1)$2n_2e=k\lambda$;(2)$2n_2e=k\lambda-\dfrac{\lambda}{2}$;(3)$2n_2e=k\lambda+\dfrac{\lambda}{2}$

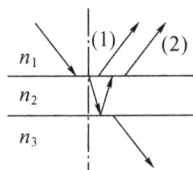

11. 一束波长为 λ 的单色光由空气垂直入射到折射率为 n 的透明薄膜上,要使透射光的干涉加强,则薄膜的最小厚度应为 （　　）

A. $\dfrac{\lambda}{2}$ 　　　　 B. $\dfrac{\lambda}{2n}$ 　　　　 C. $\dfrac{\lambda}{4}$ 　　　　 D. $\dfrac{\lambda}{4n}$

12. 波长为 500nm 的单色光从空气中垂直地入射到镀在玻璃(折射率为 1.5)上折射率为 1.375、厚度为 1.0×10^{-4}cm 的薄膜上。入射光的一部分进入薄膜,并在下表面反射,则这条光线在薄膜内的光程上有(　　　　)个波长。反射光线离开薄膜时与进入时的相位差是　　　　　　　　　　　　　　　　　　　　　　　　　　　　　(　　)

A. 2.75;5.5π　　　　B. 2.75;6.5π　　　　C. 5.5;12π　　　　D. 5.5;11π

13. 由两块玻璃片(折射率为1.75)形成的空气劈尖,其一端厚度为零,另一端厚度为0.002cm,现用波长为700nm的单色平行光,从入射角为30°的方向射入劈尖的表面,则形成的干涉条纹数为　　　　　　　　　　　　　　　　　　　　　　　　　　(　　)

A. 27　　　　　　　B. 56　　　　　　　C. 40　　　　　　　D. 100

14. 由两平玻璃板构成的一个密封空气劈尖,在单色光照射下,形成4001条暗纹的等厚干涉,若将劈尖中的空气抽空,则留下4000条暗纹。则空气的折射率为　　　(　　)

A. 1.0025　　　　　B. 1.00025　　　　　C. 1.025　　　　　　D. 1.25

15. 用钠灯($\lambda = 589.3$nm)观察牛顿环,观察到第 k 条暗环的半径 $r = 4$mm,第 $k+5$ 条暗环半径 $r = 6$mm,则所用平凸透镜的曲率半径为　　　　　　　　　　　(　　)

A. $R = 9.79$m　　　B. $R = 6.79$m　　　C. $R = 3.79$m　　　D. $R = 6.78$m

二、填空题

1. 杨氏双缝干涉实验中,若做如下的变更,则屏幕上的干涉条纹将怎样变化?

(1)钠黄光换成波长为632.8nm的氦氖激光,条纹_____;

(2)整个装置进入某种透明的液体中,条纹_____;

(3)双缝之间的距离增大,条纹_____;

(4)缩短屏幕与双缝之间的距离,条纹_____;

(5)在双缝中靠上的缝后放一折射率为 n 的透明薄膜,条纹_____;

(6)将光源平行于双缝向下移动一点距离,条纹_____;

(7)其中一条缝的宽度减小,条纹_____;

2. 波长为 λ 的单色光垂直入射到折射率为 n_2、厚度为 d 的透明介质薄膜的上方和下方,透明介质的折射率分别为 n_1 和 n_3。在下列情况下,从薄膜上、下两表面反射的光束的光程差:

(1)$n_1 > n_2 > n_3$ 时,光程差为_____;

(2)$n_1 > n_2, n_2 < n_3$ 时,光程差为_____;

(3)$n_1 < n_2, n_2 > n_3$ 时,光程差为_____;

(4)$n_1 < n_2 < n_3$ 时,光程差为_____。

3. 波长为 λ 的单色光垂直照射在由两块玻璃叠合形成的空气劈尖上,当劈尖的夹角逐渐增大时,干涉条纹_____,相邻条纹间的距离_____;当劈尖的上表面向上平移时,干涉条纹_____,相邻条纹间的距离_____;当在劈尖中充水时,干涉条纹_____,相邻条纹间的距离_____。

4. 在杨氏双缝干涉实验中,S_1、S_2 表示双缝,S 是单色缝光源,且 S 到双缝距离相等。现用波长为 λ 的单色光照射双缝 S_1、S_2,在屏幕上形成干涉条纹,已知 p 点为第3级明条纹,则 S_1、S_2 到 p 点的波程差为_____;若将整个装置浸入某种透明液体中,p 点变为第5级明纹,则该液体的折射率为_____。

5.在杨氏双缝干涉实验中,用波长为 546.1nm 的单色光照射双缝,双缝与屏之间的距离为 300mm,在屏上测得中央明纹两侧的两个第 5 级明纹之间的距离为 12.2mm,则双缝之间的距离为_____。

6.用白光作为双缝实验的光源,两缝的间距为 0.25mm,屏幕与双缝之间的距离为 50cm,则屏幕上观察到的第 2 级彩色条纹的宽度为_____。

7.在双缝干涉实验中,用折射率为 n 的玻璃膜覆盖一条缝,屏上第 9 条明纹移动到原来中央明纹处,入射光波长为 550nm,玻璃膜厚度为 6.64×10^{-6} m,则玻璃膜的折射率为_____。

8.波长为 λ 的平行单色光垂直照射到两个劈尖上,两劈尖角分别为 θ_1 和 θ_2,折射率分别为 n_1 和 n_2,若两者所形成的干涉条纹的间距相等,则 θ_1、θ_2、n_1 和 n_2 之间的关系满足_____。

9.用波长为 λ 的单色光垂直照射折射率为 n_2 的劈形膜(如图 5-5 所示),若图中各部分折射率的关系是 $n_1 < n_2 < n_3$,观察反射光的干涉条纹,从劈形膜顶开始向右数第 5 条暗条纹中心所对应的厚度 $e=$ _____;若图中各部分折射率的关系是 $n_1 > n_2$,$n_2 < n_3$,则第 2 条明条纹对应的膜厚度 $e=$ _____。

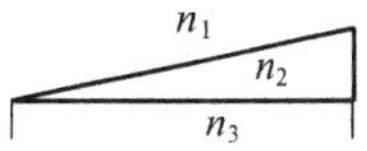

图 5-5 劈尖的干涉

10.用波长 $\lambda=600$nm 的单色光垂直照射牛顿环装置时,从中央向外数第 4 个暗环(中央暗斑为第 1 个暗环)对应的空气膜厚度为_____;第二级明纹与第五级明纹所对应的空气膜厚度差为_____。

11.利用牛顿环测未知单色光波长的实验中,当用波长为 589.3nm 的钠黄光垂直照射时,测得第一级暗环到第四级暗环之间的距离为 4.0×10^{-3} m;当用未知波长的单色光垂直照射时,测得第一级暗环到第四级暗环之间的距离为 3.85×10^{-3} m,则该单色光的波长为_____。

12.在迈克尔逊干涉仪的一支光路中,放入一片折射率为 n 的透明介质薄膜后,可观察到某处的干涉条纹移过了 7 个,则薄膜的厚度是_____。

三、计算题

1.在杨氏双缝干涉实验中,双缝与屏之间的距离 $D=120$cm,两缝之间的距离 $d=0.5$mm,用波长 $\lambda=500$nm 的单色光垂直照射双缝,如图 5-6 所示。

(1)求原点 O(零级明条纹所在处)上方的第五级明条纹的坐标;

(2)如果用厚度 1cm、折射率 $n=1.58$ 的透明薄膜覆盖在图中的 S_1 缝后面,求上述第 5 级明条纹的坐标 x。

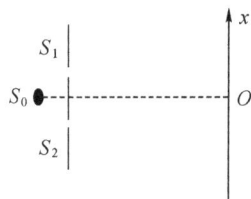

图 5-6 双缝干涉

2.在双缝干涉实验中,单色光源 S_0 到两缝 S_1 和 S_2 的距离分别为 l_1 和 l_2,并且 $l_1-l_2=3\lambda$,λ 为入射光的波长,双缝之间的距离为 d,双缝到屏幕的距离为 $D(D\gg d)$,如图 5-7 所示,求:

(1)零级明纹到屏幕中央 O 点的距离;

(2)相邻明条纹间的距离。

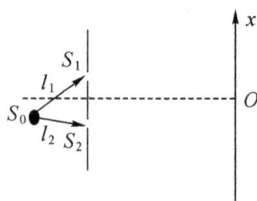

图 5-7 双缝干涉

3.以波长为 500nm 的单色光垂直照射到由长度为 10cm 的两块光学平玻璃构成的空气劈尖上,在观察反射光的干涉现象时,发现距劈尖棱边 $l=1.56$cm 的 P 点是从棱边算起的第四条暗纹中心(棱边是第 1 条暗纹)。试计算:

(1)空气劈尖的劈尖角 θ;

(2)平玻璃内呈现的明条纹数目;

(3)改用 600nm 的单色光垂直照射到此劈尖上仍观察反射光的干涉条纹,P 点是明条纹,还是暗条纹?

4.在空气牛顿环装置中,设平凸透镜中心恰好和平玻璃接触,透镜凸表面的曲率半径是 $R=400$cm,用某种单色平行光垂直入射,观察反射光形成的牛顿环,测得第 5 个明环的半径是 0.3mm,计算:

(1)入射光的波长;

(2)若平凸透镜的最大半径为 2cm,则在平凸透镜上可观察到的明环数目;

(3)若把整个装置放入水中,则在平凸透镜上可观察到的明环数目。

5.将一平面玻璃板盖在平凹柱面透镜的凹面之上,如图5-8所示。

(1)若用波长为λ的单色光垂直照射,求反射光中的干涉条纹的数目;

(2)若用可变波长的单色光照射,波长为λ_1时,中央A点处是暗纹,然后连续改变波长,当波长变为λ_2时,A点重新变为暗纹。求A点处平面玻璃片和柱面之间的空气隙厚度e_0。

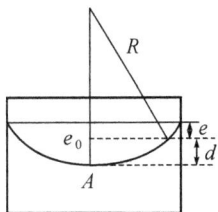

图 5-8 牛顿环

基础练习二 光的衍射现象

一、选择题

1.关于半波带的理解,正确的是 ( )

A.将单狭缝分成许多条带,相邻两条带的对应点到达屏上会聚点的距离之差为入射光波长的$1/2$

B.将能透过单狭缝的波阵面分成许多条带,相邻两条带的对应点的衍射光到达屏上会聚点的光程差为入射光波长的$1/2$

C.将能透过单狭缝的波阵面分成许多条带,各条带的宽度为入射光波长的$1/2$

D.将单狭缝透光部分分成许多条带,各条带的宽度为入射光波长的$1/2$

2.在单缝夫琅和费衍射实验中,波长为λ的单色光垂直入射在宽度为$a=4\lambda$的单缝上,对应于衍射角为$30°$的方向,单缝处波阵面可分成的半波带数目为 ( )

A.2个   B.4个

C.6个   D.8个

3.在夫琅和费单缝衍射中,以波长$\lambda=632.8nm$的氦氖激光垂直照射,测得衍射第一级极小的衍射角为$5°$,则单缝的宽度为 ( )

A.1.726nm   B.0.726nm

C.0.826nm   D.1.826nm

4.波长$\lambda=500nm$的单色光垂直照射到宽度$a=0.25mm$的单缝上,单缝后面放置一凸透镜,在凸透镜的焦面上放置一屏幕,用以观测衍射条纹,今测得屏幕上中央条纹一侧第三个暗条纹和另一侧第三个暗条纹之间的距离为$d=12mm$,则凸透镜的焦距为( )

A.2m   B.0.5m   C.1m   D.0.2m

5. 单色光 λ 垂直入射到单缝上,对应于某一衍射角 θ,此单缝两边缘衍射光通过透镜到屏上会聚点 p 的光程差为 $\Delta = 2\lambda$,则透过此单狭缝的波阵面所分成的半波带数目为_____,p 点条纹为_____ ( )

    A. 2,明纹   B. 2,暗纹

    C. 4,明纹   D. 4,暗纹

6. 波长为 λ 的单色光垂直入射在缝宽为 a 的单缝上,缝后紧靠着焦距为 f 的薄凸透镜,屏置于透镜的焦平面上,若整个实验装置浸入折射率为 n 的液体中,则在屏上出现的中央明纹宽度为 ( )

    A. $\dfrac{f\lambda}{na}$ B. $\dfrac{nf\lambda}{a}$ C. $\dfrac{2f\lambda}{na}$ D. $\dfrac{2nf\lambda}{a}$

7. 在单缝夫琅禾费衍射实验中,设第一级暗纹的衍射角很小,若用钠黄光($\lambda_1 \approx 589\text{nm}$)照射,中央明纹宽度为 4mm,现用波长为 $\lambda_2 \approx 442\text{nm}$($1\text{nm}=10^{-9}\text{m}$)的蓝紫色光照射,则中央明纹宽度为 ( )

    A. 2mm   B. 3mm   C. 4mm   D. 0.3mm

8. 在白光垂直照射单缝而产生的衍射图样中,波长为 λ_1 的光的第 3 级明纹与波长为 λ_2 的光的第 4 级明纹相重合,则这两种光的波长之比 λ_1/λ_2 为 ( )

    A. 3/4   B. 4/3   C. 7/9   D. 9/7

9. 在单缝夫琅和费衍射装置中,设中央明纹的衍射角范围很小,若单缝 a 变为原来的 $\dfrac{3}{2}$,同时使入射的单色光的波长变为原来的 $\dfrac{3}{4}$,则屏幕 E 上的单缝衍射条纹中央明纹的宽度 Δx 将变为原来的 ( )

    A. $\dfrac{3}{4}$ 倍   B. $\dfrac{2}{3}$ 倍

    C. $\dfrac{9}{8}$ 倍   D. $\dfrac{1}{2}$ 倍

10. 在图 5-10 所示的单缝夫琅和费衍射实验中,将单缝 K 沿垂直光的入射光(x 轴)方向稍微平移,则 ( )

    A. 衍射条纹移动,条纹宽度不变

    B. 衍射条纹移动,条纹宽度变动

    C. 衍射条纹中心不动,条纹变宽

    D. 衍射条纹不动,条纹宽度不变

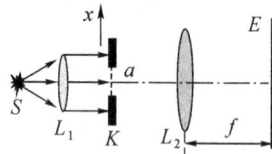

图 5-10 单缝移动的影响

二、填空题

1. 在单缝衍射中,当改变下列条件时,衍射条纹该怎样变化?

(1)当单缝之间的距离增大时,中央明条纹的位置_____;宽度_____。

(2)用钠黄光代替波长为 632.8nm 的 He-Ne 激光束,中央明条纹的位置_____;宽度_____。

(3)当整个装置浸入透明的液体中,缝宽不变,屏幕右移到新装置的焦平面上时,中央明条纹的位置_____;宽度_____。

（4）当单缝向下做微小的移动时，中央明条纹的位置_____；宽度_____。

（5）当透镜向下做微小的移动时，中央明条纹的位置_____；宽度_____。

2. 在单缝上夫琅和费衍射实验中，若屏上 P 点处为第 2 级暗纹，则单缝处的波面相应地可划分为_____个半波带，若将单缝宽度缩小一半，P 点将是第_____级_____纹。

3. 测量未知单缝宽度 a 的一种方法是：用已知波长 λ 的平行光垂直入射在单缝上，在距单缝的距离为 D 处测出衍射花样的中央亮纹宽度 L（实验上应保证 $D \approx 10^3 a$，D 或为几米），则由单缝衍射的原理可标出 a 与 λ、D、L 的关系为_____。

4. 在单缝上夫琅和费衍射实验中，若衍射的第 1 级暗纹出现在衍射角 $30°$ 的方向上，所用单色光波长 $\lambda = 500$nm，则单缝的宽度为_____。

5. 在单缝上夫琅和费衍射实验中，$a\sin\varphi = \pm 3\lambda$，表明在条纹对应衍射角的方向上，单缝处的波阵面被分成_____个半波带，此时在位于透镜焦平面上的屏上形成_____（明、暗纹）。若透镜的焦距为 f，则此条纹在接收屏上的位置为_____。

三、计算题

1. 波长为 600nm（1nm$=10^{-9}$m）的单色光垂直入射到宽度为 $a = 0.1$mm 的单缝上，观察夫琅禾费衍射图样，透镜焦距 $f = 1.0$m，屏在透镜的焦平面处。求：

（1）中央衍射明条纹的线宽度、角宽度；

（2）第二级暗纹离透镜焦点的距离；

（3）相邻两明纹之间的距离。

2. 在某个单缝衍射实验中，光源发出的光含有两种波长 λ_1 和 λ_2，垂直入射于单缝上。假如 λ_1 的第一级衍射极小与 λ_2 的第二级衍射极小相重合，试问：

（1）这两种波长之间有何关系？

（2）在这两种波长的光所形成的衍射图样中，是否还有其他极小相重合？

基础练习三　光栅衍射

一、选择题

1. 在光栅光谱中,假如所有偶数级次的主极大都恰好在单缝衍射的暗纹方向上,因而实际上不出现,那么此光栅每个透光缝宽度 a 和相邻两缝间不透光部分宽度 b 的关系为 （　）

A. $a = \frac{1}{2}b$ 　　　　B. $a = b$ 　　　　C. $a = 2b$ 　　　　D. $a = 3b$

2. 根据惠更斯—菲涅耳原理,若已知光在某时刻的波阵面为 S,则 S 的前方某点 P 的光强度决定于波阵面 S 上所有面积元发出的子波各自传到 P 点的 （　）

A. 振动振幅之和　　　　　　　　　B. 光强之和
C. 振动振幅之和的平方　　　　　　D. 振动的相干叠加

3. 某元素的特征光谱中含有波长分别为 $\lambda_1 = 450\text{nm}$ 和 $\lambda_2 = 750\text{nm}(1\text{nm} = 10^{-9}\text{m})$ 的光谱线。在光栅光谱中,这两种波长的谱线有重叠现象,重叠处的谱线的级数将是 （　）

A. $2,3,4,5,\cdots$ 　　B. $2,5,8,11,\cdots$ 　　C. $2,4,6,8,\cdots$ 　　D. $3,6,9,12,\cdots$

4. 设光栅平面、透镜均与屏幕平行,则当入射的平行单色光从垂直于光栅平面入射变为斜入射时,能观察到的光谱线的最高级次 k （　）

A. 变小　　　　　　　　　　　　　B. 变大
C. 不变　　　　　　　　　　　　　D. 的改变无法确定

5. 对某一定波长的垂直入射光,衍射光栅的屏幕上只能出现零级和一级主极大,欲使屏幕上出现更高级次的主极大,应该 （　）

A. 换一个光栅常数较小的光栅　　　B. 换一个光栅常数较大的光栅
C. 将光栅向靠近屏幕的方向移动　　D. 将光栅向远离屏幕的方向移动

6. 如果两个偏振片堆叠在一起,且偏振化方向之间夹角为 $60°$,光强为 I_0 的自然光垂直入射在偏振片上,则出射光强为 （　）

A. $\frac{I_0}{8}$ 　　　　B. $\frac{I_0}{4}$ 　　　　C. $\frac{3I_0}{8}$ 　　　　D. $\frac{3I_0}{4}$

7. 起偏器 A 与检偏器 B 的偏振化方向相互垂直,偏振片 C 位于 A、B 中间且与 A、B 平行,其偏振化方向与 A 的偏振化方向成 $30°$ 夹角。当强度为 I 的自然光垂直射向 A 片时,最后的出射光强为 （　）

A. 0 　　　　B. $\frac{3I}{32}$ 　　　　C. $\frac{I}{32}$ 　　　　D. $\frac{I}{4}$

8. 一束光垂直入射到一个偏振片上,当偏振片以入射光方向为轴转动时,发现透射光的光强有变化,但无全暗情形,由此可知,其入射光是 （　）

A. 自然光　　　　　　　　　　　　B. 部分偏振光
C. 全偏振光　　　　　　　　　　　D. 不能确定其偏振状态

9. 一束光强为 I_0 的自然光相继通过三块偏振片 P_1、P_2、P_3 后,其出射光的强度为 I

$=\dfrac{I_0}{8}$。已知 P_1 和 P_3 的偏振化方向相互垂直。若以入射光线为轴转动 P_2，问至少要转过多少角度才能使出射光的光强度为零？　　　　　　　　　　　　（　　）

A. $30°$　　　　　　B. $45°$　　　　　　C. $60°$　　　　　　D. $90°$

10. 一束自然光以 $60°$ 的入射角照射到不知其折射率的某一透明介质表面时，反射光为线偏振光，则　　　　　　　　　　　　　　　　　　　　　　　　　　　　（　　）

A. 折射光为线偏振光，折射角为 $45°$

B. 折射光为部分线偏振光，折射角为 $45°$

C. 折射光为线偏振光，折射角不能确定

D. 折射光为部分线偏振光，折射角不能确定

二、填空题

1. 在衍射光栅实验中，平面衍射光栅宽 2cm，共有 8000 条缝。用波长为 589.3nm 钠黄光垂直照射，可观察到光谱线最大级次为_____，对应衍射角为_____。

2. 波长为 600nm 的单色光垂直入射到光栅常数为 10^{-3} mm 的衍射光栅上，则第一级衍射主极大所对应的衍射角为_____。

3. 若光栅常数为 $a+b$，透光缝的宽度为 a，当同时满足 $a\sin\varphi=k'\lambda$ 和 $(a+b)\sin\varphi=k\lambda$ 时，会出现缺级现象。现 $b=a$，则光谱中出现缺级的为_____；若 $b=3a$，则缺级的为_____。

4. 波长为 600nm 的单色光垂直射入一个光栅上，有两个相邻的主极大明纹分别出现在 $\sin\theta_1=0.2$ 与 $\sin\theta_2=0.3$ 处，且第四级缺级，则该光栅常数为_____。

5. 钠黄光双线的两个波长分别是 589.0nm 和 589.59nm，若平面衍射光栅能够在第二级光谱中分辨这两条谱线，光栅的缝数至少是_____。

6. 马吕斯定律的数学表达式为 $I=I_0\cos^2\alpha$。式中 I 为通过检偏器的透射光的强度，I_0 为入射_____；α 为入射振动方向和检偏器的_____方向之间的夹角。

7. 一束由自然光和线偏振光组成的混合光，垂直通过一个偏振片，以此入射光束为轴旋转偏振片，测得透射光强度的最大值是最小值的 5 倍，则入射光束中自然光与线偏振光的强度之比为_____。

8. 两个偏振片堆叠在一起，偏振化方向相互垂直，若一束强度为 I_0 的线偏振光入射，其光矢量振动方向与第一偏振片偏振化方向夹角为 $\pi/4$，则穿过第一偏振片后的光强为_____，穿过两个偏振片后的光强为_____。

9. 两平行放置的偏振化方向正交的偏振片 p_1 与 p_3 之间平行地加入一块偏振片 p_2。p_2 以入射光线为轴以角速度 ω 匀速转动，光强为 I_0 的自然光垂直入射到 p_1 上，$t=0$ 时，p_2 与 p_1 的偏振化方向平行，则 t 时刻透过 p_1 的光强 $I_1=$_____，透过 p_2 的光强 $I_2=$_____，透过 p_3 的光强 $I_3=$_____。

10. 一束自然光通过一个偏振片后，射到一个折射率为 $\sqrt{3}$ 的玻璃片上，若转动玻璃片在某个位置时反射光消失，这时入射角等于_____。

三、计算题

1. 波长 600nm 的单色光垂直入射到一个光栅上，测得第二级主极大的衍射角为 30°，且第三级是缺级。试求：(1)光栅常数 $(a+b)$ 等于多少？(2)透光缝可能的最小宽度 a 等于多少？(3)在选定了上述 $(a+b)$ 和 a 之后，求在衍射角 $-\dfrac{\pi}{2} < \varphi < \dfrac{\pi}{2}$ 范围内可能观察到的全部主极大的级次。

2. 设光栅平面和透镜都与屏幕平行，在平面透射光栅上每厘米有 5000 条刻线，用它来观察波长为 589nm 的钠黄光的光谱线，光栅的透光宽度 a 与其间距 b 相等，求：

(1)当光线垂直入射到光栅上时，能看到几条谱线，是哪几条？

(2)当光线以 30° 的入射角（入射线与光栅平面的法线的夹角）斜入射到光栅上时，能看到几条谱线，是哪几条？

3. 将两个偏振片叠放在一起，此两偏振片的偏振化方向之间的夹角为 60°，一束光强为 I_0 的线偏振光垂直入射到偏振片上，该光束的光矢量振动方向与两偏振片的偏振化方向皆成 30° 角。

(1)求透过每个偏振片后的光束强度；

(2)若将原入射光束换为强度相同的自然光，求透过每个偏振片后的光束强度。

4.将三个偏振片叠放在一起,第二个与第三个的偏振化方向分别与第一个的偏振化方向成 $45°$ 和 $90°$ 角。

(1)强度为 I_0 的自然光垂直入射到这一堆偏振片上,试求经每一偏振片后的光强和偏振状态。

(2)如果将第二个偏振片抽走,情况又如何?

5.如图 5-11 所示,媒质 I 为空气 $(n_1=1)$,II 为玻璃 $(n_2=1.6)$,两个交界面相互平行。一束自然光由媒质 I 中以 i 角入射。若使 I、II 交界面上的反射光为线偏振光,求:

(1)入射角 i 是多大?

(2)图中玻璃上表面处折射角 r 是多大?

(3)在图中玻璃板下表面处的反射光是否也是线偏振光?

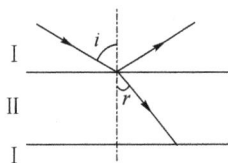

图 5-11　入射光的偏振

提高练习

一、选择题

1.在杨氏双缝实验中,设想用完全相同但偏振化方向相互垂直的偏振片各盖一缝,则屏幕上　　　　　　　　(　　)

A.条纹形状不变,光强变小

B.条纹形状不变,光强也不变

C.条纹移动,光强减弱

D.看不见干涉条纹

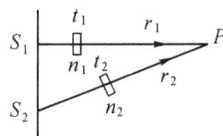

图 5-12　光程差

2.如图 5-12 所示,S_1、S_2 是两个相干光源,它们到 P 点的距离分别为 r_1 和 r_2。路径 S_1P 垂直穿过一块厚度为 t_1、折射率为 n_1 的介质板,路径 S_2P 垂直穿过厚度为 t_2、折射率为 n_2 的另一介质板,其余部分可看作真空,这两条路径的光程差等于　　　　(　　)

A.$(r_2+n_2t_2)-(r_1+n_1t_1)$

B.$[r_2+(n_2-1)t_2]-[r_1+(n_1-1)t_1]$

C.$(r_2-n_2t_2)-(r_1-n_1t_1)$

D.$n_2t_2-n_1t_1$

3.真空中波长为 λ 的单色光,在折射率为 n 的均匀透明媒质中,从 A 点沿某一路径传播到 B 点,路径的长度为 l,A、B 两点的相位差记为 $\Delta\varphi$,则 ( )

A. $l=\dfrac{3\lambda}{2},\Delta\varphi=3\pi$ B. $l=\dfrac{3\lambda}{2n},\Delta\varphi=3n\pi$

C. $l=\dfrac{3\lambda}{2n},\Delta\varphi=3\pi$ D. $l=\dfrac{3n\lambda}{2},\Delta\varphi=3n\pi$

4.玻璃的折射率是 1.5,水晶的折射率是 1.55,光线从空气分别垂直射入玻璃砖和水晶砖,通过它们所用的时间相同,若玻璃砖的厚度是 3.1cm,则水晶砖的厚度为 ( )

A. 3.2cm   B. 3cm   C. 3.4cm   D. 2.8cm

5.把双缝干涉实验装置放在折射率为 n 的水中,两缝间距离为 d,双缝到屏的距离为 $D(D\gg d)$,所用单色光在真空中的波长为 λ,则屏上干涉条纹中相邻的明纹之间的距离是 ( )

A. $\dfrac{D\lambda}{nd}$ B. $\dfrac{nD\lambda}{d}$ C. $\dfrac{\lambda}{2\sin\varphi}$ D. $\dfrac{D\lambda}{2nd}$

6.用波长为 λ 的光垂直入射在一个光栅上,发现在衍射角为 φ 处出现缺级,则此光栅上缝宽的最小值为 ( )

A. $\dfrac{2\lambda}{\sin\varphi}$ B. $\dfrac{\lambda}{\sin\varphi}$ C. $\dfrac{\lambda}{2\sin\varphi}$ D. $\dfrac{2\sin\varphi}{\lambda}$

7.用波长为 $400\sim800\text{nm}$ 的白光照射到光栅上,在它的衍射光谱中第 2 级和第 3 级发生重叠。第 3 级光谱被重叠部分的光谱范围是 ( )

A. $533.3\sim800\text{nm}$ B. $400\sim533.3\text{nm}$

C. $600\sim800\text{nm}$ D. $533.3\sim600\text{nm}$

8.一个衍射光栅的狭缝宽度为 a,缝间不透光部分宽度为 b,用波长为 600nm 的光垂直照射时,在某一衍射角 φ 处出现第 2 级主极大。若换用 400nm 的光垂直照射,在上述衍射角 φ 处出现第一次缺级,则 b 为 a 的倍数为 ( )

A. 1   B. 2   C. 3   D. 4

9.一束光强为 I_0 的自然光垂直穿过两个偏振片,且此两偏振片的偏振化方向成 $45°$ 角,则穿过两个偏振片后的光强 I 为 ( )

A. $\dfrac{I_0}{4\sqrt{2}}$ B. $\dfrac{I_0}{4}$ C. $\dfrac{I_0}{2}$ D. $\dfrac{\sqrt{2}I_0}{2}$

10.一束自然光以入射角 $i=58°$ 从真空入射到某介质界面时,反射光线为线偏振光,则这种介质的折射率为 ( )

A. $\text{ctan}58°$ B. $\tan58°$ C. $\sin58°$ D. $\cos58°$

二、填空题

1.如图 5-13 所示,波长为 λ 的平行单色光斜入射到距离为 d 的双缝上,入射角为 θ。在图中的屏中央 O 处($\overline{S_1O}=\overline{S_2O}$),两束相干光的相位差为 _____。

2.一个微波发射器置于岸上,离水面高度为 d,对岸在离水面 h 高度处放置一个接收器,水面宽度为 D,且 $D\gg d,D\gg h$。如图 5-14 所示,发射器向对面发射波长为 λ 的微波,

且 $\lambda > d$,则接收器测到极大值时,离地高为_____。

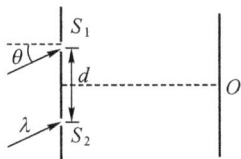

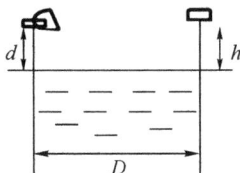

图 5-13 双缝干涉 图 5-14 微波反射 图 5-15 测钢珠的直径

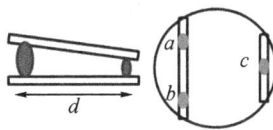

3.如图 5-15 所示,将符合标准的轴承钢珠 a、b 和待测钢珠 c 一起放在两块平板玻璃之间,若垂直入射光的波长为 $\lambda = 580\text{nm}$,则钢珠 c 的直径比标准小_____。

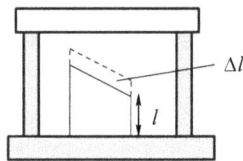

4.如图 5-16 所示的干涉膨胀仪,已知样品的平均高度为 $3.0 \times 10^{-2}\text{m}$,用波长为 589.3nm 的单色光垂直照射。当温度由 17℃上升到 30℃ 时,看到有 20 条条纹移过,样品的膨胀系数是_____。

图 5-16 干涉膨胀仪

5.一单色平行光垂直照射于一单缝,若其第三条明纹位置正好和波长为 600nm 的单色光垂直入射时的第二级明纹的位置一样,则前一种单色光的波长为_____。

三、计算题

1.在煤矿的井下,甲烷的百分含量超过一定值就会发生火灾、爆炸等灾难。常用如图 5-17所示的干涉仪来监测甲烷的百分含量。图中 T_1、T_2 是长度相同的玻璃管,测量前 T_1、T_2 均充纯净空气,然后将 T_1 内的纯净空气换为待测气体,观察干涉条纹的移动。若待测气体所含甲烷的百分比为 $x\%$,并已知待测气体的折射率的关系为 $n = n_0 + 1.39 \times 10^{-6}x$,式中 n_0 是纯净空气的折射率。若玻璃管长 $L = 42.37\text{cm}$,光源波长 $\lambda = 589\text{nm}$。某次测量观察到干涉条纹移动了 2 条,求待测气体中甲烷的百分含量 $x\%$。

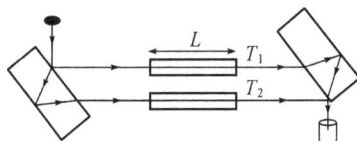

图 5-17 干涉仪监测甲烷

2.已知单缝宽度 $b=1.0\times10^{-4}$m,透镜焦距 $f=0.5$m,用 $\lambda_1=400$nm 和 $\lambda_2=760$nm 的单色平行光分别垂直照射,求这两种光的第一级明纹离屏中心的距离,以及这两条明纹之间的距离。若用每厘米刻有 1000 条刻线的光栅代替这个单缝,则这两种单色光的第一级明纹分别离屏中心多远? 这两条明纹之间的距离又是多少?

本章参考答案

第六章　静电场

本章知识点

一、库仑定律

$$F = \frac{q_1 q_2}{4\pi\varepsilon_0 r^2} e_r \,(e_r \text{ 为单位矢量})\qquad(6.1)$$

同号排斥、异号相吸。

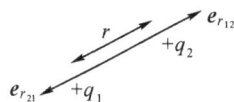
库仑定律

二、静电场的基本概念以及规律

1.电场强度的定义式：
$$E = \frac{F}{q_0}\qquad(6.2)$$

（1）不同形状带电体的电场强度计算
点电荷周围的电场强度：

$$E = \frac{Q}{4\pi\varepsilon_0 r^2} e_r\qquad(6.3)$$

点电荷系周围的电场强度：

$$E = \sum_i E_i = \frac{Q_1}{4\pi\varepsilon_0 r_1^2} e_{r1} + \frac{Q_2}{4\pi\varepsilon_0 r_2^2} e_{r2} + \cdots\qquad(6.4)$$

连续带电体周围的电场强度：

$$E = \int_V \frac{\mathrm{d}q}{4\pi\varepsilon_0 r^2} e_r\qquad(6.5)$$

其中，电荷元

$$\mathrm{d}q = \begin{cases} \lambda\mathrm{d}l & \text{电荷线性分布} \\ \sigma\mathrm{d}s & \text{电荷面密度分布} \\ \rho\mathrm{d}V & \text{电荷体密度分布} \end{cases}\qquad(6.6)$$

（2）几种特殊带电体的电场强度

半径为 R、带电量为 Q 的均匀带电的球面内部、外部的电场强度：

$$E_内=0(r<R),E_外=\frac{Q}{4\pi\varepsilon_0 r^2}(r>R) \qquad (6.7)$$

线密度为 λ 的无限长均匀带电直线周围的电场强度：

$$E=\frac{\lambda}{2\pi\varepsilon_0 b}(b\ 指点到直线的垂直距离) \qquad (6.8)$$

面密度为 σ 的无限大均匀带电平面周围的电场强度：

$$E=\frac{\sigma}{2\varepsilon_0} \qquad (6.9)$$

2.电场强度通量和高斯定理

（1）电场强度通量：在电场中，穿过任一个曲面 S 的电场线的条数。

$$\Phi_e=\int_S \boldsymbol{E} \cdot \mathrm{d}\boldsymbol{s}=\int_S E\cos\theta\mathrm{d}s \qquad (6.10)$$

（2）高斯定理：在真空中通过任一个闭合曲面的电场强度通量等于该曲面内电荷量的代数和除以 ε_0，即

$$\oint_S \boldsymbol{E} \cdot \mathrm{d}\boldsymbol{s}=\frac{\sum q_{\mathrm{int}}}{\varepsilon_0} \qquad (6.11)$$

说明静电场是有源场。

3.静电场的环路定理

静电场中，电场强度沿任一个闭合路径的线积分恒为零。

$$\oint_L \boldsymbol{E} \cdot \mathrm{d}\boldsymbol{l}=0 \qquad (6.12)$$

静电场的环路定理说明静电场是保守场。

4.电场力的功

在点电荷 q 激发的电场中，试验电荷 q_0 移动时，电场力所做的功：

$$W=\frac{qq_0}{4\pi\varepsilon_0}\left(\frac{1}{r_A}-\frac{1}{r_B}\right) \qquad (6.13)$$

在点电荷系 q_1、q_2、q_3、…激发的电场中，试验电荷 q_0 移动时，电场力所做的功：

$$W=q_0\int_l \boldsymbol{E} \cdot \mathrm{d}\boldsymbol{l}=q_0\int_l \boldsymbol{E}_1 \cdot \mathrm{d}\boldsymbol{l}+q_0\int_l \boldsymbol{E}_2 \cdot \mathrm{d}\boldsymbol{l}+\cdots \qquad (6.14)$$

三、电势的概念

1.电势能：电场中某点 a 的电势能在数值上等于把电荷 q_0 从该点移动到电势能零点时，静电场力所做的功。

$$W_a=\int_a^\infty q_0\boldsymbol{E} \cdot \mathrm{d}\boldsymbol{l}（规定\infty 远处的电势为零） \qquad (6.15)$$

2.电势：电场中某点 a 的电势在数值上等于把单位正电荷从该点移动到电势零点时，静电场力所做的功（或单位正电荷在该点具有的电势能）。

$$V_a = \frac{W_a}{q_0} = \int_a^\infty \boldsymbol{E} \cdot \mathrm{d}\boldsymbol{l} \tag{6.16}$$

注意：对于无限大的带电体，电势零点不能选择在无限远处。

（1）不同带电体的电势计算

点电荷 Q 周围的电势：

$$V = \frac{Q}{4\pi\varepsilon_0 r} \tag{6.17}$$

点电荷系 Q_1、Q_2、Q_3、$\cdots$ 周围的电势：

$$V = \sum_i V_i = \frac{Q_1}{4\pi\varepsilon_0 r_1} + \frac{Q_2}{4\pi\varepsilon_0 r_2} + \cdots \text{（电势叠加原理）} \tag{6.18}$$

连续带电体周围的电势

$$V = \int_v \frac{\mathrm{d}q}{4\pi\varepsilon_0 r} \tag{6.19}$$

电量为 Q 的带电球面在球心激发的电势：

$$V = \frac{Q}{4\pi\varepsilon_0 R} \tag{6.20}$$

（2）电势差

电场中任意两点的电势之差

$$V_a - V_b = \int_a^b \boldsymbol{E} \cdot \mathrm{d}\boldsymbol{l} \tag{6.21}$$

3.电场强度与电势梯度的关系

$$\boldsymbol{E} = -\left(\frac{\partial V}{\partial x}\boldsymbol{i} + \frac{\partial V}{\partial y}\boldsymbol{j} + \frac{\partial V}{\partial z}\boldsymbol{k}\right) = -\frac{\mathrm{d}V}{\mathrm{d}l_n}\boldsymbol{e}_n \tag{6.22}$$

四、静电场中的导体的基本概念以及规律

1.导体的电场强度

导体内部的电场强度为零，导体表面上的电场强度一定垂直于导体表面。

2.导体处于静电平衡时的性质

（1）导体是等势体，导体表面是等势面。

（2）导体表面的电场强度处处与导体表面垂直，导体表面附近的电场强度大小与该处导体表面的面密度成正比，即 $E = \frac{\sigma}{\varepsilon_0}$。

（3）电荷只分布在导体表面上，且孤立导体表面面电荷密度与导体表面的曲率有关。

五、电容、电容器

1.电容器的电容定义：

$$C = \frac{Q}{U} \tag{6.23}$$

2.电容器的并联：

$$C = C_1 + C_2 \tag{6.24}$$

串联：

$$\frac{1}{C} = \frac{1}{C_1} + \frac{1}{C_2} \tag{6.25}$$

3.真空中几种常见电容器的电容：

(1)平板电容器

$$C = \frac{\varepsilon_0 S}{d} \tag{6.26}$$

(2)球形电容器

$$C = 4\pi\varepsilon_0 \frac{R_1 R_2}{R_2 - R_1} \tag{6.27}$$

(3)圆柱形电容器

$$C = \frac{2\pi\varepsilon_0 l}{\ln\dfrac{R_2}{R_1}} \tag{6.28}$$

六、静电场的能量

1.点电荷间的相互作用能

(1)两个点电荷的相互作用能

$$W = \frac{1}{4\pi\varepsilon_0} \frac{q_1 q_2}{r} = q_1 V_1 = q_2 V_2 \tag{6.29}$$

其中，V_1 是 q_1 所在处的电势；V_2 是 q_2 所在处的电势。

(2)点电荷系的相互作用能

$$W = \frac{1}{2} \sum_{i=1}^{n} q_i V_i \tag{6.30}$$

(3)电荷连续分布时的静电能

$$W = \frac{1}{2}\int \varphi \mathrm{d}q = \begin{cases} \dfrac{1}{2}\rho\varphi\,\mathrm{d}V & \text{电荷体密度分布} \\[2mm] \dfrac{1}{2}\sigma\varphi\,\mathrm{d}s & \text{电荷面密度分布} \end{cases} \tag{6.31}$$

其中，φ 是所有电荷在电荷元 $\mathrm{d}q$ 处激发的电势。

2.电容器中储存的能量

$$W_e = \frac{1}{2}CU^2 = \frac{1}{2}QU = \frac{Q^2}{2C} \tag{6.32}$$

3.静电场的能量和能量密度

(1)静电场的能量密度

$$w_e = \frac{1}{2}DE = \frac{1}{2}\varepsilon E^2 \tag{6.33}$$

其中，$D = \varepsilon_0 \varepsilon_r E$

（2）静电场的能量

$$W = \int_V w_e \mathrm{d}V = \frac{1}{2} \int_V DE \mathrm{d}V \tag{6.34}$$

典型例题及解析

例 6-1 半径为 R 的均匀带电半球面，其面电荷密度为 σ，计算该半球面球心处的电场强度。

解：把半球面分割成若干个圆环。半球心 O 处的电场强度就是每个圆环在轴线上的电场强度的矢量和。

在带电半球面上取一个半径为 y、厚度为 $\mathrm{d}l$ 的带电圆环，其面积为 $\mathrm{d}s = 2\pi y \mathrm{d}l$，带电量为 $\mathrm{d}q = \sigma \mathrm{d}s = \sigma 2\pi y \mathrm{d}l$，在 O 点激发的电场方向沿 z 轴正向，其大小为

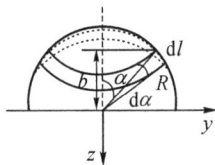

图 6-1 半球面的
电场强度

$$\mathrm{d}E = \frac{1}{4\pi\varepsilon_0} \frac{b \mathrm{d}q}{(b^2 + y^2)^{\frac{3}{2}}} = \frac{b\sigma 2\pi y \mathrm{d}l}{4\pi\varepsilon_0 (b^2 + y^2)^{\frac{3}{2}}}$$

由图 6-1 所示，$b^2 + y^2 = R^2$，$b = R\cos\alpha$，$y = R\sin\alpha$，$\mathrm{d}l = R\mathrm{d}\alpha$，将其代入上式，可得

$$\mathrm{d}E = \frac{R\cos\alpha\sigma 2\pi R\sin\alpha \mathrm{d}\alpha}{4\pi\varepsilon_0 R^3} = \frac{\sigma}{4\varepsilon_0}\sin(2\alpha)\mathrm{d}\alpha$$

则整个半球面在球心处的电场强度为

$$E = \int \mathrm{d}E = \int_0^{\pi/2} \frac{\sigma}{4\varepsilon_0}\sin(2\alpha)\mathrm{d}\alpha = \frac{\sigma}{4\varepsilon_0}$$

例 6-2 在长为 $l = 0.3\mathrm{m}$ 的直导线上均匀地分布着线密度为 $\lambda = 4 \times 10^{-5} \mathrm{C/m}$ 的正电荷。试计算：（1）导线的延长线上与导线右端相距 $d_1 = 0.2\mathrm{m}$ 处的 P 点的电场强度；（2）导线的垂直平分线上与导线相距 $d_2 = 0.2\mathrm{m}$ 处的 Q 点的电场强度。

解：如图 6-2 所示，以带电细棒的中点作为坐标原点的原心，沿着细棒的水平方向建立 x 轴，沿着细棒的垂直平分线建立 y 轴。带电直导线属于连续的带电体，所以在它上取一电荷元 $\mathrm{d}q = \lambda \mathrm{d}x$。

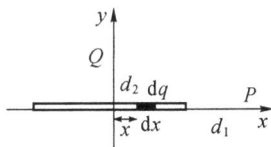

图 6-2 导体的场强

（1）电荷元 $\mathrm{d}q$ 在 P 点激发的电场强度为

$$\mathrm{d}\boldsymbol{E}_P = \frac{\mathrm{d}q}{4\pi\varepsilon_0 \left(d_1 + \frac{l}{2} - x\right)^2} \boldsymbol{i}$$

由于每个电荷元在 P 点的电场强度方向一致，故对上式直接进行积分

$$\boldsymbol{E}_P = \int_{-\frac{l}{2}}^{\frac{l}{2}} \frac{\lambda \mathrm{d}x}{4\pi\varepsilon_0 \left(d_1 + \frac{l}{2} - x\right)^2} \boldsymbol{i} = \frac{\lambda l}{4\pi\varepsilon_0 d_1 (d_1 + l)} \boldsymbol{i}$$

把 $l = 0.3\mathrm{m}$，$\lambda = 4 \times 10^{-5} \mathrm{C/m}$ 以及 $d_1 = 0.2\mathrm{m}$ 代入上式，得到

$$\boldsymbol{E}_P = \frac{\lambda l}{4\pi\varepsilon_0 d_1 (d_1 + l)} \boldsymbol{i} = 1.08 \times 10^6 \boldsymbol{i}$$

（2）根据有限长均匀带电直线空间某点激发的电场强度的结论，在带电直导线的中垂线上，电场强度

$$E = \frac{\lambda l}{4\pi\varepsilon_0 d_2 \sqrt{d_2^2 + (l/2)^2}} j$$

把 $l = 0.3$m、$\lambda = 4 \times 10^{-5}$ C/m 以及 $d_2 = 0.2$m 代入上式，得到

$$E = \frac{\lambda l}{4\pi\varepsilon_0 d_2 \sqrt{d_2^2 + (l/2)^2}} j = 2.16 \times 10^6 j$$

例 6-3 底面半径为 R、高为 H 的正圆锥体，其上均匀带电，单位体积内所带电荷量为 ρ，如图 6-3(a)所示，计算圆锥体顶点处的电场强度。

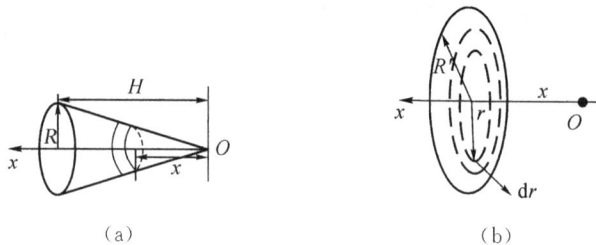

（a）　　　　　　　　　　　　　　（b）

图 6-3　圆锥体的电场强度

解：建立如图 6-3(b)所示，在圆锥上距离坐标原点为 x 处取一个厚度为 dr 的细圆环，其带电荷量为 $dq = \sigma 2\pi r dr$，在 x 点处的电场强度大小为

$$dE = \frac{x dq}{4\pi\varepsilon_0 (r^2 + x^2)^{\frac{3}{2}}}$$

方向沿 x 轴。

整个均匀带电圆盘中心轴线上一点的电场强度大小为

$$E = \int dE = \int_0^R \frac{2\pi r\sigma x dr}{4\pi\varepsilon_0 (r^2 + x^2)^{\frac{3}{2}}} = \frac{\sigma}{2\varepsilon_0}\left(1 - \frac{x}{\sqrt{R^2 + x^2}}\right)$$

然后在正圆锥体上距 O 点为 x 处取一个半径为 R'，厚度为 dx 的微圆盘，如图 6-3(a)所示，根据图中的几何关系，得到

$$\frac{x}{H} = \frac{R'}{R}$$

微圆盘所带的电荷量为　　　　　　　$dq' = \rho\pi R'^2 dx$

其电荷面密度为　　　　　　　　　　$d\sigma = \rho dx$

其在顶点处产生的电场强度大小为

$$dE = \frac{d\sigma}{2\varepsilon_0}\left(1 - \frac{x}{\sqrt{R'^2 + x^2}}\right) = \frac{\rho dx}{2\varepsilon_0}\left(1 - \frac{H}{\sqrt{R^2 + H^2}}\right)$$

所以，在顶点处产生的总电场强度大小为

$$E = \int dE = \int_0^H \frac{\rho dx}{2\varepsilon_0}\left(1 - \frac{H}{\sqrt{R^2 + H^2}}\right) = \frac{\rho H}{2\varepsilon_0}\left(1 - \frac{H}{\sqrt{R^2 + H^2}}\right)$$

方向沿 x 轴。

例 6-4 有一带电荷量为 $q = 2.0 \times 10^{-8}$ C、半径为 $R = 0.2$m 的均匀带电圆环，设有一

个电子沿圆环轴线运动,计算:(1)电子受到的最大电场力;(2)当电子从静止开始由最大受力处运动到环心时电场力所做的功。

解:(1)均匀带电圆环在轴线上任一点的电场强度大小为

$$E = \frac{qx}{4\pi\varepsilon_0(R^2+x^2)^{\frac{3}{2}}} \qquad \text{方向:沿轴线}$$

电场强度的最大处满足 $\frac{\mathrm{d}E}{\mathrm{d}x}=0$,则

$$\frac{\mathrm{d}}{\mathrm{d}x}\left[\frac{qx}{4\pi\varepsilon_0(R^2+x^2)^{\frac{3}{2}}}\right]=0$$

解得

$$x_a = \pm\frac{\sqrt{2}}{2}R = \pm0.14\mathrm{m}$$

所以,在轴线上 $x_a=0.14\mathrm{m}$、$x_a=-0.14\mathrm{m}$ 两处的电场强度最大。

电子在电场中所受到的最大电场力为

$$F_{\max} = eE_{\max} = e\frac{qx_a}{4\pi\varepsilon_0(R^2+x_a^2)^{\frac{3}{2}}} = 2.77\times10^{-16}\mathrm{N}$$

(2)电子在环心处的电势为

$$V_O = \int_q \frac{\mathrm{d}q}{4\pi\varepsilon_0 R} = \frac{q}{4\pi\varepsilon_0 R}$$

电子在 a 点的电势为

$$V_a = \int_q \frac{\mathrm{d}q}{4\pi\varepsilon_0\sqrt{R^2+x_a^2}} = \frac{q}{4\pi\varepsilon_0\sqrt{R^2+x_a^2}}$$

电子从 a 运动到环心电场力所做的功为

$$W_{aO} = -e(V_a-V_O) = -e\left[\frac{q}{4\pi\varepsilon_0\sqrt{R^2+x_a^2}} - \frac{q}{4\pi\varepsilon_0 R}\right] = 2.6\times10^{-17}\mathrm{J}$$

例 6-5 $ABCD$ 是一个长为 $2l$、宽为 l 的矩形,延长 AD 的连线到 F,且 $DF=l$。在点 F 放置一个点电荷 $+q$,在 DC 边的中点 E 放置一个点电荷 $-q$,现移动试验电荷 q_0 从 D 点沿着 $DABC$ 移动到 C 点,如图 6-4 所示,试计算移动过程中电场力所做的功。

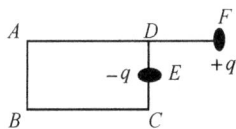

解:设无穷远处为电势零点,利用电势叠加原理,$+q$、$-q$ 两个点电荷构成的电荷系在 D 点和 C 点的电势为

图 6-4 电场力的功

$$V_D = \frac{q}{4\pi\varepsilon_0 l} + \frac{-q}{4\pi\varepsilon_0 l} = 0$$

$$V_C = \frac{q}{4\pi\varepsilon_0}\frac{1}{\sqrt{5}l} + \frac{-q}{4\pi\varepsilon_0 l} = \frac{q}{4\pi\varepsilon_0 l}\left(\frac{1}{\sqrt{5}}-1\right)$$

$$W_{DC} = q_0(V_C-V_D) = \frac{qq_0}{4\pi\varepsilon_0 l}\left(\frac{1}{\sqrt{5}}-1\right)$$

例 6-6 长度为 L 的绝缘细导线上均匀地分布着线密度为 λ 的正电荷,现把它弯成一个半圆环。试计算圆环中心 O 点处的电场强度和电势。

解：(1)绝缘细导线属于连续带电体，在绝缘细导线上任意取一个电荷元 $dq = \lambda dl = \dfrac{L\lambda}{\pi}d\theta$，则 dq 在 O 点激发的电场强度 dE 如图 6-5 所示，由于每个电荷元 dq 在圆心的电场强度方向各不相同，为了方便计算，建立如图 6-5 所示坐标系，坐标原点就在圆心。则电荷元 dq 在圆心的电场强度为

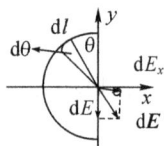

图 6-5　半圆的电场

$$dE = \frac{dq}{4\pi\varepsilon_0\left(\dfrac{L}{\pi}\right)^2}e_r$$

它在 x 轴、y 轴的分量为 $dE_x = dE\sin\theta, dE_y = dE\cos\theta$。圆心的电场强度沿着 x 轴的电场强度为

$$E_x = \int_0^\pi \frac{\lambda\sin\theta}{4\varepsilon_0 L}d\theta = \frac{\lambda}{2\varepsilon_0 L}$$

由于电荷的对称性，$E_y = 0$。

(2)以 $V_\infty = 0$，根据电势叠加原理，绝缘细导线在 O 点产生电势

$$V = \int_0^L \frac{\lambda dl}{4\pi\varepsilon_0\left(\dfrac{L}{\pi}\right)} = \frac{\lambda}{4\varepsilon_0}$$

例 6-7　真空中有一个长度为 $2l$ 的均匀带电细直杆，杆上总电荷量为 q。现沿 x 轴固定放置一个质量为 m、带电荷为 $+q$ 的运动粒子，如图 6-6(a)所示，试求：(1)该粒子以速率 v_0 经过 x 轴上的 P 点时，它与带电细直杆间的相互作用电势能；(2)该粒子在电场力作用下由 P 点运动到无穷远处的速率。

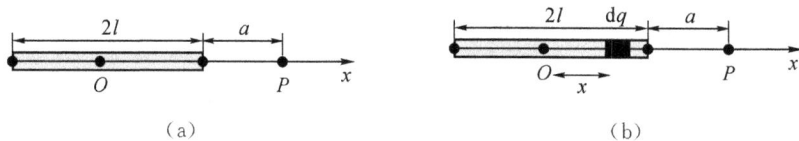

(a)

(b)

图 6-6　细杆的电场

解：(1)坐标原点位于细杆中心 O 点，x 轴沿细杆的方向，如图 6-6(b)所示，细杆的电荷线密度为 $\lambda = \dfrac{q}{2l}$，在距离坐标原点为 x 处取一个电荷元 $dq = \lambda dx = \dfrac{q}{2l}dx$，它在 P 点产生的电势为

$$dV_P = \frac{dq}{4\pi\varepsilon_0(l+a-x)} = \frac{qdx}{8\pi\varepsilon_0 l(l+a-x)}$$

整个杆上电荷在 P 点产生的电势为

$$V_P = \frac{q}{8\pi\varepsilon_0}\int_{-l}^l \frac{dx}{(l+a-x)} = \frac{-q}{8\pi\varepsilon_0}\ln(l+a-x)\Big|_{-l}^l = \frac{q}{8\pi\varepsilon_0 l}\ln\left(\frac{2l+a}{a}\right)$$

带电粒子在 P 点时，它与带电细直杆之间的相互作用的电势能为

$$E_P = qV_P = \frac{q^2}{8\pi\varepsilon_0 l}\ln\left(\frac{2l+a}{a}\right)$$

（2）带电粒子从 P 点运动到无穷远处，电场力做正功，电势能减少，粒子动能增加。

$$\frac{1}{2}mv_\infty^2 - \frac{1}{2}mv_0^2 = \frac{q^2}{8\pi\varepsilon_0 l}\ln\left(\frac{2l+a}{a}\right)$$

则得到，粒子在无穷远处的速率为

$$v_\infty = \left[\frac{q^2}{8\pi\varepsilon_0 ml}\ln\left(\frac{2l+a}{a}\right) + v_0^2\right]^{\frac{1}{2}}$$

例 6-8 两个半径分别为 R_1 和 R_2 （$R_2 > R_1$）的同心薄金属球壳，现给内球壳带电 $+q$，试计算：

（1）外球壳上的电荷分布及电势大小；

（2）先把外球壳接地，然后断开接地线重新绝缘，此时外球壳的电荷分布及电势。

解：（1）同心球达到静电平衡时，内球壳带电 $+q$；外球壳内表面带电则为 $-q$，外表面带电为 $+q$，且均匀分布，如图 6-7 所示，其电势

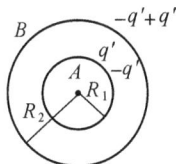

图 6-7 同心圆的电场

$$V = \int_{R_2}^{\infty} \boldsymbol{E} \cdot \mathrm{d}\boldsymbol{r} = \int_{R_2}^{\infty} \frac{q\mathrm{d}r}{4\pi\varepsilon_0 r^2} = \frac{q}{4\pi\varepsilon_0 R_2}$$

（2）外壳接地时，外表面电荷 $+q$ 入地，外表面不带电，内表面电荷仍为 $-q$，所以球壳电势由内球 $+q$ 与内表面 $-q$ 共同产生：

$$U = \frac{q}{4\pi\varepsilon_0 R_2} - \frac{q}{4\pi\varepsilon_0 R_2} = 0$$

例 6-9 半径为 $R_1 = 1.0\,\mathrm{cm}$ 的导体球，带有电荷 $q = 1.0 \times 10^{-10}\,\mathrm{C}$，球外有一个内外半径分别为 $R_2 = 3.0\,\mathrm{cm}$ 和 $R_3 = 4.0\,\mathrm{cm}$ 的同心导体球壳，壳上带有电荷 $Q = 11 \times 10^{-10}\,\mathrm{C}$，试计算：

（1）两球的电势 U_1 和 U_2；

（2）用导线把球和球壳接在一起后，U_1 和 U_2 分别是多少？

（3）若外球接地，U_1 和 U_2 为多少？

（4）若内球接地，U_1 和 U_2 为多少？

解：本题可用电势叠加法求解，即根据均匀带电球面内任一点电势等于球面上电势，均匀带电球面外任一点电势等于将电荷集中于球心的点电荷在该点产生的电势。首先求出导体球表面和同心导体球壳内外表面的电荷分布。然后根据电荷分布和上述结论由电势叠加原理求得两球的电势。若两球用导线连接，则电荷将全部分布于外球壳的外表面，再求得其电势。

（1）据题意，静电平衡时导体球带电 $q = 1.0 \times 10^{-10}\,\mathrm{C}$，则

导体球壳内表面带电为 $-q = -1.0 \times 10^{-10}\,\mathrm{C}$

导体球壳外表面带电为 $q + Q = 12 \times 10^{-10}\,\mathrm{C}$

所以，导体球电势 U_1 和导体球壳电势 U_2 分别为

$$U_1 = \frac{1}{4\pi\varepsilon_0}\left(\frac{q}{R_1} - \frac{q}{R_2} + \frac{q+Q}{R_3}\right) = 330\,\mathrm{V}$$

$$U_2 = \frac{1}{4\pi\varepsilon_0}\left(\frac{q}{R_3} - \frac{q}{R_3} + \frac{q+Q}{R_3}\right) = 270\,\mathrm{V}$$

（2）两球用导线相连后，导体球表面和同心导体球壳内表面的电荷中和，电荷全部分布于球壳外表面，两球成等势体，其电势为

$$U' = U_1 = U_2 = \frac{1}{4\pi\varepsilon_0} \frac{q+Q}{R_3} = 270\text{V}$$

（3）若外球接地，则球壳外表面的电荷消失，且 $U_2 = 0$

$$U_1 = \frac{1}{4\pi\varepsilon_0} \left(\frac{q}{R_1} - \frac{q}{R_2} \right) = 60\text{V}$$

（4）若内球接地，设其表面电荷为 q'，而球壳内表面将出现 $-q'$，球壳外表面的电荷为 $Q+q'$。这些电荷在球心处产生的电势应等于零，即

$$U_1 = \frac{1}{4\pi\varepsilon_0} \left(\frac{q'}{R_1} - \frac{q'}{R_2} + \frac{q'+Q}{R_3} \right) = 0$$

解得 $q' = -3 \times 10^{-10}\text{C}$，则

$$U_2 = \frac{1}{4\pi\varepsilon_0} \left(\frac{q'}{R_3} - \frac{q'}{R_3} + \frac{q'+Q}{R_3} \right) = 180\text{V}$$

例 6-10 带电量为 Q、质量为 m 的带电粒子由静止开始经电压为 U_1 的电场加速后进入一个空气平行板电容器中，进入时速度和电容器中的场强方向垂直。电容器的极板长为 L，极板之间的距离为 D，而两极板之间的电压为 U_2。计算：（1）经过电场加速后带电粒子的速度；（2）带电粒子离开电容器时的偏转量（忽略重力的影响）。

解：（1）带电粒子在电场运动，会受到电场力的作用，在电场力的作用下做加速运动，根据动能定理，电场力的功等于动能的增量

$$QU_1 = \frac{1}{2}mv^2$$

得到带电粒子的速度为

$$v = \sqrt{\frac{2QU_1}{m}}$$

（2）带电粒子进入到空气平行板电容器，在平行于空气平行板电容器的方向上做匀速运动，所用的时间为

$$t = \frac{L}{v} = L\sqrt{\frac{m}{2QU_1}}$$

在垂直于平行板电容器的方向上受到竖直向下的电场力 $F = \frac{QU_2}{D}$ 的作用，向下做匀加速度直线运动，加速度为

$$a = \frac{F}{m} = \frac{QU_2}{mD}$$

因此离开电容器时，带电粒子在电场中向下偏转的距离为

$$L' = \frac{1}{2}at^2 = \frac{U_2L^2}{4U_1D}$$

例 6-11 一个空气平行板电容器的极板面积为 S，两极板之间的距离为 d，用电源充电后断开电源使两极板分别带电 $\pm Q$，现将一厚度为 $d/3$、与板面积相同的金属板插入空气平行板电容器中，试计算：（1）电容器的电容；（2）电容器的静电能。

解:(1)插入金属板后,电容器就变成两个串联的电容器,串联后的电容变为

$$C = \frac{C_1 C_2}{C_1 + C_2} = \frac{3\varepsilon_0 S}{2d}$$

(2)根据静电能的定义,有

$$W_e = \frac{Q^2}{2C} = \frac{Q^2 d}{3\varepsilon_0 S}$$

例 6-12 如图 6-8 所示,$C_1 = 0.5\mu F$,$C_2 = 1\mu F$,$C_3 = 0.5\mu F$,试求:(1)A、B 两点之间的电容;(2)若电容器 C_1 两端上的电压为 $50V$,则电容器 C_3 两端上的电荷量和电压各是多少?

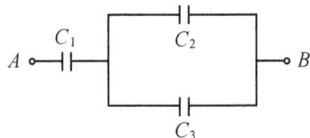

解:(1)根据电容的并联和串联的特性,得到

$$C_{AB} = \frac{(C_2 + C_3)C_1}{C_1 + C_2 + C_3} = \frac{1.5 \times 0.5}{2} = 0.375(\mu F)$$

图 6-8 电容器的组合

(2)电容 C_1 上电量: $\qquad Q_1 = C_1 U_1$

电容 C_2 与 C_3 并联 $\qquad C_{23} = C_2 + C_3$

其上电荷量

$$Q_{23} = Q_1$$

故 $\qquad U_2 = \frac{Q_{23}}{C_{23}} = \frac{C_1 U_1}{C_{23}} = \frac{0.5 \times 50}{1.5} = 16.7(V)$

基础练习

基础练习一 库仑定律 电场强度

一、选择题

1.下列说法中哪一个是正确的? ( )

A.电荷在电场中某点受到的电场力很大,该点的电场强度一定很大

B.在某一点电荷附近的任一点,若没放试验电荷,则这点的电场强度为零

C.若把质量为 m 的点电荷 q 放在一个电场中,由静止状态释放,电荷一定沿电场线运动

D.电场线上任意一点的切线方向,代表点电荷 q 在该点获得加速度的方向

E.在以点电荷为中心的球面上,由该点电荷所产生的场强处处相同

F.场强方向可由 $\boldsymbol{E} = \dfrac{\boldsymbol{F}}{q}$ 定义给出,其中 q 为试验电荷的电量,q 可正、可负,$\boldsymbol{F}$ 为试验电荷所受的电场力

2.两无限长的均匀带电直线相互平行,相距 $2a$,线电荷密度分别为 λ 和 $-\lambda$,则单位长度带电直线受的作用力大小为 ( )

A. $\dfrac{\lambda^2}{2\pi\varepsilon_0 a}$ 　　　　B. $\dfrac{\lambda^2}{4\pi\varepsilon_0 a}$ 　　　　C. $\dfrac{\lambda^2}{\pi\varepsilon_0 a}$ 　　　　D. $\dfrac{\lambda^2}{8\pi\varepsilon_0 a}$

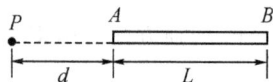

3. 边长为 a 的正方形四个顶点上放置如图 6-9 所示的点电荷,则正方形中心 O 处的电场强度 　　　　　　　　　　　　　　　　　　　　(　　)

A. 大小为零

B. 大小为 $\dfrac{\sqrt{2}q}{2\pi\varepsilon_0 a^2}$,沿 x 轴正向

C. 大小为 $\dfrac{\sqrt{2}q}{2\pi\varepsilon_0 a^2}$,沿 y 轴正向

D. 大小为 $\dfrac{\sqrt{2}q}{2\pi\varepsilon_0 a^2}$,沿 y 轴负向

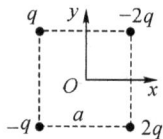

图 6-9　点电荷的电场

4. 如图 6-10 所示,一个电偶极子,正点电荷位于坐标 $(a,0)$ 处,负点电荷位于坐标 $(-a,0)$ 处,P 点是 x 轴上的一点,坐标为 $(x,0)$。当 $x\gg a$ 时,该点电场强度的大小为 　　　　　　　　　　　　　(　　)

A. $\dfrac{q}{4\pi\varepsilon_0 x}$ 　　　　　　　　B. $\dfrac{q}{4\pi\varepsilon_0 x^2}$

C. $\dfrac{qa}{2\pi\varepsilon_0 x^3}$ 　　　　　　　　D. $\dfrac{qa}{\pi\varepsilon_0 x^3}$

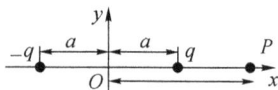

图 6-10　电偶极子的电场

5. 如图 6-11 所示,沿与 x 轴距离为 b 的两点处放置两条 "无限长" 的均匀带电直线,电荷线密度分别为 $+\lambda(x<0)$ 和 $-\lambda$ $(x>0)$,则 xOy 平面上 $(0,a)$ 点处的电场强度为 　　(　　)

A. $\dfrac{\lambda a}{\pi\varepsilon_0(a^2+b^2)}\boldsymbol{i}$ 　　　　　　B. $\dfrac{\lambda b}{2\pi\varepsilon_0(a^2+b^2)}\boldsymbol{i}$

C. $\dfrac{\lambda a}{2\pi\varepsilon_0(a^2+b^2)}\boldsymbol{i}$ 　　　　　　D. $\dfrac{\lambda b}{\pi\varepsilon_0(a^2+b^2)}\boldsymbol{i}$

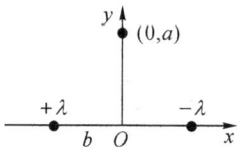

图 6-11　带电直线的电场

6. 由 N 个电子形成的一个油滴,其质量为 m,电子电量为 e,在重力场中由静止开始下落(重力加速度为 g),下落中穿越一个均匀电场区域,欲使油滴在该区域中匀速下落,则电场大小为 　　　　　　　　　　　　　　　　　　　　(　　)

A. mg 　　　　　B. $\dfrac{mg}{Ne}$ 　　　　　C. $\dfrac{mg}{N}e$ 　　　　　D. $\dfrac{mg}{e}N$

7. 两块金属板的面积均为 S,相距为 $d(d$ 很小),分别带电荷 $+q$ 与 $-q$,两板为真空,则两板之间的作用力大小为 　　　　　　　　　　　　　　　　　　(　　)

A. $\dfrac{q^2}{2\varepsilon_0 S}$ 　　　　　B. $\dfrac{q^2}{\varepsilon_0 S}$ 　　　　　C. $\dfrac{q^2}{4\pi\varepsilon_0 d^2}$ 　　　　　D. $\dfrac{q^2}{8\pi\varepsilon_0 d^2}$

8. 如图 6-12 所示,一长为 L 的均匀带电细棒 AB,电荷线密度为 $+\lambda$,则棒的延长线上与 A 端相距为 d 的 P 点的电场强度的大小为 　　(　　)

A. $\dfrac{\lambda}{4\pi\varepsilon_0 dL}$ 　　　　　　B. $\dfrac{\lambda L}{4\pi\varepsilon_0 d}$

C. $\dfrac{\lambda L}{4\pi\varepsilon_0 d(L+d)}$ 　　　　D. $\dfrac{\lambda(L+d)}{4\pi\varepsilon_0 d}$

图 6-12　带电细棒的电场

9. 一个半径为 R 的导体球表面的面电荷密度为 σ，现在球面上挖去一个很小的 ds 面积元（可视为点电荷），则球心处电场强度的大小为　　　　　　　　　　（　　）

A. 0　　　　　B. $\dfrac{\sigma ds}{4\pi\varepsilon_0 R^2}$　　　　　C. $\dfrac{\sigma ds}{4\pi\varepsilon_0 R}$　　　　　D. $\dfrac{\sigma ds}{4\pi\varepsilon_0 R^3}$

10. 如图 6-13 所示，两根相互平行的"无限长"均匀带正电直线 1、2，相距为 d，其电荷线密度分别为 λ_1 和 λ_2，则场强等于零的点与直线 1 的距离 a 等于　　　　　（　　）

A. $\dfrac{\lambda_1}{\lambda_1+\lambda_2}d$　　　　　B. $\dfrac{\lambda_2}{\lambda_1+\lambda_2}d$

C. $\left(1+\dfrac{\lambda_1}{\lambda_2}\right)d$　　　　　D. $\left(1+\dfrac{\lambda_2}{\lambda_1}\right)d$

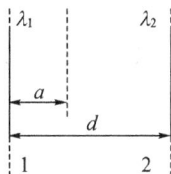

图 6-13　带电直线的电场

二、填空题

1. 真空中，两个等量同号的点电荷之间的距离为 0.01m 时的作用力大小为 10^{-5}N；当它们相距 0.1m 时的作用力大小为_____；两点电荷所带的电荷量为_____。

2. 真空中两个带等量异号的点电荷，电量均为 4×10^{-4}C，相距为 0.4m，它们之间的库仑力大小为_____ N；若使它们之间的距离增大为原来的 2 倍，则库仑力变为原来的_____倍；若在两者连线距离正点电荷为 0.1m 处选取一点 P，则点 P 的电场强度大小为_____ N/C。

3. 某区域的电场线如图 6-14 所示，把一个带负电的点电荷 q 放在点 A 或 B 时，在_____点受的电场力大。

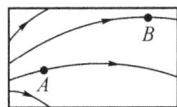

4. 两个平行的"无限大"均匀带电平面，其电荷面密度都是 $+\sigma$，如图 6-15 所示，则 B 区域的电场强度 $E_B=$ _____（设方向向右为正向）。

图 6-14　电场线　　　　　图 6-15　平面的电场　　　　　图 6-16　场强叠加

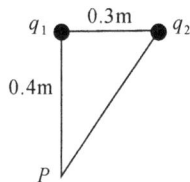

5. 如图 6-16 所示，两个电量分别为 $q_1=2\times10^{-7}$C 和 $q_2=-2\times10^{-7}$C 的点电荷，相距 0.3m，则距离 q_1 为 0.4m、距离 q_2 为 0.5m 处的 P 点的电场强度为_____。

6. 一根电荷线密度为 $+\lambda$、长为 L 的均匀带电细棒，在细棒的中垂线上有一点 p，点 p 到细棒中心的距离为 a，则 p 点的电场强度大小为_____。

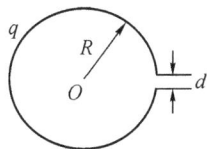

7. 一个半径为 R 的带有一个缺口的细圆环，缺口长度为 $d(d\ll R)$，环上均匀带有正电，电荷为 q，如图 6-17 所示，则圆心 O 处的场强大小 $E=$ _____。

图 6-17　圆场强叠加

三、计算题

1. 如图 6-18 所示,两条"无限长"平行直导线相距为 a,均匀带有等量异号电荷,电荷线密度为 λ。(1)求两导线构成的平面上任一点的电场强度(设该点到其中一线的垂直距离为 x);(2)求每一根导线上单位长度导线受到另一根导线上电荷作用的电场力。

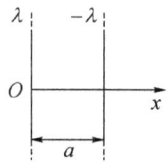

图 6-18 "无限长"直线叠加

2. 空间放置一个长 $l=2\mathrm{m}$、线密度 $\lambda=3.5\times10^{-6}\,\mathrm{C/m}$ 的电荷均匀的带电直导线。计算:

(1)导线延长线上与导线左端相距 $d=5\mathrm{m}$ 处点的电场强度;

(2)导线的垂直平分线上与导线中点相距 $d=5\mathrm{m}$ 处点的电场强度。

3. 均匀带电的无限长直线,电荷线密度为 λ_1,另有长为 b 的直线段与长直线共面且垂直,相距 a,电荷线密度为 λ_2。求两者之间的作用力大小。

4. 如图 6-19 所示,均匀带电细线由直线段 AB、CD、半径为 R 的半圆组成,电荷线密度为 λ(正电荷),$AB=CD=R$,求 O 点处的电场强度。

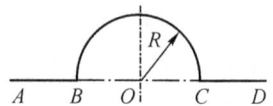

图 6-19 圆心的电场

5. 如图 6-20 所示,一个均匀带电圆柱面,半径为 R,长度为 L。电荷面密度为 σ,求其一底面中心处 P 点的电场强度。

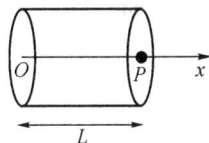

图 6-20 圆柱面的电场

6. 一个宽度为 b 的无限长均匀带电平面薄板,其上电荷面密度为 σ。如图 6-21 所示,试求薄板所在平面内距薄板边缘为 a 处的电场强度。

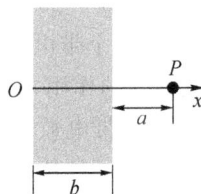

图 6-21 薄板的电场

7. 一个半径为 R 的无限长半圆柱薄筒,其上均匀带电,单位长度上的带电荷量为 λ,如图 6-22 所示,求半圆柱面轴线上一点 O 的电场强度。

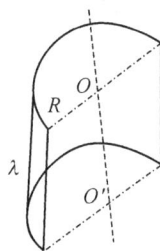

图 6-22 薄筒的电场

基础练习二　电通量　高斯定律

一、选择题

1. 对于电场线,以下说法正确的是　　　　　　　　　　　　　　　　　　　（　　）

A. 电场线是一系列的曲线,曲线上的任一点的切线方向都与该点的电场强度方向平行

B. 初始时静止的点电荷仅在电场力的作用下运动,其运动轨迹必与一条电场线重合

C. 不存在电荷的电场空间,电场线之间可以相交

D. 电场线上任意一点的切线方向,表示点电荷 q 在该点获得加速度的方向

2. 如图 6-23 所示,带箭头的线段表示某一电场中的电场线的分布情况,一个带电粒子在电场中运动的轨迹如图中虚线所示。若不考虑其他力的作用,则下列判断中正确的是　　　　　（　　）

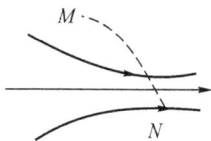

图 6-23　电场线

A. 若带电粒子从 M 点运动到 N 点,则带电粒子带正电;若带电粒子是从 N 点运动到 M 点,则带电粒子带负电

B. 不论粒子是从 M 点运动到 N 点,还是从 N 点运动到 M 点,带电粒子都必须带负电

C. 若粒子是从 N 点运动到 M 点,则其运动的加速度减小

D. 若粒子是从 N 点运动到 M 点,则其运动的速度减小

3. 一个像帽子形状的曲面,它的周界是以半径为 R 的圆,现有一个与圆平面的法线方向 e_n 成 θ 角的匀强电场 E,方向如图 6-24 所示,则通过该曲面的电通量为　　　　　　　　　（　　）

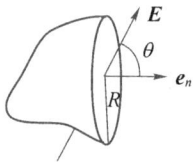

图 6-24　磁通量

A. $-\pi R^2 E\cos\theta$ 　　　　　　B. $\pi R^2 E\cos\theta$

C. $-\pi R^2 E\sin\theta$ 　　　　　　D. $\pi R^2 E\sin\theta$

4. 若一个闭合高斯面所包电荷电量的代数和为 $\sum q = 8.0 \times 10^{-12}\mathrm{C}$,则下面的说法正确的是　　　　　　　　　　　　　　　　（　　）

A. 高斯面上各点处的电场强度均不为零

B. 穿过整个高斯面的电通量为 $8.0\times10^{-12}/\varepsilon_0$

C. 穿过整个高斯面的电通量为 8.0×10^{-12}

D. 高斯面上各点处的电场强度均为零

5. 在边长为 a 的立方体中心放置一个电量为 q 的点电荷,则通过该立方体任一侧面的电通量为　　　　　　　　　　　　　　　　　　　　（　　）

A. $\dfrac{q}{\varepsilon_0}$ 　　　　　B. $\dfrac{q}{2\varepsilon_0}$ 　　　　　C. $\dfrac{q}{4\varepsilon_0}$ 　　　　　D. $\dfrac{q}{6\varepsilon_0}$

6. A 和 B 为两个均匀的带电球体,A 带电荷 $+q$,B 带电荷 $-q$,作一个与 A 同心的球面 S 为高斯面,如图 6-25 所示,则　　　　　　　　　　（　　）

A. 通过 S 面的电场强度通量为零，S 面上各点的场强为零

B. 通过 S 面的电场强度通量为 q/ε_0，S 面上场强的大小为

$$E=\frac{q}{4\pi\varepsilon_0 r^2}$$

C. 通过 S 面的电场强度通量为 $(-q)/\varepsilon_0$，S 面上场强的大小

为 $E=\frac{q}{4\pi\varepsilon_0 r^2}$

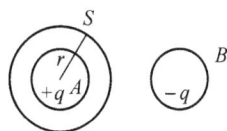

图 6-25　高斯定理的应用

D. 通过 S 面的电场强度通量为 q/ε_0，但 S 面上各点的场强不能直接由高斯定理求出

7. 一个电偶极子的偶极矩为 $\boldsymbol{p}$，两个点电荷之间的距离是 l。以偶极子的中心为球心，半径为 l 作一个高斯球面，当球面中心沿 $\boldsymbol{p}$ 方向移动时，则穿过高斯球面的电通量的变化顺序是　　　　　　　　　　　　　　（　　）

A. $0;\dfrac{p}{\varepsilon_0 l};0$

B. $0;-\dfrac{p}{\varepsilon_0 l};0$

C. $0;0;0$

D. 条件不充分

8. 空间有一非均匀电场，其电场线如图 6-26 所示，若在电场中作一个半径为 R 的球面，已知通过球面上 ΔS 面的电通量为 $\Delta\Phi_e$，则通过其余部分球面的电通量为　（　　）

A. $-\Delta\Phi_e$

B. $4\pi R^2 \Delta\Phi_e/\Delta S$

C. $(4\pi R^2-\Delta S)\Delta\Phi_e/\Delta S$

D. 0

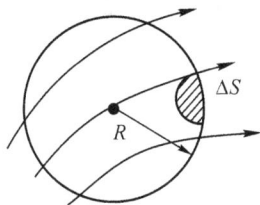

图 6-26　电通量

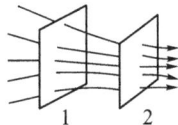

图 6-27　平面电通量

9. 同一束电场线穿过大小不等的两个平面，如图 6-27 所示，则通过两个平面的电通量 Φ_1、Φ_2 和电场强度大小 E_1、E_2 之间的关系为　　　　　　（　　）

A. $\Phi_1>\Phi_2$，$E_1=E_2$

B. $\Phi_1<\Phi_2$，$E_1=E_2$

C. $\Phi_1=\Phi_2$，$E_1>E_2$

D. $\Phi_1=\Phi_2$，$E_1<E_2$

10. 有两个点电荷电量都是 $+q$，相距为 $2a$，今以左边的点电荷所在处为球心，以 a 为半径作一个球形高斯面。在球面上取两块相等的小面积 S_1 和 S_2，其位置如图 6-28 所示。设通过两个面积 S_1 和 S_2 的电场强度通量分别为 Φ_1 和 Φ_2，通过整个球面的电场强度通量为 Φ，则　　　　　　（　　）

A. $\Phi_1>\Phi_2$；$\Phi=q/\varepsilon_0$

B. $\Phi_1<\Phi_2$；$\Phi=2q/\varepsilon_0$

C. $\Phi_1=\Phi_2$；$\Phi=q/\varepsilon_0$

D. $\Phi_1<\Phi_2$；$\Phi=q/\varepsilon_0$

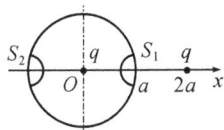

图 6-28　球面电通量

二、填空题

1. 在静电场中作任意一个闭合曲面,通过该闭合曲面的电通量 $\Phi_e = \oint E \cdot dS$ 的值取决于_____,而与_____无关。

2. 如图 6-29 所示,两个电量为 $2q$、$-q$ 的点电荷被包围在高斯面 S 内,则通过该高斯面的电通量 $\oint_S E \cdot dS =$ _____,式中 E 为_____处的电场强度。

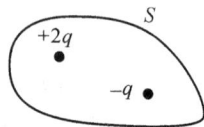

图 6-29　高斯面的电通量

3. 如把一点电荷 Q 放在某一立方体的一个顶点,则穿过每一表面的电通量等于_____。

4. 在电量为 $+Q_1$ 和 $-Q_2$ 点电荷形成的静电场中,作出如图 6-30 所示的三个闭合曲面 S_1、S_2、S_3,则通过这些闭合曲面的电通量分别是 $\oint_{S_1} E_1 \cdot dS =$ _____;$\oint_{S_2} E_2 \cdot dS =$ _____;$\oint_{S_3} E_3 \cdot dS =$ _____。

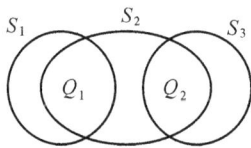

图 6-30　闭合面的电通量

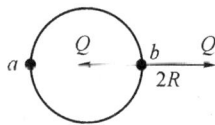

图 6-31　闭合面的场强

5. 如图 6-31 所示,真空中两个带电量都为 Q 的正点电荷,相距为 $2R$,若以其中一个点电荷所在处 O 点为圆心,以 R 为半径作高斯球面 S,则通过该球面的电通量为 $\Phi_e =$ _____;若以 e_n 表示高斯面外法线方向的单位矢量,则高斯面上 a、b 两点的电场强度的大小分别为 $E_a =$ _____,$E_b =$ _____。

6. 均匀带电直线长为 L,电荷线密度为 $+\lambda$,以导线中点 O 为球心、R 为半径($R > L$)作一个球面,如图 6-32 所示,则通过该球面的电场强度通量为_____,带电直线延长线与球面交点 P 处的电场强度的大小为_____,方向沿着半径 OP 的方向。

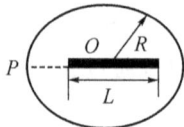

图 6-32　直导线的电场

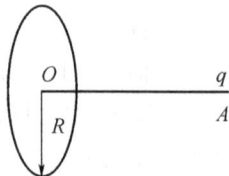

图 6-33　半球面的电场

7. 在电场强度为 E 的均匀电场中取一个半球面,其半径为 R,电场强度的方向与半球面的对称轴平行,如图 6-33 所示,则通过这个半球面的电通量为_____。若用半径为 R 的圆面将半球面封闭,则通过这个封闭的半球面的电通量为_____。

8. 有一个球形的橡皮膜气球,电荷 q 均匀地分布在球面上,在此气球被吹大的过程中,被气球表面掠过的点(该点与球中心距离为 r),其电场强度的大小将由_____变为 0。

9.在匀强电场 E 中,取一个半径为 R 的圆,圆面的法线 n 与 E 成 $60°$ 角,如图 6-34 所示,则通过以该圆周为边线的任意曲面 S 的电通量 $\Phi_e = \oiint\limits_S E \cdot dS =$ _____。

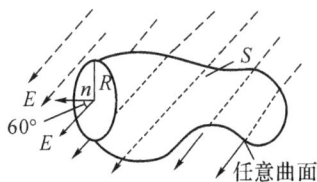

图 6-34　闭合面的电通量

三、计算题

1.真空中有一个半径为 R 的圆平面,在通过圆心 O 与平面垂直的轴线上一点 P 处,有一电量为 Q 的点电荷,O、P 之间距离为 h。如图 6-35 所示,试求通过该圆平面的电通量。

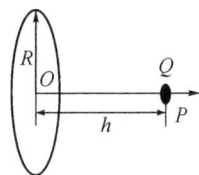

图 6-35　圆平面的电通量

2.一个边长为 a 的立方体置于直角坐标系中,如图 6-36 所示。现在空间中有一个非均匀电场 $E = (E_1 + kx)i + E_2 j$,E_1、E_2 为常量,试求电场对立方体各表面的电场强度通量。

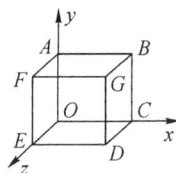

图 6-36　立方体的电通量

基础练习三　静电场力的功　电势

一、选择题

1.场源电荷为 $-Q$ 的点电荷形成的静电场中,将另一电荷为 q 的点电荷从 A 点移动到 B 点,A、B 两点到场源电荷之间的位置矢量分别为 r_A、r_B。如图 6-37 所示,则点电荷从 A 点移动到 B 点的过程中,电场力所做的功为　　　　(　)

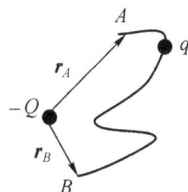

图 6-37　电场力的功

A. $\dfrac{-Qq}{4\pi\varepsilon_0}\left(\dfrac{1}{r_A}-\dfrac{1}{r_B}\right)$ 　　　　　　　　 B. $\dfrac{qQ}{4\pi\varepsilon_0}\left(\dfrac{1}{r_A}-\dfrac{1}{r_B}\right)$

C. $\dfrac{-qQ}{4\pi\varepsilon_0}\left(\dfrac{1}{r_B}+\dfrac{1}{r_A}\right)$ 　　　　　　 D. $\dfrac{qQ}{4\pi\varepsilon_0}\left(\dfrac{1}{r_B}+\dfrac{1}{r_A}\right)$

2. 一个电量为 q 的点电荷放于圆心 O 处，A、B、C、D 为同一圆周上的四个点，如图 6-38 所示，现将一个试验电荷从 A 点分别移动到 B、C、D 三点，则 　　　 （　　）

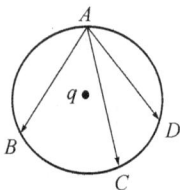

A. 从 A 点移动到 B 点，电场力所做的功最大

B. 从 A 点移动到 B 点，电场力所做的功相等

C. 从 A 点移动到 D 点，电场力所做的功最大

D. 从 A 点移动到 C 点，电场力所做的功最大

图 6-38　电场力的功

3. 如图 6-39 所示，$EFMN$ 是一个矩形，长为 $2L$，宽为 L。在 MN 延长线上有一点 D，且 $ND=L$，D 点放有点电荷 $+q$，在 NM 的中点 C 放有一个负点电荷 $-q$，若使单位正电荷从 M 点沿 $MFEN$ 路径运动到 N 点，则电场力所做的功等于 　　　　（　　）

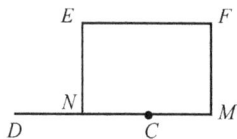

A. $\dfrac{q}{4\pi\varepsilon_0 L}$ 　　　　 B. $\dfrac{q}{6\pi\varepsilon_0 L}$

C. $-\dfrac{q}{6\pi\varepsilon_0 L}$ 　　　 D. $-\dfrac{q}{4\pi\varepsilon_0 L}$

图 6-39　矩形形状

4. 如图 6-40 所示，边长为 a 的等边三角形的三个顶点上，放置着三个电量分别为 q、$2q$、$3q$ 的正点电荷。若将另一电量为 Q 的正点电荷从无穷远处移到三角形的中心 O 处，则外力所做的功为 　　　（　　）

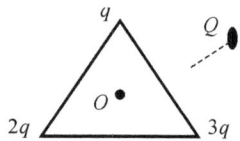

A. $\dfrac{\sqrt{3}qQ}{4\pi\varepsilon_0 a}$ 　　　　　　　　　 B. $\dfrac{2\sqrt{3}qQ}{\pi\varepsilon_0 a}$

C. $\dfrac{3\sqrt{3}qQ}{2\pi\varepsilon_0 a}$ 　　　　　　　　 D. $\dfrac{\sqrt{3}qQ}{2\pi\varepsilon_0 a}$

图 6-40　三角形的电场

5. 根据静电场中电势的定义，静电场中某点电势的数值等于 　　　　　　（　　）

A. 单位试验电荷放置于该点时具有的电势能

B. 电量为 q_0 的试验电荷放置于该点时具有的电势能

C. 把单位正电荷从该点移动到电势零点时外力所做的功

D. 单位试验正电荷放置于该点时具有的电势能

6. 已知某电场的电场线分布情况如图 6-41 所示。观察到一个负电荷从 M 点移到 N 点。有人根据这个图得出下列结论，其中哪个是正确的（　　）。

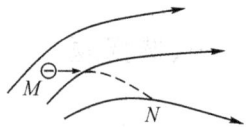

A. 电场强度 $E_M < E_N$

B. 电势 $U_M < U_N$

C. 电势能 $W_M < W_N$

D. 电场力的功 $A > 0$

图 6-41　电场线的分布

7. 在点电荷 $+q$ 的电场中，若取图 6-42 所示 P 点处为电势零点，则 M 点的电势为

（　　）

A. $\dfrac{q}{4\pi\varepsilon_0 a}$　　　　　　　　B. $\dfrac{q}{8\pi\varepsilon_0 a}$

C. $-\dfrac{q}{4\pi\varepsilon_0 a}$　　　　　　　D. $-\dfrac{q}{8\pi\varepsilon_0 a}$

图 6-42　M 点的电势

8. 一个均匀静电场,电场强度 $\boldsymbol{E}=(400\boldsymbol{i}+600\boldsymbol{j})\mathrm{V\cdot m^{-1}}$,则点 $a(3,2)$ 和点 $b(1,0)$ 之间的电势差为 （　　）

　　A. $-2\times10^3\mathrm{V}$　　　B. $2\times10^3\mathrm{V}$　　　C. $-2\times10^2\mathrm{V}$　　　D. $2\times10^2\mathrm{V}$

9. 一个半径为 R 的均匀带电球面,带电量为 Q。若规定该球面上电势为零,则球面外距球心 r 处的 P 点的电势为 （　　）

A. $\dfrac{Q}{4\pi\varepsilon_0 Rr}$　　　　　　　B. $\dfrac{Q}{4\pi\varepsilon_0}\left(\dfrac{1}{r}-\dfrac{1}{R}\right)$

C. $\dfrac{Qr}{4\pi\varepsilon_0 R}$　　　　　　　　D. $\dfrac{Q}{4\pi\varepsilon_0}(R-r)$

10. AC 为一根长为 $2l$ 的带电细棒,左半部均匀带有负电荷,右半部均匀带有正电荷。电荷线密度分别为 $-\lambda$ 和 $+\lambda$,如图 6-43 所示。O 点在棒的延长线上,距 A 端的距离为 l。以棒的中点 B 为电势的零点,则 O 点电势 U 为 （　　）

A. $\dfrac{\lambda}{\pi\varepsilon_0}\ln\left(\dfrac{3}{4}\right)$　　　　B. $\dfrac{\lambda}{\varepsilon_0}\ln\left(\dfrac{3}{4}\right)$

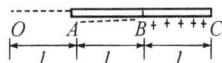

C. $\dfrac{\pi\varepsilon_0}{\lambda}\ln\left(\dfrac{3}{4}\right)$　　　　D. $\dfrac{\lambda}{4\pi\varepsilon_0}\ln\left(\dfrac{3}{4}\right)$

图 6-43　O 点的电势

二、填空题

1. 如图 6-44 所示,试验电荷 $+q$ 在点电荷 $+Q$ 产生的电场中,沿半径为 R 的 $\dfrac{3}{4}$ 圆弧轨道从 a 点移动到 d 点,再从 d 点移动到无穷远处的过程中,电场力做的功为_____。

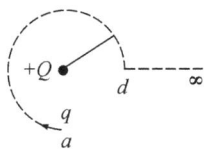

图 6-44　3/4 圆弧的电场力　　　图 6-45　圆的电场

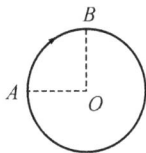

2. 如图 6-45 所示,在静电场中,一个点电荷 $q=1.6\times10^{-19}\mathrm{C}$ 沿 $\dfrac{1}{4}$ 圆弧轨道从 A 点移动到 B 点,电场力做的功为 $3.2\times10^{-15}\mathrm{J}$,当质子沿 $\dfrac{3}{4}$ 圆弧轨道从 B 点回到 A 点时,电场力做的功 $W=$_____,设 B 点电势为零,则 A 点的电势 $V=$_____。

3. 水平向右的匀强电场中,一个带电量 $q=3\times10^{-9}\mathrm{C}$ 的带电粒子,沿着电场强度的方向运动了 $5\mathrm{cm}$ 时,外力做的功为 $6\times10^{-5}\mathrm{J}$。带电粒子的动能增量为 $4.5\times10^{-5}\mathrm{J}$。则粒子运动过程中电场力做的功为_____;该电场的电场强度为_____。

4.电量皆为 q 的三个点电荷分别位于同一圆周的三个点上,如图 6-46 所示,设无穷远处为电势零点,圆半径为 R,则 b 点处的电势为_____。

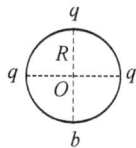

5.一个半径为 R 的均匀带电圆盘,电荷面密度为 σ,设无穷远处为电势零点,则圆盘中心 O 点的电势为_____。

图 6-46 电荷的电势

6.两个带等量异号电荷的均匀带电同心球面,半径分别为 $R_1=0.03\mathrm{m}$ 和 $R_2=0.10\mathrm{m}$。已知两者的电势差为 450V,则内球面上所带的电荷为_____。

7.真空中电量分别为 q_1 和 q_2 的两个点电荷,当它们相距为 r 时,该电荷系统的相互作用电势能为_____(设当两个点电荷相距无穷远时电势能为零)。

8.两同心的带电球面,内球面半径为 5cm,带电量为 $3.0\times10^{-8}\mathrm{C}$;外球面半径为 20cm,带电量为 $-6.0\times10^{-8}\mathrm{C}$,设无穷远处电势为零,则球心的电势 $V_O=$_____。

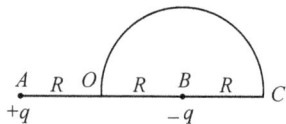

9.如图 6-47 所示,在 A、B 两点处放有电量分别为 $+q$、$-q$ 的点电荷,AB 间距离为 $2R$,现将另一正试验点电荷 q_0 从 O 点经过半圆弧移到 C 点,则移动过程中电场力做的功为_____(无穷远为电势零点)。

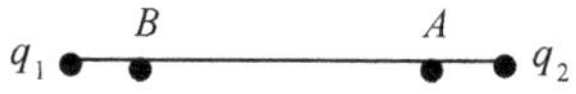

图 6-47 电场力的功

10.两个电量分别为 $q_1=2\times10^{-8}\mathrm{C}$ 和 $q_2=1.2\times10^{-8}\mathrm{C}$ 的点电荷,它们之间相距为 5m。如图 6-48 所示,在它们的连线上距 q_2 为 1m 处的 A 点从静止释放一个电子,则该电子沿连线运动到距 q_1 为 1m 处的 B 点时,其速度为_____。

图 6-48 两个点电荷

三、计算题

1.电荷以相同的面密度 σ 分布在半径为 $r_1=10\mathrm{cm}$ 和 $r_2=20\mathrm{cm}$ 的两个同心球面上。设无限远处电势为零,球心处的电势为 $U_0=300\mathrm{V}$。$\left[\dfrac{1}{4\pi\varepsilon_0}=9\times10^9\mathrm{N}\cdot\mathrm{m}^2/\mathrm{C}^2\right]$

(1)求电荷面密度 σ;

(2)若要使球心处的电势也为零,外球面上应放掉多少电荷?

2.电荷 q 均匀分布在长为 $2l$ 的细杆上。求:在杆外延长线上与杆端距离为 a 的 P 点的电势(设无穷远处为电势零点)。

3. 如图 6-49 所示,半径为 R 的均匀带电球面,带有电荷 q。沿某一半径方向上有一均匀带电细线,电荷线密度为 λ,长度为 l,细线左端离球心距离为 r_0。设球和线上的电荷分布不受相互作用影响,试求:

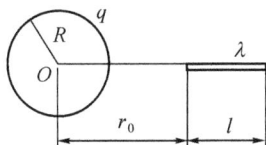

(1)细线所受球面电荷的电场力和方向;

(2)细线在该电场中的电势能(设无穷远处的电势为零)。

图 6-49 带电球面

4. 如图 6-50 所示,有三个点电荷 Q_1、Q_2、Q_3 沿一条直线等间距分布,已知其中任一点电荷所受合力均为零,且 $Q_1 = Q_3 = Q$。求在固定 Q_1、Q_3 的情况下,将 Q_2 从 O 点推到无穷远处外力所做的功。

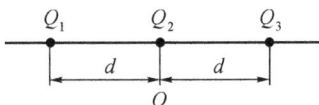

图 6-50 三个点电荷

5. 电荷 q 均匀分布在长为 $2l$ 的细直线上,试求:

(1)带电直线延长线上离中心 O 为 z 处的电势和电场强度的大小。(无穷远处为电势零点)

(2)中垂面上离带电直线中心 O 为 r 处的电势和电场强度的大小。

基础练习四 静电场中的导体 电容器 电容

一、选择题

1. 当一个带电体达到静电平衡时,下列说法正确的是 ( )

A. 表面上电荷密度较大处电势较高

B. 表面曲率较大处电势较高

C. 导体内部的电势比导体表面的电势高

D. 导体内任一点与其表面上任一点的电势差等于零

2.一个导体球壳 A,同心地罩在一个接地的导体 B 上,今给 A 球带负电 Q,则 B 球带什么电? （　　）

    A. 带正电　　　　　　　　　　　　　　B. 带负电

    C. 不带电　　　　　　　　　　　　　　D. 上面带正电,下面带负电

3.半径分别为 R 和 r 的两个金属球,相距很远。用一根很长的细导线将两球连接在一起并使它们带电。在忽略导线的影响下,两球表面的电荷之比 Q_R/Q_r 为 （　　）

    A. R/r　　　　　　B. r/R　　　　　　C. R^2/r^2　　　　　　D. r^2/R^2

4.一个半径为 R 的导体球外有一个点电荷 Q,点电荷 Q 距离球心的距离为 $2R$,设无限远处为电势零点,则导体球心 O 点的场强和电势为 （　　）

    A. 0;$\dfrac{Q}{8\pi\varepsilon_0 R}$　　　　　　　　　　　　B. $\dfrac{Q}{14\pi\varepsilon_0 R^2}$;$\dfrac{Q}{8\pi\varepsilon_0 R}$

    C. 0;0　　　　　　　　　　　　　　D. $\dfrac{Q}{14\pi\varepsilon_0 R^2}$;$0$

5.两个同心的薄金属球壳,半径分别为 R_1 和 R_2($R_2>R_1$),若分别带上电量为 q_1 和 q_2 的电荷,则两者的电势分别为 U_1 和 U_2(选无穷远处为电势零点)。现用导线将两球壳相连接,则它们的电势为 （　　）

    A. U_1　　　　　　B. U_2　　　　　　C. U_1+U_2　　　　　　D. $\dfrac{1}{2}(U_1+U_2)$

6.一带负电荷的金属球,外面同心地罩一不带电的金属球壳,则在球壳中 P 点处的电场强度大小与电势(设无穷远处为电势零点)分别为 （　　）

    A. $E=0$,$U>0$　　　　B. $E=0$,$U<0$　　　　C. $E=0$,$U=0$　　　　D. $E>0$,$U<0$

7.一个半径为 R 带有电量为 Q 的孤立导体球,其电容为 （　　）

    A. $\dfrac{Q}{4\pi\varepsilon_0 R}$　　　　B. $\dfrac{Q}{4\pi\varepsilon_0 R^2}$　　　　C. $\dfrac{\varepsilon_0 Q}{4\pi R^2}$　　　　D. $4\pi\varepsilon_0 R$

8.一个平行板电容器,充电后断开电源,使电容器两极板间距离变小,则两极板间的电势差 U、电场强度的大小 E、电场能量 W 将发生如下变化 （　　）

    A. U 减小,E 减小,W 减小　　　　　　B. U 增大,E 增大,W 增大

    C. U 增大,E 不变,W 增大　　　　　　D. U 减小,E 不变,W 减小

9.一长直导线横截面半径为 a,导线外同轴地套一个半径为 b 的薄圆筒,两者相互绝缘,并且外筒接地,如图 6-51 所示,设导线单位长度的电荷为 $+\lambda$,并设接地的电势为零,则两导体间的 P 点($OP=r$)的场强大小和电势分别为 （　　）

    A. $E_P=\dfrac{\lambda}{4\pi\varepsilon_0 r^2}$;$V_P=\dfrac{\lambda}{2\pi\varepsilon_0}\ln\left(\dfrac{b}{a}\right)$

    B. $E_P=\dfrac{\lambda}{4\pi\varepsilon_0 r^2}$;$V_P=\dfrac{\lambda}{2\pi\varepsilon_0}\ln\left(\dfrac{b}{r}\right)$

    C. $E_P=\dfrac{\lambda}{2\pi\varepsilon_0 r}$;$V_P=\dfrac{\lambda}{2\pi\varepsilon_0}\ln\left(\dfrac{a}{r}\right)$

    D. $E_P=\dfrac{\lambda}{2\pi\varepsilon_0 r}$;$V_P=\dfrac{\lambda}{2\pi\varepsilon_0}\ln\left(\dfrac{b}{r}\right)$

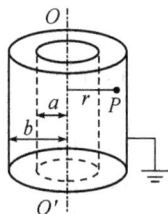

图 6-51　同轴薄圆筒

10. 有两只电容器，$C_1 = 8\mu F$，$C_2 = 2\mu F$，分别把它们充电到 2000V，然后将它们反接（如图 6-52 所示），此时 C_1 两极板间的电势差为　　　　　　　　　　　　　　　　　（　　）

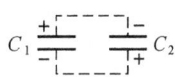
图 6-52　两个电容器

A. 600V

B. 200V

C. 0V

D. 1200V

二、填空题

1. 一个金属球壳的内、外半径分别为 R_1、R_2，带电荷为 Q，在球心处有一电荷为 q 的点电荷，则地壳外表面上的电荷面密度为_____。

2. 两个半径相同的孤立导体球，其中一个是实心的，电容为 C_1，另一个是空心的，电容为 C_2，则 C_1 _____ C_2。（填>，=，<）

3. 如图 6-53 所示，在静电场中有一立方形均匀导体，边长为 a，已知立方体中心 O 处的电势为 V_0，则立方体顶点 A 的电势为_____。

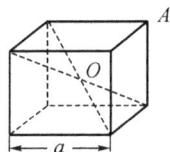
图 6-53　等势体应用

4. 在平行板电容器 C_0 的两板间，平行地插入一个厚度为两极板距离一半的金属板，则电容器的电容 $C=$_____。

5. 如图 6-54 所示，水平放置的两平行金属板间距为 d，电压为 U，上板中央有孔，在孔正下方的下板表面上有一个质量为 m、电量为 $-q$ 的小颗粒，将小颗粒由静止释放，它将从静止被加速，然后冲出小孔，则它能上升的最大高度为 $h=$_____。

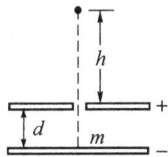
图 6-54　平行电容

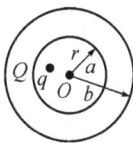
图 6-55　金属空腔

6. 球形的金属腔带有正电荷 Q，如图 6-55 所示，内半径为 a，外半径为 b，在球壳空腔内距离球心 r 处有一点电荷 q，设无限远处为电势零点，则球心 O 点处的总电势为_____。

7. 一个空气平行板电容器，电容为 C，两极板间距离为 d。充电后，两极板间相互作用力为 F，则两极板间的电势差为_____，极板上的电量为_____。

8. 在点 A 和点 B 之间有五个电容器，其连接如图 6-56 所示，则 A、B 两点之间的等效电容为_____；若 A、B 之间的电势差为 12V，则 A、B 之间的电势差 U_{AC} 为_____、U_{CD} 为_____、U_{DB} 为_____。

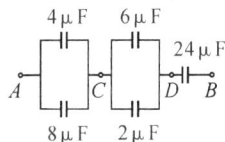
图 6-56　电容器的串、并联

9. 一个电容为 C 的空气平行板电容器，接上电源充电至端电压为 U 后与电源断开。若把电容器的两个极板的间距增大至原来的 3 倍，则外力所做的功为_____；若电源没有断开，则外力所做的功为_____。

10.两个电容器的电容关系为 $C_1 = 2C_2$,若将它们串联后接入电路,则电容器 1 储存的电场能量是电容器 2 储能的_____倍;若将它们并联后接入电路,则电容器 1 储存的电场能量是电容器 2 储能的_____倍。

三、计算题

1.半径为 $R_1 = 1.0$cm 的导体球,带有电荷 $q = 1.0 \times 10^{-10}$C,球外有一个内外半径分别为 $R_2 = 3.0$cm 和 $R_3 = 4.0$cm 的同心导体球壳,壳上带有电荷 $Q = 11 \times 10^{-10}$C,试计算:

(1)两球的电势 U_1 和 U_2;

(2)用导线把球和球壳接在一起后,U_1 和 U_2 分别是多少?

(3)若外球接地,U_1 和 U_2 为多少?

(4)若内球接地,U_1 和 U_2 为多少?

2.在一个不带电的金属球旁有一个点电荷 $+q$,距离金属球的球心为 r,金属球的半径为 R,如图 6-57 所示,计算:

(1)金属球上的感应电荷在球心处产生的电场强度和此时球心处的电势;

(2)金属球上的感应电荷在金属内任意一点 P 处的电场强度和电势;

(3)如将金属球接地,球上的净电荷为多少?

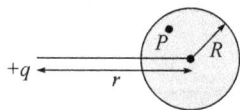

图 6-57 金属球的感应

3.一个球形电容器,在外球壳半径为 b 和内、外导体间的电势差 U 维持恒定不变的条件下,内球的半径 a 为多大时才能使内球表面的电场强度为最小?

4. 一个平行板电容器，极板宽为 a，长为 b，间距为 a，今将厚度为 t、宽为 a 的金属板平行电容器极板插入电容器中，不计边缘效应，以电容器的右边作为坐标原点。求电容与金属板插入深度 x 的关系（板宽方向垂直底面）。

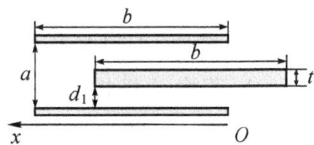

图 6-58 平行板的效应

5. 一个空气平板电容器极板的面积为 S，间距为 d，保持极板两端充电电源电压 U 不变，求：

(1) 充足电后，求电容器极板间的电场强度 E_0、电容 C_0 和极板上的电荷 Q_0；

(2) 现将厚度为 σ 的金属板插入平行板电容器，求金属板内的电场强度 E_2、电容器的电容 C_2 和极板上的电荷 Q_2；

(3) 用外力缓缓将两极板间距拉开至 $2d$，电容器能量的改变量为多少，此过程中外力所做的功为多少？

提高练习

一、选择题

1. 在边长为 b 的正方形中心处放置一个电荷为 Q 的点电荷，则正方形顶角处的电场强度大小为 （ ）

A. $\dfrac{Q}{4\pi\varepsilon_0 b^2}$　　　　B. $\dfrac{Q}{2\pi\varepsilon_0 b^2}$　　　　C. $\dfrac{Q}{3\pi\varepsilon_0 b^2}$　　　　D. $\dfrac{Q}{\pi\varepsilon_0 b^2}$

2. 选取无穷远处为电势零点，半径为 R 的导体球带电后，其电势为 U_0，则球面外距离球心距离为 r 处的电场强度的大小为 （ ）

A. $\dfrac{R^2 U_0}{r^3}$　　　　B. $\dfrac{U_0}{R}$　　　　C. $\dfrac{R U_0}{r^2}$　　　　D. $\dfrac{U_0}{r}$

3.如图 6-59 所示,平行板电容器的两个极板 A、B 分别与电源的正、负两极始终相连,B 板接地,板间电场中有一固定点 P,下列说法正确的是（　　）

A.若将 A 极板向下平移而 B 极板不动,则电容器的电量增加

B.改变电容器 AB 极板间的间距,不会影响 P 点的电场强度

C.若将 A 极板向上平移而 B 极板不动,P 点的电势升高

D.若将 B 极板向下平移而 A 极板不动,P 点的电势升高

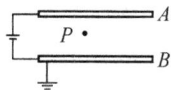

图 6-59　平行板电容器

4.如图 6-60 所示,粗糙的绝缘斜面下方 O 点处有一正点电荷,带负电的小物体以初速度 v_1 从 M 点沿斜面上滑,到达 N 点时速度为零,然后下滑回到 M 点,此时速度为 v_2（$v_2 < v_1$）。若小物体电荷量保持不变,$OM = ON$,则（　　）

A.小物体上升的最大高度为 $\dfrac{v_1^2 + v_2^2}{4g}$

B.从 N 到 M 的过程中,小物体的电势能逐渐减小

C.从 M 到 N 的过程中,电场力对小物体先做负功后做正功

D.从 N 到 M 的过程中,小物体受到的摩擦力和电场力均是先增大后减小

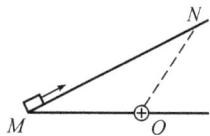

图 6-60　粗糙的斜面

5.如图 6-61 所示,平行线代表电场线,但未标明方向,一个带正电、电量为 10^{-6} C 的微粒在电场中仅受电场力作用,当它从 A 点运动到 B 点时动能减少了 10^{-6} J,已知 A 点的电势为 -10 V,则以下判断正确的是（　　）

A.微粒的运动轨迹如图中的虚线 1 所示

B.微粒的运动轨迹如图中的虚线 2 所示

C.B 点电势为零

D.B 点电势为 -20 V

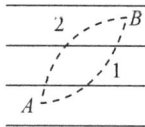

图 6-61　微粒的移动

6.如图 6-62 所示,一个带电量为 Q 的平行板电容器,上极板带正电,下极板带负电。在两极板中间放入一个不带电的导体（宽度小于板间距）,在极板中间有 1、2、3 点,对应的电场强度分别为 E_1、E_2、E_3,把导体移走后三点的场强分别是 E'_1、E'_2、E'_3,则下列说法不正确的是（　　）

A.导体的上表面 a 带负电,下表面 b 带正电

B.$E_1 = E_3 > E_2$

C.$E'_1 = E'_2 = E'_3$

D.$E'_3 > E_3$

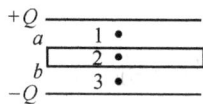

图 6-62　平行板电容

7.一个空气平行板电容器的两极板带电分别为 $+q$、$-q$,极板面积为 S,间距为 d。若在其间平行地插入一块与极板面积相同的金属板,厚度为 t（$t < d$）,则板间电场强度的大小、电容分别为（　　）

A. $\dfrac{q}{\varepsilon_0 S}$；$\dfrac{\varepsilon_0 S}{d-t}$

B. $\dfrac{q}{\varepsilon_0 S}$；$\dfrac{\varepsilon_0 S}{d}$

C. $\dfrac{q}{\varepsilon_0 S}$；$\dfrac{\varepsilon_0 S}{t}$

D. $\dfrac{q}{\varepsilon_0 S}$；$\dfrac{\varepsilon_0 S}{d+t}$

8. 如图 6-63 所示,一个带电油滴悬浮在平行板电容器两极板 A、B 之间的 P 点处于静止状态。现将极板 A 向下平移一个小段距离,但仍在 P 点上方,其他条件不变。下列说法中正确的是 (   )

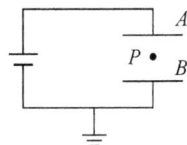

A. 液滴将向下运动

B. 液滴将向上运动

C. 极板带电荷量不变

D. 极板带电荷量将减少

图 6-63　悬浮的液滴

9. 竖直绝缘墙壁上的 Q 处有一个固定的小球 A,在 Q 的正上方的 P 点用绝缘丝线悬挂另一小球 B。A、B 两小球因带电而相互排斥,致使悬线与竖直方向成 θ 角,由于漏电,A、B 两小球的电量逐渐减少,悬线与竖直方向夹角 θ 逐渐变小,则在电荷漏完之前悬线对悬点 P 的拉力大小将 (   )

A. 保持不变 　　　 B. 先变小后变大 　　 C. 逐渐变小 　　 D. 逐渐变大

10. 半径为 r 的均匀带电球面 1,带电量为 q;其外有一个同心的半径为 R 的均匀带电球面 2,带电量为 Q,则此两球面之间的电势差 $U_1 - U_2$ 为 (   )

A. $\dfrac{q}{4\pi\varepsilon_0}\left(\dfrac{1}{r} - \dfrac{1}{R}\right)$ 　　 B. $\dfrac{Q}{4\pi\varepsilon_0}\left(\dfrac{1}{R} - \dfrac{1}{r}\right)$ 　　 C. $\dfrac{1}{4\pi\varepsilon_0}\left(\dfrac{q}{r} - \dfrac{Q}{R}\right)$ 　　 D. $\dfrac{q}{4\pi\varepsilon_0 r}$

二、填空题

1. 一个长度为 d 的均匀带电直线,电荷线密度为 $+\lambda$,以带电直线的最右端 D 为球心,以 R 为半径($R > d$)作一个球面,则通过该球面的电场强度通量为_____;带电直线的延长线与球面交点 M 处的电场强度的大小为_____,方向_____。

2. AC 是一根长度为 $2l$ 的带电细棒,左半部均匀带有负电荷,右半部均匀带有正电荷。电荷线密度分别为 $-\lambda$ 和 $+\lambda$,如图 6-64 所示。O 点在棒的延长线上,距 A 端的距离为 l。以棒的无穷远处作为电势的零点,则 O 点的电场强度大小为_____,电势为_____。

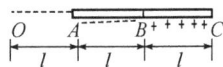

图 6-64　带电细棒

3. 真空中一个半径为 R 的均匀带电球面,总电量为 Q。今在球面上挖去很小一块面积 ΔS(连同其上电荷),若电荷分布不变,则挖去小块后球心处的电势(设无穷远处电势为零)为_____,电场强度大小为_____。

4. 一根"无限长"的均匀带电直线,电荷线密度为 $+\lambda$,在它的电场作用下,一个质量为 m、带电量为 q 的质点以直线为轴线做匀速率圆周运动,则该质点的速率为_____。

5. 在 xOy 平面内有与 y 轴平行,位于 $x = a$ 和 $x = -a$ 处放有两条"无限长"的平行的均匀带电细线,电荷线密度分别为 λ 和 $-\lambda$,则 z 轴上任一点的电场强度为_____。

6. 两段形状相同的圆弧如图 6-65 所示对称放置,圆弧半径为 R,圆心角为 θ,均匀带电,线密度分别为 $+\lambda$ 和 $-\lambda$,则圆心 O 点的电场强度大小为_____;电势为_____。

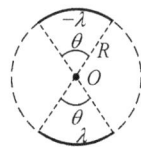

图 6-65　对称的圆弧

7. 有一个带电量为 $Q = 8.85 \times 10^{-4}\text{C}$、半径为 $R = 100\text{cm}$ 的均匀带电细圆环水平放置。在圆环中心轴线的上方离圆心 R 处,

有一个质量为 $m=0.5\text{kg}$、带电量为 $q=3.14\times10^{-7}\text{C}$ 的小球。如图 6-66 所示，当小球从静止下落到圆心位置时，它的速率为_____。

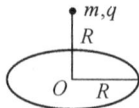

图 6-66　带电细圆环

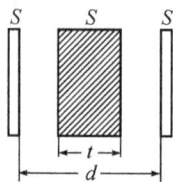

图 6-67　插入金属板的电容器

8. 一个空气平行板电容器，两极板面积均为 S，板间距离为 d（d 远小于极板线度），在两极板间平行地插入一个面积也是 S、厚度为 t（$t<d$）的金属片，如图 6-67 所示，则电容 C 的值为_____。

9. 如图 6-68 所示，平行板电容器极板面积为 S、充满两种介电常数分别为 ε_1 和 ε_2 的均匀介质。介质 ε_1 所填充的宽度为 d_1，介质 ε_2 所填充的宽度为 d_2，则该电容器的电容为_____。

10. 一个平行板电容器，极板面积为 S，极板间距为 d，充满介电常数为 ε 的均匀介质，接在电源上，并保持电压恒定为 U，则电容器中静电能为_____；若断开电源，并将两极板之间的距离拉大一倍，那么电容器中静电能变为_____。

图 6-68　介质的电容器

三、计算题

1. 半径为 R 的球体均匀带电 q_1，沿着球的径向放置一截长度为 l，均匀带电为 q_2 的细棒，球心到带电细棒近端的距离为 L。如图 6-69 所示，计算带电直棒给带点球的作用力和细线在该电场中的电势能（设无穷远处的电势为零）。

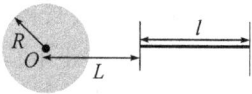

图 6-69　细棒位于球体
的电场中

2. 一锥顶角为 θ 的圆台，上下底面半径分别为 R_1 和 R_2，在它的侧面上均匀带电，电荷面密度为 σ。如图 6-70 所示，求顶点 O 的电势。（以无穷远处为电势零点）

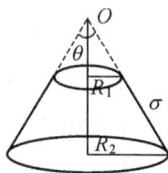

图 6-70　圆锥体的电势

3. 在点电荷 q 的电场中，取一个半径为 R 的圆形平面。如图 6-71 所示，平面到 q 的距离为 d。计算通过该平面的电通量。

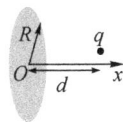

图 6-71 通过平面的电通量

4. 如图 6-72 所示，在 x 轴上放置一端在原点 ($x=0$) 的长为 l 的细棒上，每单位长度分布着 $\lambda=kx$ 的正电荷，其中 k 为常数。若取无限远处为电势零点，试求：

(1) y 轴上任一点 P 的电势。

(2) 试用电场强度与电势的关系，求 E_y。

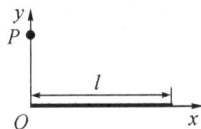

图 6-72 细棒的电势

5. 如图 6-73 所示，一个半径为 R 的均匀带电圆板，其电荷面密度为 $\sigma(\sigma>0)$。今有一个质量为 m、电荷为 $-q$ 的带电粒子沿圆板轴线（x 轴）方向向着圆板运动，已知在距圆心 O（也是 x 轴原点）为 b 的位置上时，粒子的速度为 v_0，计算粒子击中圆板时的速度（设圆板带电的均匀性始终不变）。

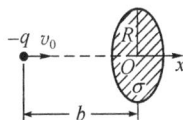

图 6-73 均匀带电圆板

本章参考答案

第七章　稳恒磁场

本章知识点

一、磁场和磁感应强度

1. 磁场:运动电荷(电流)的周围,除了形成电场外,还形成磁场。

2. 磁感应强度:描述磁场对运动电荷或电流的作用力。在此处引入磁感应强度$\boldsymbol{B}$,其大小为

$$B = \frac{F_{\max}}{qv} \tag{7.1}$$

若有若干个磁场源存在时,则空间的磁感应强度满足叠加原理:

$$\boldsymbol{B} = \sum_i \boldsymbol{B}_i \tag{7.2}$$

二、毕奥—萨伐尔定律

1. 毕奥—萨伐尔定律

电流元$I\mathrm{d}l$所激发的磁感应强度为

$$\mathrm{d}\boldsymbol{B} = \frac{\mu_0}{4\pi} \frac{I\mathrm{d}\boldsymbol{l} \times \boldsymbol{e}_r}{r^2} \tag{7.3}$$

长为L的载流导线所激发的磁感应强度为

$$\boldsymbol{B} = \int \mathrm{d}\boldsymbol{B} = \int_L \frac{\mu_0}{4\pi} \frac{I\mathrm{d}\boldsymbol{l} \times \boldsymbol{e}_r}{r^2} \tag{7.4}$$

2. 几种典型的载流导线在其周围所激发的磁场

(1)有限长载流直导线外一点的磁感应强度的大小

$$B = \frac{\mu_0 I}{4\pi r_0}(\cos\theta_1 - \cos\theta_2) \tag{7.5}$$

(2)无限长载流直导线外一点的磁感应强度的大小

$$B = \frac{\mu_0 I}{2\pi r_0} \qquad (7.6)$$

(3)无限长螺线管内磁感应强度的大小

$$B = \mu_0 n I \qquad (7.7)$$

(4)圆电流轴线上任意一点的磁感应强度的大小

$$B = \frac{\mu_0 I R^2}{2(R^2 + x^2)^{3/2}} \qquad (7.8)$$

(5)圆电流圆心处的磁感应强度的大小

$$B = \frac{\mu_0 I}{2R} \qquad (7.9)$$

三、磁通量和磁场的高斯定理

1.通过磁场中某一曲面的磁感应线的条数叫通过此曲面的磁通量。

$$\Phi_m = \int_S \boldsymbol{B} \cdot \mathrm{d}s \qquad (7.10)$$

2.磁场的高斯定理

$$\oint_s \boldsymbol{B} \cdot \mathrm{d}s = 0 \qquad (7.11)$$

说明:(1)磁场是无源场;(2)磁感应线是闭合曲线。

四、磁场的安培环路定理

$$\oint_l \boldsymbol{B} \cdot \mathrm{d}l = \mu_0 \sum_{i=1}^{n} I_{\mathrm{int}} \qquad (7.12)$$

说明:磁场是非保守场。

五、带电粒子在电场和磁场中的运动

洛仑兹力:电量为 q 的带电粒子以速度 v 在磁场中运动时,所受到的磁场力为

$$\boldsymbol{F}_m = q(\boldsymbol{v} \times \boldsymbol{B}) \qquad (7.13)$$

在匀强磁场中,带电粒子以初速度 v_0 垂直于磁场方向时,带电粒子将做圆周运动,圆周运动的半径、周期为

回旋半径 $R = \dfrac{m v_0}{qB}$ 　　　回旋周期 $T = \dfrac{2\pi m}{qB}$ 　　　　(7.14)

六、载流导线在磁场中所受到的安培力

电流元 $I\mathrm{d}l$ 在磁场 $\boldsymbol{B}$ 中所受到的磁场力为安培力,即

$$\mathrm{d}\boldsymbol{F} = I\mathrm{d}\boldsymbol{l} \times \boldsymbol{B} \tag{7.15}$$

长为 L 的有限长载流导线所受到的安培力为

$$\boldsymbol{F} = \int_L \mathrm{d}\boldsymbol{F} = \int_L I\mathrm{d}\boldsymbol{l} \times \boldsymbol{B} \tag{7.16}$$

典型例题及解析

例 7-1 一条无限长的载流导线,通过的电流为 I,现将此导线弯成抛物线的形状,放置在如图 7-1 所示的坐标系中,抛物线的焦点 P 到坐标原点的距离为 a,计算焦点 P 处的磁感应强度。

解: 在载流导线上任意选取一电流元 $I\mathrm{d}l$,电流元到坐标原点的距离为 Z,到点 P 的位置矢量为 r,与位置矢量 r 的夹角为 θ,根据毕奥—萨伐尔定律,电流元在点 P 所激发的磁感应强度大小为

$$\mathrm{d}B = \frac{\mu_0}{4\pi}\frac{I\mathrm{d}l\sin\theta}{r^2}$$

方向垂直于纸面向外。

在直角坐标系中,抛物线的方程为 $y^2 = 4ax$。现将原点移到点 P,则 $x = x' + a$。在新的坐标系中,抛物线的方程为 $y^2 = 4ax' + 4a^2$,用极坐标表示

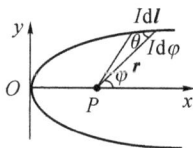

图 7-1 抛物线

$$x' = r\cos\varphi, y = r\sin\varphi$$

抛物线方程为

$$r^2 - 4a\frac{\cos\varphi}{\sin^2\varphi} - 4a^2\frac{1}{\sin^2\varphi} = 0$$

得到

$$r = \frac{2a}{1 - \cos\varphi}$$

如图所示,有 $\mathrm{d}l\sin\theta = r\mathrm{d}\varphi$,代入上式得到

$$\mathrm{d}B = \frac{\mu_0}{4\pi}\frac{I\mathrm{d}\varphi}{r} = \frac{\mu_0}{4\pi}\frac{I}{2a}(1 - \cos\varphi)\mathrm{d}\varphi$$

由于所有的磁感应强度的方向一致,都垂直于纸面向外,则

$$B = \int \mathrm{d}B = \frac{\mu_0 I}{4\pi a}\int_0^\pi (1 - \cos\varphi)\mathrm{d}\varphi$$

$$= \frac{\mu_0 I}{4a}$$

方向垂直于纸面向外。

例 7-2 一长直导线被折成如图 7-2 所示的形状,其夹角为 $120°$,通过的电流为 I,点 A 在一段直导线的延长线上,点 C 为角平分线上一点,且 $AO = CO = r$,求点 A、点 C 的磁感应强度。

解: 任一点的磁感应强度 $\boldsymbol{B}$ 是由 PO 段和 OQ 段产生的磁感应强度 $\boldsymbol{B}_1$、$\boldsymbol{B}_2$ 的叠加,即 $\boldsymbol{B} = \boldsymbol{B}_1 + \boldsymbol{B}_2$,先求 A 处的磁感应强度 $\boldsymbol{B}_A$。

因 A 在 OQ 延长线上，故 $\boldsymbol{B}_2 = 0$。

即　　　　　　　　　　$\boldsymbol{B}_A = \boldsymbol{B}_1$

$\boldsymbol{B}_A$：垂直指向纸面

$\boldsymbol{B}_A$ 大小：$B_A = B_1 = \dfrac{\mu_0 I}{4\pi a}(\cos\theta_1 - \cos\theta_2)$，

在此 $\begin{cases} a = r\sin 60° = \dfrac{\sqrt{3}}{2} \\ \theta_1 = PA \text{ 与 } PO \text{ 夹角} = 0° \\ \theta_2 = \pi - OP \text{ 与 } OA \text{ 夹角} = 120° \end{cases}$ 。

图 7-2　$\alpha = \beta = 60°$

故 $B_A = \dfrac{\mu_0 I}{2\sqrt{3}\pi r}(\cos 0° - \cos 120°) = \dfrac{\sqrt{3}}{4\pi}\dfrac{\mu_0 I}{r}$。

再求 C 点的磁感应强度 $\boldsymbol{B}_C$。

$$\boldsymbol{B}_C = \boldsymbol{B}_1 + \boldsymbol{B}_2$$

由题知，$\boldsymbol{B}_1 = \boldsymbol{B}_2$（大小和方向均相同）

有　　　　　　　　　　$\boldsymbol{B}_C = 2\boldsymbol{B}_2$

$\boldsymbol{B}_C$ 方向：垂直纸面向外

$\boldsymbol{B}_C$ 大小：$B_C = B_1 = 2 \cdot \dfrac{\mu_0 I}{4\pi a}(\cos\theta_1 - \cos\theta_2)$

在此 $\begin{cases} a = r\sin 60° = \dfrac{\sqrt{3}}{2}r \\ \theta_1 = PC \text{ 与 } PO \text{ 夹角} = 0° \\ \theta_2 = \pi - OP \text{ 与 } OC \text{ 夹角} = 120° \end{cases}$ 。

故 $B_C = 2 \cdot \dfrac{\mu_0 I}{\sqrt{3}4\pi r}(\cos 0° - \cos 120°) = \dfrac{\sqrt{3}}{2\pi}\dfrac{\mu_0 I}{r}$。

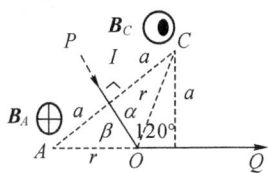

例 7-3　由两个完全相同的彼此平行的线圈组成所谓的亥姆霍兹线圈，如图 7-3 所示，设线圈的半径为 R，流过两线圈的电流为 I，两个圆心的距离为 $R/2$。试求 O 点处的磁感应强度 $\boldsymbol{B}_O$ 以及 $\overline{OO'}$ 中点处的磁感应强度 $\boldsymbol{B}_m$。

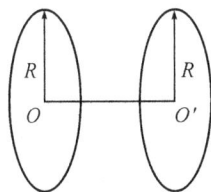

解：O 点处的磁感应强度 $\boldsymbol{B}_O$ 以及 $\overline{OO'}$ 中点处的磁感应强度 $\boldsymbol{B}_m$ 是由两个载流线圈共同产生的，所以使用磁场的叠加原理可以计算出两线圈所在处的磁感应强度。

图 7-3　亥姆霍兹线圈

线圈 O 和 O' 在 O 处产生的磁感应强度分别为

$B_{1O} = \dfrac{\mu_0 I}{2R}$，方向：从 $O' \to O$

$B_{2O} = \dfrac{\mu_0}{2} \dfrac{R^2 I}{\left(R^2 + \dfrac{R^2}{4}\right)^{3/2}}$，方向：从 $O' \to O$

则 O 处的磁感应强度为

$$\boldsymbol{B}_O = \boldsymbol{B}_{1O} + \boldsymbol{B}_{2O}$$

O 处的磁感应强度大小为

$$B_O = B_{1O} + B_{2O} = \frac{\mu_0 I}{2R} + \frac{\mu_0}{2} \frac{R^2 I}{\left(R^2 + \frac{R^2}{4}\right)^{3/2}} \quad 方向：从 O' \to O$$

线圈 O 和 O' 在 $\overline{OO'}$ 中点处的磁感应强度大小为

$$B_m = B_{mO} + B_{mO'} = \frac{\mu_0 R^2 I}{2\left(R^2 + \frac{R^2}{16}\right)^{3/2}} + \frac{\mu_0}{2} \frac{R^2 I}{\left(R^2 + \frac{R^2}{16}\right)^{3/2}} = \frac{\mu_0 R^2 I}{\left(R^2 + \frac{R^2}{16}\right)^{3/2}}$$

方向：从 $O' \to O$

例 7-4 运动电荷激发的磁感应强度：一个电量为 q 的带电粒子，以角速度 ω 沿着半径 R 做匀速率圆周运动，如图 7-4 所示，计算带电粒子在圆心处产生的磁感应强度的大小。

解：方法一：电荷 q 沿着圆周运动时，形成一个圆形电流，所以用圆电流产生磁感应强度 $\boldsymbol{B}$ 的方法计算圆心处的磁感应强度。

带电粒子沿圆周运动时，形成的电流强度为

$$I = \frac{q}{T} = \frac{q\omega}{2\pi}$$

则圆电流在圆心处的磁感应强度大小为

$$B = \frac{\mu_0 I}{2R} = \frac{\mu_0 q\omega}{4\pi R}$$

方向：垂直纸面向外。

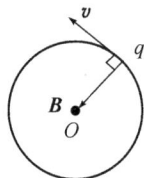

图 7-4

方法二：运动电荷在周围激发磁场。激发磁场的定义式为

$$\boldsymbol{B} = \frac{\mu_0}{4\pi} \frac{q\boldsymbol{v} \times \boldsymbol{r}}{r^3}$$

磁感应强度的大小为

$$B = \frac{\mu_0}{4\pi} \frac{qvR\left(\sin\frac{\pi}{2}\right)}{R^3} = \frac{\mu_0 q\omega}{4\pi R}$$

方向：垂直纸面向外。

例 7-5 一个宽度为 a 的薄金属板，流过其的电流强度为 I 并均匀分布，求距离薄板一边长为 b 的 P 点的磁感应强度。

解：如图 7-5 所示，选取 P 点为坐标原点，x 轴通过薄金属板且与板垂直。在距离坐标原点为 x 处取一个宽度为 $\mathrm{d}x$ 的窄条，此窄条可视为无限长的载流导线。窄条在 P 处产生的磁感应强度大小为

$$\mathrm{d}B = \frac{\mu_0 \mathrm{d}I}{2\pi x} = \frac{\mu_0 \frac{I}{a}\mathrm{d}x}{4\pi x}$$

方向为：垂直纸面向外。所有这样窄条在 P 点的 $\mathrm{d}\boldsymbol{B}$ 方向均相同，所以 $\boldsymbol{B}$ 的大小可根据下面的积分得到

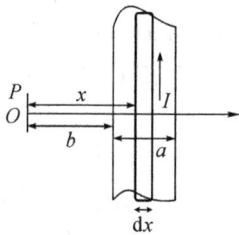

图 7-5

$$B = \int dB = \int_b^{a+b} \frac{\mu_0 I dx}{2\pi a x} = \frac{\mu_0 I}{2\pi a} \ln\left(\frac{a+b}{b}\right) 。$$

例 7-6 有两个与纸面垂直的磁场以平面 AA' 为界面,如图 7-6 所示,已知它们的磁感应强度大小为 B 和 $2B$,现有一个质量为 m、电量为 q 的粒子以速度 v 自下而上地垂直射到界面 AA',求出带电粒子的运动周期以及沿分界面方向的平均速率。

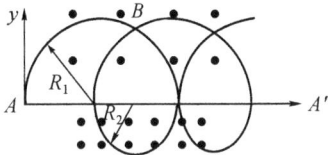

图 7-6

解:带电粒子在磁场中运动时,受到洛伦兹力的作用。当粒子进入磁场后,将沿顺时针方向偏转,由于 AA' 面上、下磁场不同,故 AA' 面上方运动半径大、下方运动半径小,轨迹如图 7-6 所示。

设粒子在 AA' 面上方运行半径为 R_1,带电粒子所受到的洛伦兹力就是圆周运动的向心力,即

$$\frac{mv^2}{R_1} = Bqv, \quad R_1 = \frac{mv}{Bq}$$

下方运行半径为 R_2,则

$$R_2 = \frac{mv}{2Bq} = \frac{1}{2}R_1$$

粒子的运动周期 T 应为上半部空间的运行时间 t_1 和下半部运行时间 t_2 之和,而

$$t_1 = \frac{\pi R_1}{v}, \quad t_2 = \frac{\pi R_2}{v}$$

所以,带电粒子的运动周期为

$$T = t_1 + t_2 = \frac{\pi R_1}{v} + \frac{\pi R_2}{v} = \frac{3\pi R_1}{2v} = \frac{3\pi m}{2Bq}$$

在一个周期内,粒子沿 AA' 平面移动的距离为

$$\Delta S = 2(R_1 - R_2) = R_1$$

则粒子沿 AA' 平面向右移动的平均速率为

$$v_{平均} = \frac{\Delta S}{T} = \frac{2v}{3\pi}$$

例 7-7 一个"无限长"的载流直导线通有电流 I_1,在同一平面内有长为 L 的一段载流直导线,通有电流 I_2,且此载流直导线与水平方向的夹角为 α,计算长为 L 的导线所受的磁场力。

解:长为 L 的载流直导线是放在载流长直导线所激发的非匀强磁场中,它所在位置处的磁感应强度的方向是垂直于纸面向里。为了计算载流导线所受的磁场力,以载流长直导线所在的位置作为坐标原点 O,垂直于直导线的方向为 x 轴,建立如图 7-7 所示的坐标系。在距离坐标原点为 x 处取一个长度为 dl 的长条,此长条在 x 轴上所对应的长为 dx。则载流长直导线 I_1 在 x 处产生的磁感应强度大小为

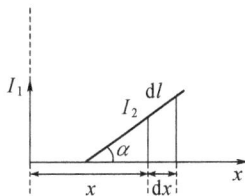

图 7-7

$$B = \frac{\mu_0 I_1}{2\pi x}$$

根据右手螺旋定则,可知每个电流元所受安培力的方向相同。则每个电流元所受安培力的大小为

$$dF = I_2 dl \frac{\mu_0 I_1}{2\pi x}$$

又

$$x = L_1 + L_2 \cos\alpha, dl = \frac{dx}{\cos\alpha}$$

代入上式,得

$$dF = \frac{\mu_0 I_1 I_2}{2\pi x} \frac{dx}{\cos\alpha}$$

则整段载流导线所受的磁场力大小为

$$F = \int dF = \frac{\mu_0 I_1 I_2}{2\pi\cos\alpha} \int_{L_1}^{L_1 + L_2\cos\alpha} \frac{dx}{x}$$

$$= \frac{\mu_0 I_1 I_2}{2\pi\cos\alpha} \ln\left(\frac{L_1 + L_2\cos\alpha}{L_1}\right)$$

方向垂直于载流直导线。

例 7-8 一个半圆形闭合线圈,半径为 R,通有电流 I,放在磁感应强度为 B 的匀强磁场中,磁场方向与线圈平行。如图 7-8 所示,试求线圈在磁场中受到的磁力矩。

解:此题先需要求出电流元所受到的磁场力,再根据力矩的定义,可以计算出整个线圈所受到的磁力矩。因半圆形直径部分电流方向与磁感应强度的夹角为 0,所以直径部分不会受到磁场力的作用。只有半圆形部分受到磁场力的作用,在半圆形线圈上选取一个电流元 Idl,则电流元 Idl 所受到的安培力大小为

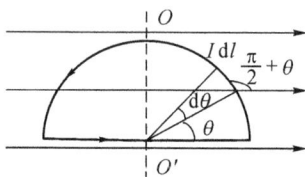

图 7-8

$$dF = BI\sin\left(\frac{\pi}{2} + \theta\right)dl$$

$d\boldsymbol{F}$ 方向:垂直纸面向里。由力矩的定义,则 $d\boldsymbol{F}$ 对 OO' 轴力矩的大小为

$$dM = dF \cdot R \cdot \cos\theta = BIR\cos^2\theta dl$$

又因为 $dl = Rd\theta$,则半圆形线圈所受到的合力矩的大小为

$$M = \int dM = \int_0^\pi BIR\cos^2\theta Rd\theta = \frac{1}{2}\pi BIR^2$$

M 方向沿 OO' 轴向上。

例 7-9 半径为 R 的圆盘均匀带电,电荷面密度为 σ,现该圆盘以角速度 ω 绕通过其中心且垂直于圆平面的轴旋转,求轴线上距离圆盘中心处 x 处的 P 点的磁感应强度和旋转圆盘的磁矩。

解:将圆盘看成由许多同心圆环组成,圆盘转动时,每一圆环都等效为一个圆电流。则根据圆电流的结论可以求解处 P 点的磁感应强度和旋转圆盘的磁矩。

如图 7-9 所示,在圆盘上取一个半径为 r,宽度为 dr 的细圆环,则细圆环所带的电量为

$$dq = \sigma \cdot 2\pi rdr$$

等效的圆电流为

$$dI = \frac{dq}{T} = \frac{\omega}{2\pi}dq = \sigma\omega r dr$$

则该圆电流在 P 点的磁感应强度大小为

$$dB = \frac{\mu_0 r^2 dI}{2(r^2 + x^2)^{3/2}} = \frac{\mu_0 \sigma\omega r^3 dr}{2(r^2 + x^2)^{3/2}}$$

各圆环在 P 点的磁感应强度方向相同,都沿 x 轴正向。

整个圆盘在 P 点的磁感应强度的大小为

$$B = \int dB = \int_0^R \frac{\mu_0 \sigma\omega r^3 dr}{2(r^2 + x^2)^{3/2}} = \frac{\mu_0 \sigma\omega}{2}\left[\frac{R^2 + 2x^2}{\sqrt{x^2 + R^2}} - 2x\right]$$

方向沿 x 轴正向。

圆电流的磁矩为

$$dm = SdI = \pi r^2 \sigma\omega r dr = \pi\sigma\omega r^3 dr$$

方向沿 x 轴正向,每个圆环磁矩同方向,所以整个圆盘的磁矩大小为

$$m = \int dm = \int_0^R \pi\sigma\omega r^3 dr = \frac{1}{4}\pi\sigma\omega R^4$$

方向沿 x 轴正向。

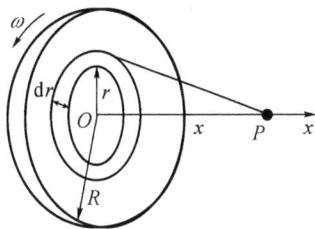

图 7-9

基础练习

基础练习一 磁场 毕奥－萨伐尔定律

一、选择题

1. 关于磁感应强度的描述,下述正确的是 （　　）

A. 在通有电流的载流导线周围任意一点处,若无运动检验电荷存在,则该点处的磁感应强度为零

B. 一个电子以速率 v 进入某区域,若该电子运动方向不改变,则该区域的磁感应强度可能不为零

C. 电流元 Idl 在其空间任意一点处的磁感应强度一定不会等于零

D. 在无限长载流导线产生的磁场中,以载流直导线为轴线、r 为半径作一个圆柱形,则圆柱形任意一点的磁感应强度相等

2. 有关磁通量的论述中,正确的是 （　　）

A. 磁场中磁感应强度越大的区域,穿过相同曲面面积的磁通量也越大

B. 磁场中磁感应强度越大的区域,曲面的面积越大,则穿过该面积的磁通量越大

C. 磁场穿过某曲面面积的磁通量为零的区域,则磁感应强度一定为零

D. 在匀强磁场中,穿过曲面的磁感线数量越多,则磁通量越大

3.磁场中的高斯定理 $\oint_S \boldsymbol{B} \cdot \mathrm{d}\boldsymbol{s} = 0$，说明稳恒磁场中　　　　　　　　　（　　）

A. 磁感线是一系列永远不会闭合的曲线

B. 磁感应强度和面积元的乘积的代数和为零

C. 磁场是无源场

D. 磁场是保守场，可以引入磁场势能的概念

4.一个电流元 $I\mathrm{d}l$ 位于坐标系的坐标原点 O，电流沿着 Oz 轴的正方向，在 xOy 平面上选取一 P 点，P 点到坐标原点 O 的距离为 r，则 P 点的磁感应强度大小为　（　　）

A. 0　　　　　B. $\dfrac{\mu_0 Idl}{2\pi r^2}$　　　　　C. $\dfrac{\mu_0 Idl}{4\pi r^2}$　　　　　D. $\dfrac{\mu_0 Idl}{4\pi r}$

5.一根通有电流为 I，长度为 L 的载流导线被折成正方形，则此正方形中心处的磁感应强度大小为　　　　　　　　　　　　　　　　　　　　　　　　　（　　）

A. $\dfrac{8\sqrt{2}u_0 I}{\pi L}$　　　　B. $\dfrac{32\sqrt{2}u_0 I}{\pi L^2}$　　　　C. $\dfrac{4\sqrt{2}u_0 I}{\pi L}$　　　　D. $\dfrac{16\sqrt{2}u_0 I}{\pi L^2}$

6.两条无限长的载流导线平行放置，它们之间相距 2m，通过的电流为分别为 1A、0.5A，且电流流向相同。在两条载流导线之间有一 P 点，P 点到通有电流为 0.5A 载流导线的距离为 0.8m，则 P 点的磁感应强度大小为　　　　　　（　　）

A. 0　　　　　B. $\dfrac{25\mu_0}{16\pi}$　　　　C. $\dfrac{5\mu_0}{16\pi}$　　　　D. $\dfrac{5\mu_0}{48\pi}$

7.一根无限长的载流导线在同一平面内被放置成如图 7-10 所示的形状，O 点是半径 R_1 和半径 R_2 的两半圆的圆心，则圆心 O 点处的磁感应强度大小（选向里为正）为（　　）

A. $\dfrac{\mu_0 I}{4}\left(\dfrac{1}{R_1} + \dfrac{1}{R_2} + \dfrac{2}{\pi R_2}\right)$　　　　　　　　　　B. $\dfrac{\mu_0 I}{4}\left(\dfrac{1}{R_1} - \dfrac{1}{R_2} + \dfrac{2}{\pi R_2}\right)$

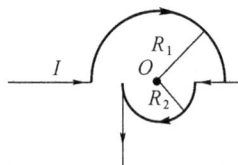

C. $\dfrac{\mu_0 I}{4}\left(\dfrac{1}{R_1} - \dfrac{1}{R_2} - \dfrac{2}{\pi R_2}\right)$　　　　　　　　　　D. $\dfrac{\mu_0 I}{4}\left(\dfrac{1}{R_1} + \dfrac{1}{R_2} - \dfrac{2}{\pi R_2}\right)$

图 7-10　两个同心半圆　　　　　　　　图 7-11　垂直的载流导线

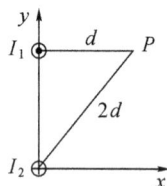

8.两根长直载流导线垂直纸面如图 7-11 所示放置，它们之间相距 $d=2\mathrm{m}$，电流 $I_1 = 0.5\mathrm{A}$，方向垂直纸面向外；电流 $I_2 = 1\mathrm{A}$，方向垂直纸面向内，则点 P 处的磁感应强度大小为　　　　　　　　　　　　　　　　　　　　　　　　　　　　　　（　　）

A. $\dfrac{\sqrt{3}\mu_0}{16\pi}$　　　　　　　　　　　　　　　　　　B. $\dfrac{\mu_0}{8\pi}$

C. $\dfrac{\sqrt{3}\mu_0}{8\pi}$　　　　　　　　　　　　　　　　　　D. $\dfrac{\mu_0}{16\pi}$

9. 有两个正交放置的圆形线圈 A 和 B,其圆心 O 重合,如图 7-12 所示,A 线圈的半径为 2m,绕有 5 匝,通过电流为 1.0A。B 线圈的半径为 1m,绕有 10 匝,通有电流为 0.5A。两线圈圆心 O 点的磁感应强度为　　　　　　　　 (　　)

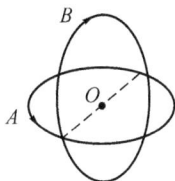

A. $\dfrac{15\mu_0}{4}$ 　　　　　B. $\dfrac{5\sqrt{5}\mu_0}{4}$

C. $\dfrac{15\mu_0}{2}$ 　　　　　D. $\dfrac{15\sqrt{5}\mu_0}{2}$

图 7-12　两个同心圆

10. 一条长直导线被折成如图 7-13 所示的交角 $\alpha(\alpha>90°)$,导线中通有电流 I,在 PO 延长线上离 O 点距离为 l 处有一点 A,则点 A 处的磁感应强度大小为 (　　)

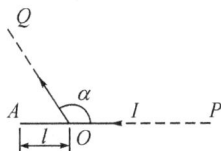

A. 0

B. $\dfrac{\mu_0 I}{4\pi l\cos\left(\alpha-\dfrac{\pi}{2}\right)}\left[1+\sin\left(\alpha-\dfrac{\pi}{2}\right)\right]$

C. $\dfrac{\mu_0 I}{4\pi l\sin\left(\alpha-\dfrac{\pi}{2}\right)}\left[1+\sin\left(\alpha-\dfrac{\pi}{2}\right)\right]$

D. $\dfrac{\mu_0 I}{4\pi l\cos\left(\alpha-\dfrac{\pi}{2}\right)}\left[1-\sin\left(\alpha-\dfrac{\pi}{2}\right)\right]$

图 7-13　长直导线

二、填空题

1. 一根载流直导线通有电流 I,P 点到载流直导线的垂直距离为 r_0,则下列情况时,P 点的磁感应强度大小为:1)载流直导线为无限长时,$B=$ _____;2)载流直导线为半无限长时,$B=$ _____;3)P 点在载流直导线的延长线上,$B=$ _____。

2. 一个圆形载流线圈通有电流 I,半径为 R,点 P 为圆形载流线圈中心轴线上的任一点。则下列情况时,P 点的磁感应强度大小为:1)P 点处于圆心时,$B=$ _____;2)P 点到圆心的距离为 R 时,$B=$ _____;3)若线圈只剩下 $\dfrac{3}{4}$ 圆周时,P 点在圆心处的 $B=$ _____;4)若线圈剩下 $\dfrac{1}{2}$ 圆周时,P 点在圆心处的 $B=$ _____;5)若线圈剩下 $\dfrac{1}{4}$ 圆周时,P 点在圆心处的 $B=$ _____。

3. 两条无限长的载流直导线通有 5A 的电流,分别沿 x、y 轴正向流动,则点 $P(4,2,0)$ 处的磁感应强度大小 $B=$ _____,方向为 _____。

4. 一根"无限长"的载流导线,通有电流 I,把它折成如图 7-14 所示的形状,圆弧半径为 R,$\theta=120°$,并且各线段皆在纸面内,则圆心点 O 处的磁感应强度大小 $B=$ _____,方向为 _____。

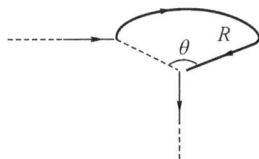

图 7-14　折成圆弧

5. 一根 $l=10$m 的"有限长"的载流直导线,通有电流 $I=6$A,则在与导线垂直、距离其中点为 5m 处的磁感应强度大小为_____。

6.圆心重合、相互正交的半径均为 R 的两平面圆形线圈,匝数均为 N,电流均为 I,且接触点之处相互绝缘,则圆心 O 处磁感应强度的大小为_____。

7.如图 7-15 所示,真空中稳恒电流流过两个半径分别为 R_1、R_2 的同心半圆形导线,两半圆导线间由沿直径的直导线连接,电流沿直导线流入。

(1)如果两个半圆面共面,圆心 O 点处的磁感应强度 B_0 的大小为_____;方向为_____。

(2)如果两个半圆面正交,则圆心 O 点的磁感应强度 B_0 的大小为_____;B_0 的方向与 Oy 轴的夹角为_____。

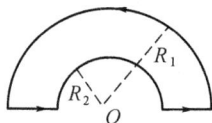

图 7-15　两同心半圆

8.半径为 R 的圆形载流导线与边长为 l 的正方形载流导线通有相同的电流 I,若两个载流导线分别在它们的中心处激发的磁感应强度大小相同,则 R 与 l 的关系满足_____。

9.如图 7-16 所示,一块宽度为 b 的薄金属板,通过的电流为 I,则在薄板的平面上,距板的一边为 r 的点 P 的磁感应强度大小为_____;方向为_____。

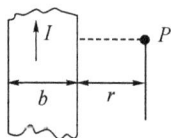

图 7-16　薄金属板

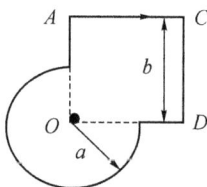

图 7-17　组合导线

10.通有电流 I 的导线形状如图 7-17 所示,图中 $ACDO$ 是边长为 b 的正方形,以及半径为 a 的 $\frac{3}{4}$ 圆弧,则圆心 O 处的磁感应强度大小为_____。

三、计算题

1.由线段 $\overline{AB}$、$\overline{CD}$ 与圆弧 $\overset{\frown}{EBC}$ 和 $\overset{\frown}{AD}$ 组成如图 7-18 所示的形状,通过的电流为 I,已知 $\overline{OA}=R$,$\overline{OC}=2R$,且 $\overline{AB}//\overline{CD}$,试求点 O 的磁感应强度。

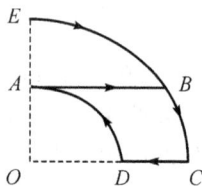

图 7-18　导线的合成

2. 如图 7-19 所示为两条穿过 Oy 轴且垂直于 xOy 平面的平行长直载流导线的正视图，两条导线皆通有电流 I，但方向相反，它们到 x 轴的距离皆为 a。

(1) 推导出 x 轴上 P 点处的磁感应强度 $B(x)$ 的表达式。

(2) 求 P 点在 x 轴上何处时，该点的 $B(x)$ 取最大值。

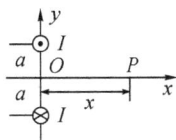

图 7-19　长直导线

3. 如图 7-20 所示，宽度为 a 的薄长金属板中通有电流 I，电流沿薄板宽度方向均匀分布。计算薄板所在平面内距板的边缘为 x 处的 P 点的磁感应强度。

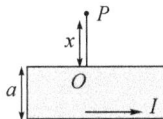

图 7-20　薄金属板的磁场

4. 有一个电介质圆盘，其表面均匀带有电量 Q，半径为 R，可绕盘心且与盘面垂直的轴转动，设角速度为 ω。计算圆盘中心 O 点的磁感应强度的大小 B_0。

5. 一个半径为 R 的无限长半圆柱面导体，沿长度方向的电流 I 在柱面上均匀分布，求中心轴线 OO' 上的磁感应强度。

基础练习二　磁通量　磁场的高斯定理、安培环路定理

一、选择题

1. 下列关于磁通量的说法中，正确的是　　　　　　　　　　　　　　　　（　　）

A. 穿过某平面的磁通量等于磁感应强度与该面面积的乘积

B. 在匀强磁场中,穿过某平面的磁通量等于磁感应强度与该面面积的乘积

C. 穿过某面的磁通量就是穿过该面单位面积的磁感应线的条数

D. 穿过某面的磁通量就是穿过该面的磁感应线的条数

2. 有两个同心放置的共面金属圆环 a 和 b,如图 7-21 所示,现有一个条形磁铁穿过圆心且与环面垂直,则穿过两环的磁通量 Φ_a、Φ_b 关系为 ( )

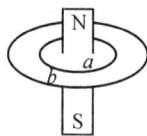

A. $\Phi_a > \Phi_b$ B. $\Phi_a = \Phi_b$ 图 7-21   圆环的磁通量

C. $\Phi_a < \Phi_b$ D. 无法比较

3. 面积为 S 的矩形线圈 $abcd$ 放置在如图 7-22 所示的水平向右的磁感应强度为 B 的匀强磁场中,矩形线圈 $abcd$ 与竖直方向的夹角为 θ。现将矩形线圈 $abcd$ 绕 ad 轴旋转 $180°$ 角,则穿过线圈平面的磁通量的变化量为 ( )

A. $2BS\sin\theta$ B. $2BS\cos\theta$

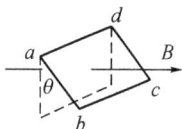

C. $2BS$ D. 0

图 7-22   旋转磁通量   图 7-23   半球面的磁通量

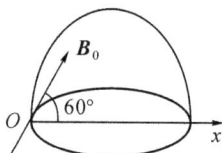

4. 一个半径为 $R = 2\mathrm{m}$ 的闭合半球面放在如图 7-23 所示的磁感应强度为 $\boldsymbol{B_0} = 2\mathrm{T}$ 的匀强磁场中,且 $\boldsymbol{B_0}$ 的方向与 Ox 轴的夹角为 $60°$,则通过此半球面的磁通量为 ( )

A. $2\sqrt{3}\pi$ B. 0

C. $-4\sqrt{3}\pi$ D. $-2\sqrt{3}\pi$

5. 在通有电流 I 的无限长的载流直导线的右边,距离载流导线 a 处放置一长为 L、宽为 a 的矩形回路。且回路与长直载流导线在同一平面内,矩形回路的一边与长直导线平行。如图 7-24 所示,现把矩形回路向右平移至距离载流导线为 $2a$ 的地方,则通过矩形回路的磁通量的改变量为 ( )

A. $\dfrac{\mu_0 IL}{2\pi}\ln\dfrac{3}{4}$ B. $\dfrac{\mu_0 IL}{2\pi}\ln\dfrac{3}{2}$

C. $\dfrac{\mu_0 IL}{2\pi}\ln\dfrac{4}{3}$ D. $\dfrac{\mu_0 IL}{2\pi}\ln 2$

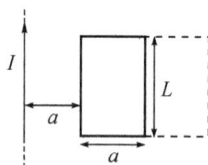

图 7-24   矩形磁通量

6. 根据磁场高斯定理 $\oiint_S \boldsymbol{B} \cdot \mathrm{d}\boldsymbol{s} = 0$,下面的叙述正确的是 ( )

(a)穿入闭合曲面的磁感应线条数必然等于穿出的磁感应线条数;

(b)穿入闭合曲面的磁感应线条数不等于穿出的磁感应线条数;

(c)一根磁感应线可以终止在闭合曲面内;

(d)一根磁感应线可以完全处于闭合曲面内。

A. ad B. ac C. cd D. ab

7.如图 7-25 所示,在"无限长"载流直导线附近放置一个球形的闭合曲面 S,当球面 S 向长直导线靠近时,穿过球面 S 的磁通量 Φ 和面上各点的磁感应强度 B 如何变化 （　　）

A. Φ 增大,B 也增大

B. Φ 不变,B 也不变

C. Φ 增大,B 不变

D. Φ 不变,B 增大

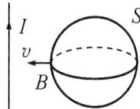

图 7-25　球形磁通量

8.电流 I_1 穿过一个闭合回路 l,而电流 I_2 放在闭合回路的外面,则有 （　　）

A. 闭合回路 l 上各点的 B 以及沿闭合回路的积分都只与电流 I_2 有关

B. 闭合回路 l 上各点的 B 只与电流 I_1 有关,而沿闭合回路的积分与电流 I_1、I_2 均有关

C. 闭合回路 l 上各点的 B 与电流 I_1、I_2 均有关,沿闭合回路的积分只与电流 I_1 有关

D. 闭合回路 l 上各点的 B 及沿闭合回路的积分都与电流 I_1、I_2 有关

9.如图 7-26 所示,两根直导线 ab 和 cd 沿半径方向被接到一个截面处处相等的铁环上,稳恒电流 I 从 a 端流入而从 d 端流出,则磁感强度 $\boldsymbol{B}$ 沿图中闭合路径 L 的积分 $\oint_L \boldsymbol{B} \cdot \mathrm{d}\boldsymbol{l}$ 等于 （　　）

A. $\mu_0 I$

B. $\dfrac{\mu_0 I}{3}$

C. $\dfrac{\mu_0 I}{4}$

D. $\dfrac{2\mu_0 I}{3}$

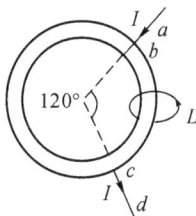

图 7-26　安培环路定理

10.两个面积分别为 S 和 $2S$ 的圆线圈 1、2,它们相距为 L,如图 7-27 所示放置,通有相同的电流 I。线圈 1 的电流所产生的通过线圈 2 的磁通量用 Φ_{21} 表示,线圈 2 的电流所产生的通过线圈 1 的磁通量用 Φ_{12} 表示,则 Φ_{12} 和 Φ_{21} 的值为 （　　）

A. $\dfrac{\sqrt{\pi}\mu_0 IS^2}{(2S+\pi L^2)^{3/2}}$,$\dfrac{\sqrt{\pi}\mu_0 IS^2}{(S+\pi L^2)^{3/2}}$

B. $\dfrac{\sqrt{\pi}\mu_0 IS^2}{(2S+\pi L^2)^{3/2}}$,$\dfrac{\sqrt{\pi}\mu_0 IS^2}{(2S+\pi L^2)^{3/2}}$

C. $\dfrac{\sqrt{\pi}\mu_0 IS^2}{(S+\pi L^2)^{3/2}}$,$\dfrac{\sqrt{\pi}\mu_0 IS^2}{(S+\pi L^2)^{3/2}}$

D. $\dfrac{\sqrt{\pi}\mu_0 IS^2}{(S+\pi L^2)^{3/2}}$,$\dfrac{\sqrt{\pi}\mu_0 IS^2}{(2S+\pi L^2)^{3/2}}$

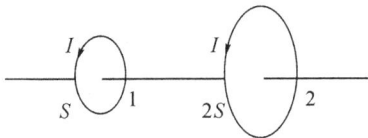

图 7-27　两圆形磁通量

二、填空题

1.在一根通有电流 I 的长直导线旁,与之共面地放着一个长为 a、宽为 b 的矩形线框,线框的长边与载流长直导线平行,且两者相距为 b,如图 7-28 所示,此矩形线框内的磁通量等于_____。

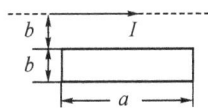

图 7-28　矩形磁通量

2.在磁感强度为 $\boldsymbol{B}=a\boldsymbol{i}+b\boldsymbol{j}+c\boldsymbol{k}$（T）的均匀磁场中,有一个半径为 R 的半球面形碗,碗口开口沿 x 轴正方向,则通过此半球形碗的磁通量等于_____。

3. 两根平行无限长直导线相距为 d，载有大小相等、方向相反的电流 I，一个边长为 d 的正方形线圈位于导线平面内与一根导线相距 d，如图 7-29 所示，则通过矩形面积的磁通量等于＿＿＿＿＿。

4. 真空中有一载有稳恒电流 I 的细线圈，则通过包围该线圈的封闭曲面 S 的磁通量 Φ 等于＿＿＿＿＿。若通过 S 面上某面元 dS 的元磁通量为 $d\Phi$，而线圈中的电流增加为 $2I$ 时，通过同一面元的元磁通量为 $d\Phi'$，则 $d\Phi : d\Phi' = $＿＿＿＿＿。

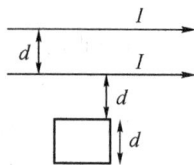

图 7-29　磁通量

5. 在均匀磁场 B 中，取一个半径为 R 的圆，圆面的法线 $\boldsymbol{n}_0$ 与磁感应强度 $\boldsymbol{B}$ 成 $60°$，求通过以该圆为边缘线的半球面 S_1 和任意曲面 S_2 的磁通量等于＿＿＿＿＿。

6. 一个闭合回路放在如图 7-30 所示的电流中，则 $\oint \boldsymbol{B} \cdot d\boldsymbol{l}$ 等于＿＿＿＿＿。

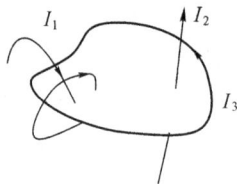

图 7-30　闭合回路

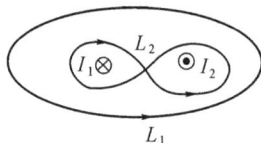

图 7-31　安培环路定理

7. 如图 7-31 所示，两根"无限长"的载流直导线相互平行，通过的电流分别为 I_1 和 I_2，则 $\oint_{L_1} \boldsymbol{B} \cdot d\boldsymbol{l} = $＿＿＿＿＿，$\oint_{L_2} \boldsymbol{B} \cdot d\boldsymbol{l} = $＿＿＿＿＿。

三、计算题

1. 如图 7-32 所示，两根平行的长直电流相距 $d = 0.4\text{m}$，流过导线中的电流强度为 $I_1 = I_2 = 2\text{A}$，方向相反。求：

（1）两条导线所在平面内与两导线等距的一点处的磁感强度；

（2）若 $r_1 = r_2 = 0.1\text{m}$，$l = 1\text{m}$，图中矩形面积的磁通量。

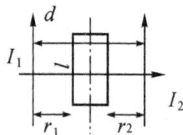

图 7-32　两根长直导线

2.如图 7-33 所示,一个矩形线框平面的面积为 S,放置于与磁感应强度 B 方向相互垂直之处,计算:

(1)穿过此矩形线框平面的磁通量为多少?

(2)若使框架绕 OO' 转过 $60°$ 角,则穿过线框平面的磁通量为多少?

(3)若从初始位置转过 $90°$ 角,则穿过线框平面的磁通量为多少? 此过程的磁通量的改变量为多少?

(4)若从初始位置转过 $120°$ 角,则穿过线框平面的磁通量变化量为多少?

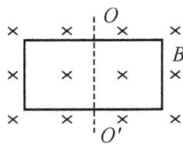

图 7-33　矩形磁通量

3.两条长直载流导线与一长方形线圈共面,如图 7-34 所示。已知 $a=b=5\text{cm}, C=10\text{cm}, l=15\text{cm}, I_1=I_2=100\text{A}$,计算通过线圈的磁通量。

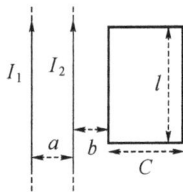

图 7-34　矩形磁通量

基础练习三 带电粒子在电场和磁场中的运动、载流导线在磁场中所受的力

一、选择题

1. A、B 两个电子分别垂直于磁场方向射入到均匀磁场中做圆周运动，A 电子速率是 B 电子速率的 4 倍。设 R_A、R_B 分别代表两电子的轨道半径，T_A、T_B 分别代表两电子的运动周期，则 （ ）

    A. $R_A = 4R_B$，$T_A = T_B$ B. $R_A = \dfrac{1}{4}R_B$，$T_A = T_B$

    C. $R_A = R_B$，$T_A = 4T_B$ D. $R_A = R_B$，$T_A = \dfrac{1}{4}T_B$

2. 一个电量为 $-q$、质量为 m 的质点，以速度 v 沿 Ox 轴射入方向垂直纸面向里磁感应强度为 B 的均匀磁场中，其范围从 $x=0$ 延伸到无穷远处，如图 7-35 所示，若质点从 $x=0$ 和 $y=0$ 处进入磁场，则它将以速度 $-v$ 从磁场中某点穿出，则这点的坐标是 $x=0$ 和（ ）

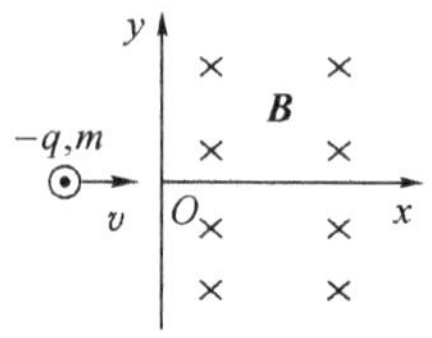

图 7-35 运动的带电粒子

    A. $y = +\dfrac{mv}{qB}$ B. $y = +\dfrac{2mv}{qB}$

    C. $y = -\dfrac{2mv}{qB}$ D. $y = -\dfrac{mv}{qB}$

3. 如图 7-36 所示，一个带电粒子在磁感应强度 $B = 0.8\text{T}$ 的匀强磁场中运动，其速度方向与磁感应强度方向垂直，粒子从 a 点运动 b 点所需要的时间为 $2 \times 10^{-4}\text{s}$，从 b 点运动到 a 点所需要的时间为 $1 \times 10^{-5}\text{s}$。已知 a、b 两点之间的距离为 30cm，粒子的带电量为 $3 \times 10^{-8}\text{C}$，则该粒子的动量大小为 （ ）

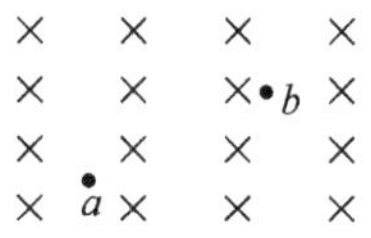

图 7-36 粒子的运动

    A. $7.2 \times 10^{-9}\text{kg} \cdot \text{m/s}$ B. $1.44 \times 10^{-8}\text{kg} \cdot \text{m/s}$

    C. $3.6 \times 10^{-9}\text{kg} \cdot \text{m/s}$ D. $0.18 \times 10^{-8}\text{kg} \cdot \text{m/s}$

4. 电子以速度 v 垂直地进入磁感强度为 B 的均匀磁场中，此电子在磁场中运动轨道所围的面积内的磁通量为 （ ）

    A. $\dfrac{mv\pi}{eB}$ B. $\dfrac{m^2 v^2 \pi}{eB}$

    C. $\dfrac{m^2 v^2 \pi}{e^2 B}$ D. $\dfrac{m^2 v^2 \pi}{e^2 B^2}$

5. 质量为 m、电量为 q 的粒子，以速率 v 与匀强磁场 B 成 α 的方向射入磁场，其轨迹为一螺旋线，若粒子运动一个周期，向前移动的螺距是 （ ）

    A. $\dfrac{2\pi mv}{qB}$ B. $\dfrac{2\pi mv\cos\alpha}{qB}$

    C. $\dfrac{2\pi mv\sin\alpha}{qB}$ D. $\dfrac{2\pi mv\tan\alpha}{qB}$

6.有一质量为 m、电荷量为 q 的带正电的小球静止在绝缘平面上,并处于磁感应强度为 B、方向垂直于纸面向里的匀强磁场中,如图 7-37 所示,为了使小球刚好能脱离平面,应采取的措施为 （　　）

A.增大磁感应强度的大小

B.使磁场以速度 $v=\dfrac{mg}{qB}$ 向上运动

C.使磁场以速度 $v=\dfrac{mg}{qB}$ 向右运动

D.使磁场以速度 $v=\dfrac{mg}{qB}$ 向左运动

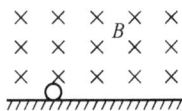

图 7-37　小球的运动

7.如图 7-38 所示,在磁感强度为 $\boldsymbol{B}$ 的均匀磁场中,有一圆形载流导线,a、b、c 是其上三个长度相等的电流元,则它们所受安培力大小的关系为 （　　）

A.$F_a>F_b>F_c$　　　　　　　　　　B.$F_a<F_b<F_c$

C.$F_b>F_c>F_a$　　　　　　　　　　D.$F_a>F_c>F_b$

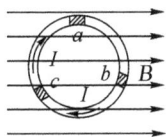

图 7-38　电流元的安培力

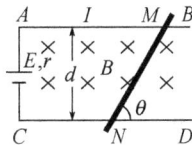

图 7-39　导体棒的安培力

8.如图 7-39 所示,导线框中流过的电流为 I,导线框垂直于磁场放置,磁感应强度为 B,AB 与 CD 相距为 d,则导体棒 MN 所受安培力的大小为 （　　）

A.$BId\cos\theta$　　　　B.$BId\sin\theta$　　　　C.$\dfrac{BId}{\sin\theta}$　　　　D.BId

9.如图 7-40 所示,长为 $2L$ 的直导线折成边长相等、夹角为 60° 的 V 字形,并放置于与其所在平面相垂直的匀强磁场中,磁感应强度为 B。当在该导线中通以电流强度为 I 的电流时,该 V 字形通电导线所受到的安培力大小为 （　　）

A.$0.5BIL$　　　　B.0　　　　C.BIL　　　　D.$2BIL$

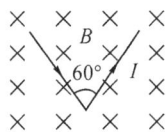

图 7-40　V 字形导线的安培力

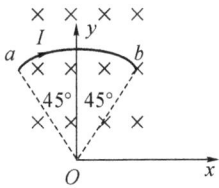

图 7-41　圆弧导线的安培力

10.如图 7-41 所示,一根载流导线被弯成半径为 R 的 1/4 圆弧,放在磁感应强度为 B 的均匀磁场中,则载流导线 $\overset{\frown}{ab}$ 所受到的磁场作用力的大小为 （　　）

A.$\sqrt{2}BIR$　　　　B.BIR　　　　C.$2\sqrt{2}BIR$　　　　D.$\dfrac{\sqrt{2}}{2}BIR$

二、填空题

1.质量为m、电荷量为q的带电粒子具有的动能为E,垂直于磁感应强度方向飞入磁感强度为B的匀强磁场中。当该粒子越出磁场时,运动方向恰与进入时的方向相反,那么沿粒子飞入的方向上磁场的最小宽度为_____。

2.电子在磁感应强度B的匀强磁场中以速率v做半径为R的圆周运动,则形成的等效电流强度为_____,等效圆电流的磁矩$P_m=$_____(已知电子电量的大小为e,电子的质量为m)。

3.速度为v的电子在电场和磁场共存的区域中运动,如图7-42(a)、(b)所示,电子的质量为m,电量为e,则该图(a)中的切向加速度为_____、法向加速度为_____;该图(b)中的切向加速度为_____、法向加速度为_____。

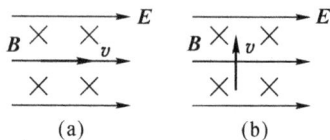

图7-42 磁场与电场共存

4.已知某空间电场和磁场共存。电场的电场强度$\boldsymbol{E}=2\boldsymbol{i}$(V/m),磁场的磁感应强度$\boldsymbol{B}=3\boldsymbol{i}+4\boldsymbol{j}+5\boldsymbol{k}$(T)。一个电量$q=1$(C)、速度$\boldsymbol{v}=2\boldsymbol{i}$(m/s)的带电粒子在该空间中运动,则带电粒子所受的合力$\boldsymbol{F}=$_____。

5.电子在磁感应强度为$\boldsymbol{B}$的匀强磁场中做圆周运动,圆周半径为R。已知$\boldsymbol{B}$垂直于纸面向外,某时刻电子在A点,速度向上,则该电子速度的大小为_____,该电子的动能为_____。

6.如图7-43所示,在真空中有一个半径为a、通有电流为I的3/4圆弧形的导线,置于均匀磁场$\boldsymbol{B}$中,且$\boldsymbol{B}$与导线所在平面垂直,则该载流导线所受的安培力大小为_____。

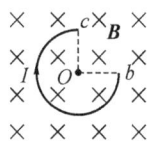

图7-43 3/4圆弧

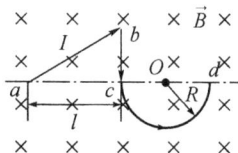

图7-44 混合导线

7.如图7-44所示,一根通电流I,被折成长度分别为a、b且夹角为$120°$的两段导线,置于均匀磁场$\boldsymbol{B}$中,若导线长度为b的一段与$\boldsymbol{B}$平行,则a、b两段载流导线所受的合安培力大小为_____。

8.带电粒子穿过过饱和蒸汽时,在它走过的路径上,过饱和蒸汽便凝结成小液滴,从而显示出粒子的运动轨迹,这就是云室的原理。今在云室中有磁感强度大小为$B=1$T的均匀磁场,观测到一个质子的径迹是半径$r=20$cm的圆弧。已知质子的电荷为$q=1.6×10^{-19}$C,静止质量$m=1.67×10^{-27}$kg,则该质子的动能为_____。

9.带电粒子沿垂直于磁感线的方向飞入有介质的匀强磁场中。由于粒子和磁场中的物质相互作用,损失了自己原有动能的一半。路径起点的轨道曲率半径与路径终点的轨道曲率半径之比为_____。

10.一个质点带有电荷$q=8.0×10^{-10}$C,以速度$v=3.0×10^{5}$m/s在半径为$R=6.0×10^{-3}$m的圆周上做匀速圆周运动。该带电质点在轨道中心所产生的磁感应强度$B=$

_____,该带电质点轨道运动的磁矩 $p_m =$ _____。

三、计算题

1.在电子显像管的电子束中,电子能量为 $1.2 \times 10^4 eV$,这个显像管的取向使电子水平地由南向北运动。该处地球磁场的竖直分量向下,大小为 5.5×10^{-5} T。计算:(1)电子束在地磁场的作用下,将偏向何方?

(2)电子的加速度是多少?

(3)电子束在显像管内在南北方向上通过 20cm 时将偏离多远?

2.无限长直线电流 I_1 与直线电流 I_2 共面,如图 7-45 所示,直线导线到载流长直导线的左端的距离为 a,右端的距离为 b。试求直线电流受到电流 I_1 磁场的作用力。

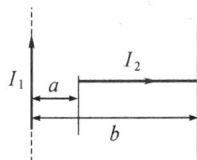

图 7-45　导线的安培力

3.如图 7-46 所示,长直电流 I_1 附近有一等腰直角三角形线框,通以电流 I_2,两者共面。三角形 AB 边到长直导线的距离为 d,AC 边的长度为 a,计算 $\triangle ABC$ 的各边所受到的安培力。

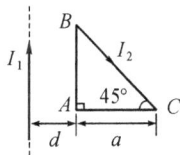

图 7-46　直三角形

4. 一个半径为 R 的无限长半圆柱面导体,载有与轴线上的长直导线的电流 I 等值反向的电流。试求轴线上长直导线单位长度所受的磁力。

5. 假设把氢原子看成是一个电子绕核做匀速圆周运动的带电系统。已知平面轨道的半径为 r,电子的电荷为 e,质量为 m_e。将此系统置于磁感强度为 $\boldsymbol{B}_0$ 的均匀外磁场中,设 $\boldsymbol{B}_0$ 的方向与轨道平面平行,求此系统所受的力矩的大小。

提高练习

一、选择题

1. 通有电流为 I 的"无限长"直导线折成如图 7-47 所示的三种形状,P、Q、O 各点的磁感应强度的大小表示为 B_P、B_Q、B_O,则 B_P、B_Q、B_O 之间的关系为 （　　）

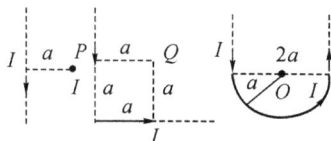

图 7-47　导线的三种形状

A. $B_P > B_Q > B_O$　　　　B. $B_Q > B_P > B_O$　　　　C. $B_Q > B_O > B_P$　　　　D. $B_O > B_Q > B_P$

2. 电流由长直导线 1 沿切向经 a 点流入一个电阻均匀分布的圆环,再由点沿切向从圆环流出,经长直导线 2 返回电源(如图 7-48 所示)。已知直导线上的电流强度为 I,圆环的半径为 R,且 a、b 和圆心 O 在同一直线上。设长直载流导线 1、2 和圆环分别在 O 点产生的磁感应强度为 $\boldsymbol{B}_1$、$\boldsymbol{B}_2$、$\boldsymbol{B}_3$,则圆心处磁感应强度的大小　（　　）

A. $B = 0$,因为 $B_1 = B_2 = B_3 = 0$

B. $B = 0$,因为虽然 $B_1 \neq 0$,$B_2 \neq 0$,但 $\boldsymbol{B}_1 + \boldsymbol{B}_2 = 0$,$B_3 = 0$

C. $B \neq 0$,因为 $B_1 \neq 0$,$B_2 \neq 0$,$B_3 \neq 0$

D. $B \neq 0$,因为虽然 $B_3 = 0$,但 $\boldsymbol{B}_1 + \boldsymbol{B}_2 \neq 0$

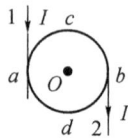

图 7-48　导线的磁场

3.两根直导线 ab、cd 沿半径方向被接到一个截面处处相等的铁环上,电流 I 从 a 端流入而从 d 端流出。如图 7-49 所示,则磁感应强度 $\boldsymbol{B}$ 沿图中闭合路径 L 的积分 $\oint_L \boldsymbol{B} \cdot d\boldsymbol{l}$ 等于 （ ）

A. $\mu_0 I$
B. $\dfrac{1}{3}\mu_0 I$

C. $\dfrac{1}{4}\mu_0 I$
D. $\dfrac{2}{3}\mu_0 I$

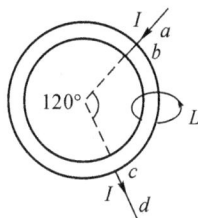

图 7-49 铁环的积分

4.在匀强磁场中,有两个平面线圈,其面积 $A_1 = 2A_2$,通有电流 $I_1 = 2I_2$,它们所受的最大磁力矩之比 M_1/M_2 等于 （ ）

A. 1
B. 2
C. 4
D. 1/4

5.把一个很轻的正方形线圈用细线悬挂在载流直导线 AB 的附近,两者位于同一平面内,直导线 AB 固定,线圈可以活动。当正方形线圈通以如图 7-50 所示的电流时线圈将 （ ）

A. 不动
B. 发生转动,同时靠近导线 AB
C. 发生转动,同时离开导线 AB
D. 靠近导线 AB
E. 离开导线 AB

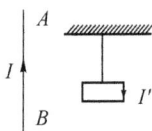

图 7-50 导线旁的线圈

6.有一由 N 匝细导线绕成的平面正三角形线圈,边长为 a,通有电流 I,置于均匀外磁场 $\boldsymbol{B}$ 中,当线圈平面的法向与外磁场同向时,该线圈所受到的磁力矩的值为 （ ）

A. $\sqrt{3}Na^2 IB/2$
B. $\sqrt{3}Na^2 IB/4$
C. $\sqrt{3}Na^2 IB\sin 60°$
D. 0

7.已知面积相等的载流圆线圈与载流正方形线圈的磁矩之比为 $2:1$,圆线圈在其中心处产生的磁感强度为 B_0,那么正方形线圈(边长为 a)在磁感强度为 B 的均匀外磁场中所受最大磁力矩为 （ ）

A. $\dfrac{B_0 B a^3}{\sqrt{\pi}\mu_0}$
B. $\dfrac{B_0 B a^3}{\pi\mu_0}$

C. $\dfrac{B_0 B a^2}{\sqrt{\pi}\mu_0}$
D. $\dfrac{B_0 B a^2}{\pi\mu_0}$

8.有一无限长通电流的扁平铜片,宽度为 a,厚度不计,电流 I 在铜片上均匀分布,在铜片外与铜片共面,离铜片右边缘为 b 处的 P 点(如图 7-51 所示)的磁感强度 $\boldsymbol{B}$ 的大小为 （ ）

A. $\dfrac{\mu_0 I}{2\pi(a+b)}$
B. $\dfrac{\mu_0 I}{2\pi a}\ln\left(\dfrac{a+b}{b}\right)$

C. $\dfrac{\mu_0 I}{2\pi b}\ln\left(\dfrac{a+b}{b}\right)$
D. $\dfrac{\mu_0 I}{\pi(a+2b)}$

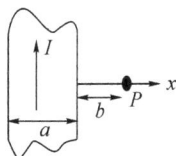

图 7-51 铜片的磁场

9.边长为 a 的正三角形线圈通电流为 I，放在均匀磁场 B 中，其平面与磁场平行，它所受磁力矩等于 （　　）

A. $\frac{1}{2}a^2BI$

B. $\frac{1}{4}\sqrt{3}a^2BI$

C. a^2BI

D. 0

10.在磁感应强度 $B=0.02\mathrm{T}$ 的匀强磁场中，有一半径为 $r=10\mathrm{cm}$ 的圆线圈，线圈磁矩与磁感线同向平行，回路中通有 $I=1\mathrm{A}$ 的电流。若圆线圈绕某个直径旋转 $180°$，使其磁矩与磁感线反向平行，且线圈转动过程中电流 I 保持不变，则外力做的功为 （　　）

A. $0.26\times10^{-3}\mathrm{J}$

B. $6.28\times10^{-3}\mathrm{J}$

C. $1.26\times10^{-3}\mathrm{J}$

D. $3.14\times10^{-3}\mathrm{J}$

二、填空题

1.一个密绕的细长螺线管，每厘米长度上绕有 10 匝的细导线，螺线管的横截面积为 $10\mathrm{cm}^2$。当螺线管中通入 10A 电流，则它横截面上的磁通量为_____。

2.一个平面线圈的磁矩大小为 $P_m=1\times10^{-8}\mathrm{A\cdot m^2}$，把它放入待测磁场中的 A 处，试验线圈如此之小，以致可以认为它所占据的空间磁场是均匀的。当此线圈的 P_m 与 z 轴平行时，所受到的磁力矩的大小为 $M=5\times10^{-9}\mathrm{N\cdot m}$，方向沿 x 轴负方向；当此线圈的 P_m 与 y 轴平行时，所受磁力矩为零。则空间 A 点处的磁感应强度 B 的大小为_____，方向为_____。

3.一条"无限长"的载流导线被折成如图 7-52 所示的形状，导线上通有电流 $I=10\mathrm{A}$。P 点在 cd 的延长线上，且 P 点到被折点的距离 $a=2\mathrm{cm}$，则 P 点的磁感应强度大小为_____。

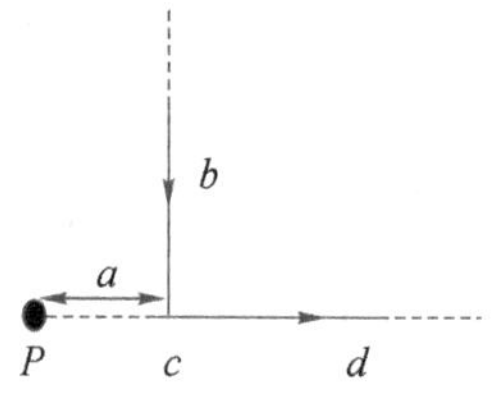

4.真空中两个半径分别为 R_1、R_2 的同心半圆形导线，通有电流 I。如图 7-53 所示，两半圆导线间由沿直径的直导线连接，电流沿直导线流入。

图 7-52　导线的磁场

(1)若这两个半圆共面（图(a)），则圆心 O 点处的磁感应强度 B_0 的大小为_____，方向为_____。

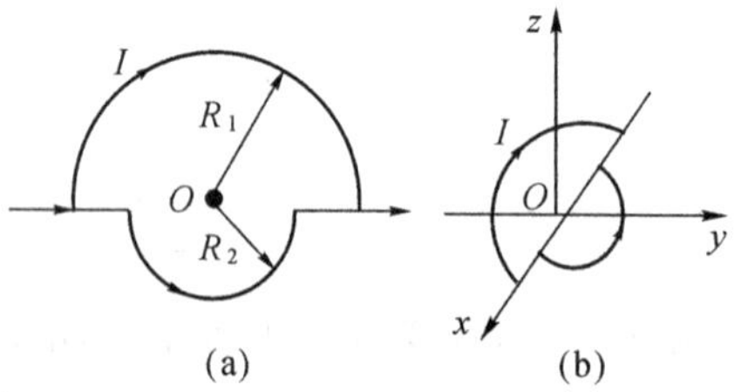

图 7-53　同心圆的磁场

(2)若这两个半圆面正交（图(b)），则圆心 O 点的磁感应强度 B_0 的大小为_____，磁感应强度 B_0 的方向与 Oy 轴的夹角为_____。

5. 如图 7-54 所示。一个半径为 R 的无限长半圆柱面导体,沿长度方向的电流 I 在柱面上均匀分布,则圆柱面轴线 OO' 磁感应强度的大小为_____。

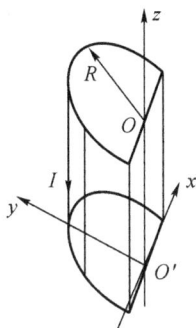

图 7-54　半圆柱面

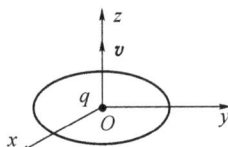

图 7-55　带电粒子的磁场

6. 一个半径为 R、通有电流为 I 的圆形回路,位于 xOy 平面内,圆心为 O。如图 7-55 所示,一个带有正电荷为 q 的粒子,以速度 v 沿 Oz 轴向上运动,当正电荷的粒子恰好能通过 O 点时,作用于圆形回路上的力为_____,作用在带电粒子上的力为_____。

7. 两个带电粒子,以相同的速度垂直磁感线飞入匀强磁场,它们的质量之比是 $1:4$,电荷之比是 $1:2$,它们所受的磁场力之是_____,运动轨迹半径之比是_____。

8. 在同一平面内有一通有电流为 I_1 的长直导线和一通有电流为 I_2 的矩形单匝线圈,线圈的长边与长直导线平行,如图 7-56 所示。矩形线圈左边到长直导线的距离为 r_1,右边到长直导线的距离为 r_2,则矩形线圈所受的磁场力为_____。

9. 一个平面线圈由半径为 R 的 1/4 圆弧和相互垂直的两直线组成,通以电流 I,把它放在磁感强度为 B 的均匀磁场中,则线圈平面与磁场垂直时(如图 7-57 所示),圆弧 AC 段所受的磁力为_____;线圈平面与磁场成 $60°$ 角时,线圈所受的磁力矩为_____。

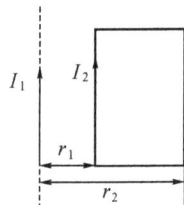

图 7-56　矩形线圈磁场

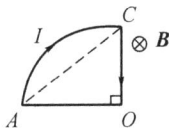

图 7-57　1/4 圆弧磁场

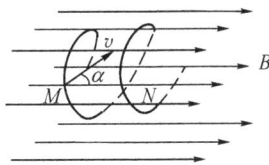

图 7-58　螺线的运动

10. 如图 7-58 所示,设有一个质量为 m_e 的电子射入磁感强度为 B 的均匀磁场中,当它位于 M 点时,具有与磁场方向成 α 角的速度 v,它沿螺旋线运动一周到达 N 点,则 M、N 两点间的距离为_____。

三、计算题

1.一条无限长的直导线折成 V 字形,顶角为 θ,放置于 xOy 平面内,一个角边与 Ox 轴重合,如图 7-59 所示,当导线中通有电流 I 时,计算 Oy 轴上点 $P(0,a)$ 处的磁感强度的大小。

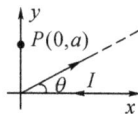

图 7-59　导线的磁场

2.如图 7-60 所示,真空中一个"无限长"圆柱形铜导体,磁导率为 μ_0,半径为 R,通有电流 I,且均匀分布,计算通过面积 S(阴影区)的磁通量。

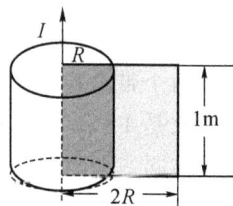

图 7-60　阴影面积磁通量

3.如图 7-61 所示,一个半径为 R 的非导体球面均匀带电,面密度为 σ,若该球以通过球心的直径为轴,以角速度 ω 旋转,计算球心处的磁感应强度的大小和方向。

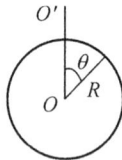

图 7-61　球心的磁场

4.两个正点电荷 q_1、q_2，当它们之间相距为 d 时，运动速度分别为 v_1 和 v_2，如图 7-62 所示，计算：(1)q_1 在 q_2 处所产生的磁感应强度和作用于 q_2 上的电磁力；(2)q_2 在 q_1 处所产生的磁感应强度和作用于 q_1 上的电磁力。

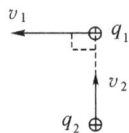

图 7-62 运动电荷的磁场

5.一个半径为 R 的薄圆盘，放在磁感强度为 B 的均匀磁场中，B 的方向与盘面平行，如图 7-63 所示。圆盘表面的电荷面密度为 σ，若圆盘以角速度 ω 绕其轴线转动，试求作用在圆盘上的磁力矩。

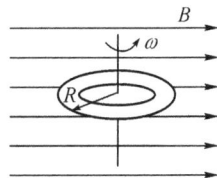

图 7-63 薄圆盘的磁场

本章参考答案

附录一

大学物理 A 模拟试卷一

一、选择题

1. 一个质点在 x 轴上运动,其运动方程为 $x=5t-3t^2$(SI),则 3s 末质点的速度和加速度分别为 （ ）

A. $13\text{m/s},6\text{m/s}^2$　　　　　　　　　　B. $-13\text{m/s},6\text{m/s}^2$

C. 13m/s，　6m/s^2　　　　　　　　　D. $-13\text{m/s},-6\text{m/s}^2$

2. 质点做半径为 R 的圆周运动,其运动方程为 $\theta=a+bt^2(a,b>0)$(SI),则 t 时刻质点加速度的大小为 （ ）

A. $2Rb$　　　　　　　　　　　　　　B. $2R(bt)^2$

C. $2Rb\sqrt{1+(bt)^4}$　　　　　　　　D. $2Rb+2R(bt)^2$

3. 质量为 m 的质点,以匀速率 v_0 沿放在水平桌面上的如图 1 所示的正方形 $ABCD$ 的光滑轨道运动。则质点越过 B 拐角时,轨道作用于质点的冲量为 （ ）

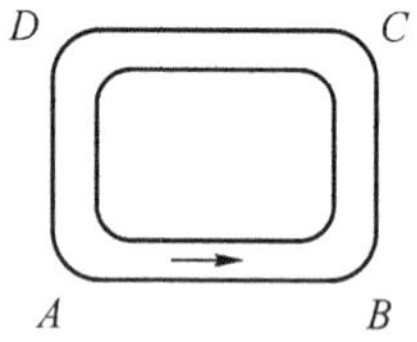

A. 大小:mV,方向:与 AB 的连线方向平行

B. 大小:$\sqrt{2}mV$,方向:与 BD 的连线方向平行

C. 大小:$\sqrt{3}mV$,方向:与 BC 的连线方向平行

D. 大小:$2mV$,方向:与 AD 的连线方向平行

图 1　正方形的轨道

4. 炮车以仰角 α 发射一个炮弹,炮弹与炮车质量分别为 m 和 M,炮弹相对于炮筒出口速度为 v,不计炮车与地面间的摩擦,则炮弹发射时炮车的反冲速度大小为 （ ）

A. $\dfrac{mv\cos\alpha}{M-m}$　　B. $\dfrac{mv\cos\alpha}{M+m}$　　C. $\dfrac{mv\cos\alpha}{M}$　　D. $\dfrac{mv}{M}$

5. 如图 2 所示,两个相同的定滑轮 A、B,A 滑轮挂一个质量为 m 的物体,B 滑轮受到竖直向下的力 $F=mg$ 的作用,A、B 两滑轮的角加速度分别为用 a_A 和 a_B 表示,滑轮的半径为 r,转动惯量为 J_0。不考虑滑轮的摩擦,此两滑轮的角加速度的大小为 （ ）

A. $\dfrac{mgr}{J_0}$；$\dfrac{mgr}{J_0}$

B. $\dfrac{mgr}{J_0+mr^2}$；$\dfrac{mgr}{J_0+mr^2}$

C. $\dfrac{mgr}{J_0+mr^2}$；$\dfrac{mgr}{J_0}$

D. $\dfrac{mgr}{J_0}$；$\dfrac{mgr}{J_0+mr^2}$

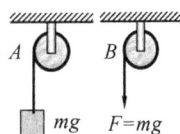

图 2　质点与滑轮

6. 假设质量为 m 的卫星环绕地球中心做椭圆运动,地球的半径为 R。运动到近日点时的速度大小为 v_0,距离地球表面的高度为 h_0,运动到远日点时,距离地球表面的高度为 h,则此时的运动速度大小为　　　　　　　　　　　　　（　　）。

A. $\dfrac{v_0(h_0+R)}{vh}$　　　　　B. $\dfrac{v_0h_0}{vh}$　　　　　C. $\dfrac{v_0(h_0+R)}{v(h+R)}$　　　　　D. $\dfrac{v_0h_0}{v(h+R)}$

7. 在某一瞬时,作用于物体的合力矩为零,则有　　　　　　　　　　（　　）

A. 角速度 ω、角加速度 α 一定同时为零

B. 角速度 ω 一定为零、角加速度 α 不一定零

C. 角速度 ω 不一定为零、角加速度 α 一定为零

D. 角速度 ω、角加速度 α 都不为零

8. 某电场的电力线分布情况如图 3 所示。一个负电荷从 M 点移到 N 点。有人根据图 3 得出下列几点结论,则正确的是　　　　　　　　　　　　　　　　　　　　（　　）

A. 电场力所做的功 $W<0$

B. 两点的电势 $V_M<V_N$

C. 两点的电势能 $E_{pM}<E_{pN}$

D. 两点的电场强度 $E_M<E_N$

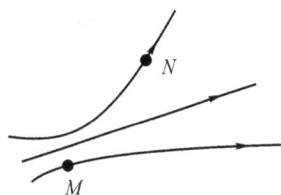

图 3　电场线分布

9. 以一个电量为 q 的点电荷所处的位置为球心,R 为半径作一个球面。现在球面上任意位置处选取一面积元 $\mathrm{d}s$,则通过该面积元 $\mathrm{d}s$ 的电通量为　　　　　　（　　）

A. $\dfrac{q}{\varepsilon_0}\mathrm{d}s$　　　　　B. $\dfrac{q}{\pi R_2\varepsilon_0}\mathrm{d}s$　　　　　C. $\dfrac{q}{4\pi R_2\varepsilon_0}\mathrm{d}s$　　　　　D. $\dfrac{3q}{4\pi R_3\varepsilon_0}\mathrm{d}s$

10. 一根"无限"长的载流导线被折成如图 4 所示的形状,载流导线均在平面内,则载流导线在 O 点处产生的磁感应强度为　　　　　　　　　　　　　　　　　　　（　　）

A. $\dfrac{\mu_0 I}{4R}\left(\dfrac{1}{\pi}+\dfrac{1}{2}\right)$,垂直纸面向上

B. $\dfrac{\mu_0 I}{4R}\left(\dfrac{1}{\pi}-\dfrac{1}{2}\right)$,垂直纸面向下

C. $\dfrac{\mu_0 I}{4R}\left(\dfrac{2}{\pi}+\dfrac{1}{2}\right)$,垂直纸面向上

D. $\dfrac{\mu_0 I}{4R}\left(\dfrac{2}{\pi}-\dfrac{1}{2}\right)$,垂直纸面向下

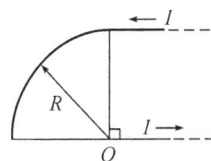

图 4　载流导线的磁场

11. 如图 5 所示,两个电流元 $I_1\mathrm{d}l_1$ 和 $I_2\mathrm{d}l_2$ 在同一平面内,相距为 r,$I_1\mathrm{d}l_1$ 与两电流元的

连线 r 的夹角为 θ_1,$I_2 dl_2$ 与 r 的夹角为 θ_2,则 $I_1 dl_1$ 对 $I_2 dl_2$ 作用的安培力大小为 　　　（　　　）

A. $\dfrac{\mu_0 I_1 dl_1 I_2 dl_2}{4\pi r^2}$

B. $\dfrac{\mu_0 I_1 dl_1 I_2 dl_2 \sin\theta_1}{4\pi r^2}$

C. $\dfrac{\mu_0 I_1 dl_1 I_2 dl_2 \sin\theta_2}{4\pi r^2}$

D. $\dfrac{\mu_0 I_1 dl_1 I_2 dl_2 \sin\theta_1 \sin\theta_2}{4\pi r^2}$

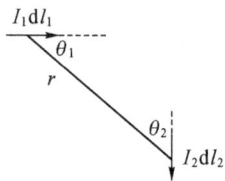

图 5　电流元的安培力

12. 如图 6 所示,两个带等量正电荷的小球与水平放置的光滑绝缘杆相连,并固定在垂直纸面向外的匀强磁场中,杆上套有一个带正电的小环,带电小球和小环都可视为点电荷。若将小环由静止从图示位置开始释放,在小环运动的过程中,下列说法正确的是　　　（　　　）

A. 小环的加速度的大小不断变化

B. 小环的速度将一直增大

C. 小环所受的洛伦兹力一直增大

D. 小环所受的洛伦兹力方向始终不变

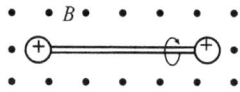

图 6　带等量电荷的细杆

二、填空题

1. 一架做特技飞机沿着半径为 $R=1.2\text{m}$ 的圆弧形轨道运动,在飞行过程中飞机质点的角加速度 $\alpha=2t(\text{rad/s}^2)$,若 $t=1\text{s}$ 时,飞机的角速度为 $\omega_1=32(\text{rad/s})$,则 $t=5\text{s}$ 时,飞机的角速度 $\omega_2=$ _____;飞机的切向加速度 $a_{\tau_0}=$ _____;飞机的法向加速度 $a_{n_0}=$ _____。

2. 质量 $m=5\text{kg}$ 的质点在合力的作用下运动,其运动学方程满足 $\boldsymbol{r}=(8t^2-3t+12)\boldsymbol{i}+(6t^2+8t+10)\boldsymbol{j}$。则 $t=3\text{s}$ 时,作用于质点的合力大小 $F=$ _____。

3. 一个质点受到合力 $F=F_0 e^{-kx}$ 的作用,式中 k 是大于零的常数。若质点在 $x=0$ 处的速度为零,则质点能达到的最大动能 $E_{k_{\max}}=$ _____。

4. 如图 7 所示,一个静止的均匀细棒,长为 L,质量为 M,可绕通过棒的端点且垂直于棒长的光滑固定轴 O 在水平面内转动,转动惯量为 $ML^2/3$。一个质量为 m、速率为 v 的子弹在水平面内沿与棒垂直的方向射出并穿出棒的自由端,设穿过棒后子弹的速率为 $v/2$,则此时棒的角速度为 _____。

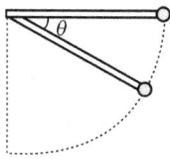

图 7　均匀细棒

5. 计算半径为 R、面密度为 σ 的均匀带电圆盘在其中心轴线上任意一点 P 激发的电场强度。此时,可将圆盘看成由无数个同心的细圆环组成,圆环的宽度为 $\text{d}r$,圆环到圆心的半径为 r,此圆环所对应的面积元 $\text{d}S=$ _____;圆环的带电量 $\text{d}q=$ _____;此细圆环在中心轴线上距圆心为 x 的 P 点激发的电场强度的大小 $E=$ _____。

6. 在电场强度大小为 E 水平向右的均匀电场中,A、B 两点之间的直线距离为 d,且 A、B 两点之间的直线平行于电场强度的方向。现移动一带电量为 q 的正电荷从 A 点出发经过如图 8 所示的曲线到 B 点,则电场力所做的功 $W=$ _____。

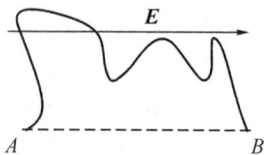

图 8　电场力的功

7. 一个"无限长"均匀带电直线,电荷线密度为 λ,在它的电场作用下,一质量为 m、带电量为 q 的带电质点以此带电直线为轴做匀速率圆周运动,则该带电质点的速率 $v=$ _____。

8. 真空中有一电量为 q_0 的点电荷,旁边放置一个半径为 R 的球形带电导体,q_0 距离球心为 $d(d>R)$,球体旁附近有一点 P,P 点在 q_0 与球心的连线上,且 P 点到球心的距离为 $a(a>R)$,P 点附近导体的面电荷密度为 σ。如图 9 所示,试估算出 P 点的电场强度大小 $E<$(或$>$) _____。

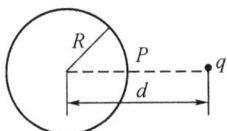

图 9　导体周围的电场

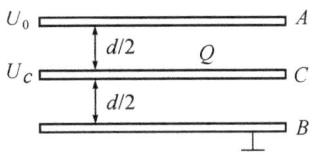

图 10　平行板电容器

9. 一个真空平行板电容器 AB,极板面积为 S,两板相距为 d,则它的电容 $C=$ _____;若 B 板接地,且保持 A 板的电势 $U_A=U_0$ 不变,如图 10 所示,把一块面积相同的带电量为 Q 的导体薄板 C 平行地插入两极板中间,则导体薄板 C 的电势 $U_C=$ _____。

10. 两根"无限长"的载流导线,通过的电流为 I,如图 11 所示放置在直角坐标系中,到坐标原点的距离均为 a_0。则坐标原点处的磁感应强度的大小为 _____,方向为 _____。

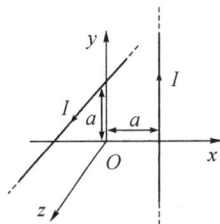

图 11　两根载流导线的磁场

三、计算题

1. 如图 12 所示,椭圆规的 AB 杆上 A、B 两点分别沿 Oy 槽、Ox 槽移动,且 A 点以匀速率 v_0 运动。试求杆上 C 点的运动轨迹、速度和加速度。

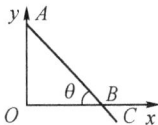

图 12　AB 杆的运动

2. 一辆静止在光滑水平面上的小车,车上装有光滑的弧形轨道,总质量为 M,今有一质量为 m、速度为 v 的铁球,从轨道下端水平射入,计算球沿弧形轨道上升的最大高度 h 以及此后铁球下降时离开小车的速度。

3. 均质细棒长为 l，质量为 m，转动惯量为 $J = \frac{1}{3}ml^2$。一个质量相同的物体牢固地粘连在杆的一端，且可绕通过杆的另一端的水平轴转动。在忽略转轴处摩擦的情况下，使杆从水平位置由静止状态开始自由转下，试求：

(1) 当杆与水平线成 θ 角时，刚体的角加速度；

(2) 当杆转到竖直位置时，细棒的角速度，物体的线速度。

4. 一个半径为 R 的带电细圆环，其电荷线密度为 $\lambda = \lambda_0 \cos\theta (\lambda_0 > 0)$，$\theta$ 为半径 R 与 Ox 轴正向所成的夹角，计算环心处的电场强度。

5. 如图 13 所示，半径为 R 的均匀带电球面，带电量为 q，沿矢径方向上有一长为 l 的均匀带电细线，电荷线密度为 λ，细线近端离球心距离为 r。设球和线上的电荷分布不受相互作用影响，计算细线所受球面电荷的电场力和细线在该电场中的电势能（设无穷远处的电势为零）。

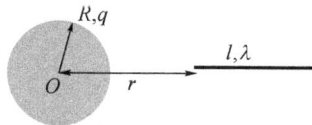

图 13　电场的电势能

大学物理 A　模拟试卷二

一、选择题

1. 以下四种运动形式中，加速度保持不变的运动是　　　　　　　　　　　(　　)

　　A. 被运动员踢到空中的足球　　　　　　B. 匀速率圆周运动

　　C. 沿光滑的圆轨道运动的物体　　　　　D. 单摆的运动

2. 质点以半径 R 做圆周运动，其运动方程为 $\theta = 3t^2 + 2t$(SI)，则任意时刻质点角速度 ω 为　　　　　　　　　　　　　　　　　　　　　　　　　　　　(　　)

A. $3t+1$ B. $6t+2$ C. $4t+2$ D. $6+2t$

3. 长为 L 的匀质细杆,可绕过其端点的水平轴在竖直平面内自由转动。如果将细杆置于水平位置,然后让其由静止开始自由下摆,则开始转动瞬间杆的角加速度和细杆转动到竖直位置时的角加速度分别为   （   ）

A. $0;\dfrac{3g}{2L}$ B. $\dfrac{3g}{2L};0$ C. $0;\dfrac{3g}{L}$ D. $\dfrac{3g}{L};0$

4. 花样滑冰运动员绕通过自身的竖直轴转动,开始时两臂伸开,转动惯量为 J_0,角速度为 ω_0,然后将两手臂合拢,使其转动惯量为 $\dfrac{2}{3}J_0$,则转动角速度变为 （   ）

A. $\dfrac{2}{3}\omega_0$ B. $\dfrac{2}{\sqrt{3}}\omega_0$ C. $\dfrac{3}{2}\omega_0$ D. $\dfrac{\sqrt{3}}{2}\omega_0$

5. 一人用铁锤想把质量很小的钉子订入木板内,设木板对钉子的阻力与钉子进入木板的深度成正比。在第一次敲击铁锤时,钉子进入的深度为 2.0cm。若第二次敲击铁锤的速度与第一次完全相同,则钉子留在板内的长度为   （   ）

A. $2\sqrt{2}+2$ B. $2\sqrt{2}$ C. $2\sqrt{2}-2$ D. 1.735

6. 在竖直向下、磁感应强度大小为 B 的匀强磁场中,用细线悬挂一条质量为 m、在磁场中的长度为 L 的水平导线。当导线内通过电流 I 时,则细线的拉力大小为 （   ）

A. $\sqrt{(BIL)^2+(mg)^2}$ B. $\sqrt{(BIL)^2-(mg)^2}$

C. $\sqrt{(2BIL)^2+(mg)^2}$ D. $\sqrt{(2BIL)^2-(mg)^2}$

7. 有两个点电荷电量都是 q,相距为 $2a$。现以左边的点电荷所在处为球心,以 a 为半径作个球形高斯面,在球面上取两块相等的小面积 S_1 和 S_2,如图 1 所示。假设通过面积 S_1 和 S_2 的电场强度通量分别为 Φ_1 和 Φ_2,通过整个球面的电场强度通量为 Φ_s,则（   ）

A. $\Phi_1>\Phi_2$;$\Phi_s=\dfrac{q}{\varepsilon_0}$

B. $\Phi_1<\Phi_2$;$\Phi_s=\dfrac{2q}{\varepsilon_0}$

C. $\Phi_1=\Phi_2$;$\Phi_s=\dfrac{q}{\varepsilon_0}$

D. $\Phi_1<\Phi_2$;$\Phi_s=\dfrac{q}{\varepsilon_0}$

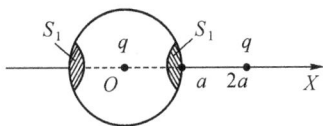

图 1　球面的电通量

8. 如图 2 所示,半径分别为 R 和 $2R$ 的两个同心球面,其上分别均匀地带有电荷 $+q$ 和 $-3q$。今将一电荷为 $+q_0$ 的带电粒子从内球面处由静止释放,则粒子到达球面时的动能为   （   ）

A. $\dfrac{q_0q}{4\varepsilon_0R}$ B. $\dfrac{q_0q}{2\varepsilon_0R}$

C. $\dfrac{q_0q}{8\pi\varepsilon_0R}$ D. $\dfrac{3q_0q}{4\pi\varepsilon_0R}$

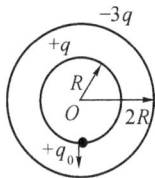

图 2　两个同心球面

9. 如图 3 所示,通过两种形状的载流线圈中的电流 I 相同,则圆心 O_1、O_2 处的磁感应强度大小(选垂直纸面向外为正)为   （   ）

A. $\dfrac{\mu_0 I}{4}\left(\dfrac{1}{R_1}-\dfrac{1}{R_2}\right);\dfrac{\mu_0 I}{4}\left(\dfrac{1}{R_1}-\dfrac{1}{R_2}\right)$

B. $\dfrac{\mu_0 I}{4}\left(\dfrac{1}{R_1}-\dfrac{1}{R_2}\right);\dfrac{\mu_0 I}{4}\left(\dfrac{1}{R_1}+\dfrac{1}{R_2}\right)$

C. $\dfrac{\mu_0 I}{4}\left(\dfrac{1}{R_1}+\dfrac{1}{R_2}\right);\dfrac{\mu_0 I}{4}\left(\dfrac{1}{R_1}-\dfrac{1}{R_2}\right)$

D. $\dfrac{\mu_0 I}{4}\left(\dfrac{1}{R_1}+\dfrac{1}{R_2}\right);\dfrac{\mu_0 I}{4}\left(\dfrac{1}{R_1}-\dfrac{1}{R_2}\right)$

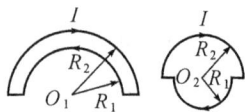

图 3　两种形状的同心圆

10. 如图 4 所示,在第 Ⅱ 象限内有水平向右的匀强电场,电场强度为 E,在第 Ⅰ、Ⅳ 象限内分别存在如图所示的匀强磁场,磁感应强度大小相等。有一个带电粒子以垂直于 x 轴的初速度 v_0 从 x 轴上的 P 点进入匀强电场中,并且恰好与轴的正方向成 45° 角进入磁场,又恰好垂直进入第 Ⅳ 象限的磁场。已知 OP 之间的距离为 d,则带电粒子在磁场中第二次经过 x 轴时,在电场和磁场中运动的总时间为　　　　　　（　　）

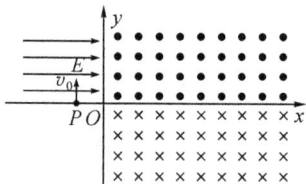

图 4　共存的电场、磁场

A. $\dfrac{7\pi d}{2v_0}$ 　　　　B. $\dfrac{d}{v_0}(2+5\pi)$ 　　　　C. $\dfrac{d}{v_0}\left(2+\dfrac{3\pi}{2}\right)$ 　　　　D. $\dfrac{d}{v_0}\left(2+\dfrac{7\pi}{2}\right)$

11. 一根长直载流导线通有电流 I_1,在距离它为 a 处放置一根长度为 b、通有电流为 I_2 的导线,此导线与长直载流导线共面,且相互垂直,则此导线所受的安培力为　　（　　）

A. $\dfrac{\mu_0 I_1 I_2}{2\pi}\dfrac{a}{(a+b)}$ 　　　　　　　　　B. $\dfrac{\mu_0 I_1 I_2}{2\pi}\dfrac{(a+b)}{a}$

C. $\dfrac{\mu_0 I_1 I_2}{2\pi}\ln\left(\dfrac{a}{a+b}\right)$ 　　　　　　　　D. $\dfrac{\mu_0 I_1 I_2}{2\pi}\ln\left(\dfrac{a+b}{a}\right)$

12. 如图 5 所示,在"无限长"的载流直导线附近作一个闭合圆柱曲面,当曲面向长直导线靠近时,穿过曲面的磁通量 Φ 和面上各点的磁感应强度如何变化（　　）

A. Φ,B 两者同时增大

B. Φ,B 两者都不变

C. Φ 增大,B 不变

D. Φ 不变,B 增大

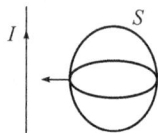

图 5　磁通量的变化

二、填空题

1. 质点沿 x 轴做直线运动,其运动方程为 $x=3t^2-t^3(\mathrm{SI})$,则质点在 3s 内的位移 Δx ＝　　　　；3s 内的走过的路程 Δs ＝　　　　；在 3s 内的平均速度 $\bar{v}$ ＝　　　　；第 3s 末的加速度 a ＝　　　　。

2. 一个物体做如图 6 所示的斜抛运动,测得在轨道 P 点处速度大小为 v,其方向与水平方向成 30° 角。则物体在 P 点的切向加速度的大小 a_τ ＝　　　　,轨道的曲率半径 ρ ＝　　　　。

3. 质点沿 x 轴方向运动,其加速度随速度的变化关系为 $a=3+2x(\mathrm{SI})$,且 $t=0$ 时,$v_0=5\mathrm{m/s}$,则 $t=3\mathrm{s}$ 时,质点的速度 v ＝　　　　。

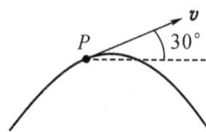

图 6　斜抛运动

4.一个质点在两个力的作用下移动的位移为 $\Delta r = 3i + 8j$(m)。在此过程中,质点动能的增量为 $W = 24$J,其中作用于质点的一个恒力 $F = 12i - 3j$,则另一力所做的功为 W = _____。

5.有一均质薄圆板平放在光滑水平面上,可绕过其中心的竖直固定轴转动。板上有一甲虫,板和甲虫的质量相等,原来两者都是静止的,此后甲虫沿圆板边缘爬行。当甲虫相对于圆板爬完一周时,圆板绕其中心转过的角度是_____。

6.已知地球的质量为 m,太阳的质量为 M,地心与日心的距离为 R,引力常数为 G,则地球绕太阳做圆周运动的角动量 L = _____。

7.一个质量为 m、电量为 q 的小球,在电场力作用下,从电势为 U 的 b 点,移动到电势为零的 d 点,若已知小球在 d 点的速率为 v_d,则小球在 b 点的速率 v_b = _____。

8.通有电流 $I_1 = 1$A, $I_2 = 2$A 的两长直细导线,电流的流向和放置的位置如图7所示。设 I_1 与 I_2 在 C 点产生的磁感应强度的大小分别为 B_1 和 B_2,则 B_1 与 B_2 之比为_____,此时 C 点产生的总磁感应强度 B_C 与 Ox 轴的夹角为_____。

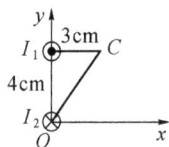

9.根据安培环路定理,在如图8所示的情形中,磁感应强度 B 沿闭合曲线 L 的环流 $\oint_L B \cdot dl$ = _____。

图 7 两长直导线的磁场

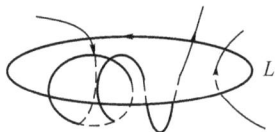

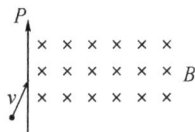

图 8 安培环路定理　　　　图 9 磁场中运动的电荷

10.如图9所示,一个均匀磁场 B 只存在于垂直于图面的 P 平面右侧,B 的方向垂直于图面向里。一个质量为 m、电量为 q 的粒子以速度 v 射入磁场。v 在图面内与界面 P 成 α 角度,那么粒子在从磁场中射出前是做半径为_____的圆周运动。当 $q>0$ 时,粒子在磁场中的路径与边界围成的平面区域的面积为 S,那么当 $q<0$ 时,其路径与边界围成的平面区域的面积是_____。

三、计算题

1.在距离水面高度为 L 的岸边,有人用绳子拉湖中的小船向岸边移动。设在拉动的过程中,人以匀速率 v_0 收绳,写出船运动的速度、加速度随船到岸边距离的变化关系。

2.一个质量为 m 的质点从半径为 R 的光滑圆面上静止滑下,质点在圆面上的位置用 θ 表示,如图 10 所示,计算:(1)下滑到任意位置时的势能、动能;(2)下滑到任意位置时的切向加速度、法向加速度;(3)离开球面时的位置。

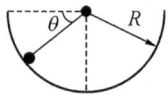

图 10　质点沿圆弧运动

3.质量为 m、长为 L 的细棒能绕通过 O 点的水平轴自由转动。一个质量为 m_0、速率为 v_0 的子弹从水平方向飞来,击中棒的中点且留在细棒内,如图 11 所示。计算细棒中点获得的瞬时速率。

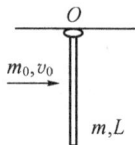

图 11　子弹撞击细棒

4.如图 12 所示为一沿 Ox 轴放置的长度为 l 的不均匀带电细棒,其电荷线密度为 $\lambda = \lambda_0 \cdot (x-a)$（$\lambda_0$、$a$ 均为大于 0 的常数）。取无穷远处为电势零点,计算坐标原点 O 处的电势和电场强度。

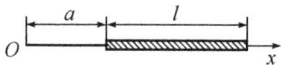

图 12　非均匀带电棒

5.如图 13 所示,两个半径均为 R 的线圈平行共轴放置,其圆心 O_1、O_2 相距为 a,在两线圈中通以电流强度均为 I 的同方向电流。(1)以 O_1O_2 连线的中点 O 为原点,求轴线上坐标为 x 的任意点的磁感应强度大小;(2)试证明:当 $a=R$ 时,O 点处的磁场最为均匀。

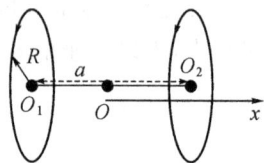

图 13　两个圆的磁场

6. 如图 14 所示，AB 是一段水平光滑的绝缘轨道，BCD 是一段半径为 R 的光滑圆弧轨道，现有一个质量为 m、带电量为 Q 的绝缘小球，以速度 v_0 从 A 点向 B 点运动，后又沿圆弧 BC 做圆周运动，到 C 点后由于 v_0 较小，故很难运动到最高点。如果当其运动至 C 点时，忽然在轨道区域加一个匀强电场和匀强磁场，使其能运动到最高点，此时轨道的支持力为 0，且贴着轨道做匀速圆周运动，求：（1）匀强电场的方向和强度；（2）磁场的方向和磁感应强度。

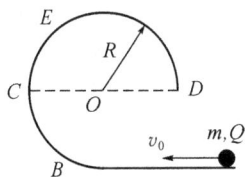

图 14 小球的运动

大学物理 A 模拟试卷三

一、选择题

1. 下面说法正确的是 （　　）
A. 物体在恒力作用下，不可能做曲线运动
B. 物体在变力作用下，可能做直线运动
C. 物体的运动速度很大，则所受的合外力一定很大
D. 物体运动时，如果其速率不变，则所受的合外力一定为零

2. 质量 $m=0.5$kg 的质点，受到 $\boldsymbol{F}=(2t\,\boldsymbol{i}+3t^2\,\boldsymbol{j})$(SI)的力作用，$t=0$ 时该质点以 $\boldsymbol{v}=\boldsymbol{i}+2\boldsymbol{j}$ 的速度通过坐标原点，则 $t=2$s 内质点的冲量为 （　　）
A. $\boldsymbol{i}+2\boldsymbol{j}$　　　　B. $4\boldsymbol{i}+8\boldsymbol{j}$　　　　C. $4\boldsymbol{i}+2\boldsymbol{j}$　　　　B. $4\boldsymbol{i}+2\boldsymbol{j}$

3. 力 $\boldsymbol{F}=(3\boldsymbol{i}+5\boldsymbol{j})$(SI)，其到力的作用点的矢径为 $\boldsymbol{r}=(4\boldsymbol{i}-3\boldsymbol{j})$(SI)，则该力对坐标原点的力矩为 （　　）
A. $-3\boldsymbol{k}$(N·m)　　　B. $29\boldsymbol{k}$(N·m)　　　C. $19\boldsymbol{k}$(N·m)　　　D. $3\boldsymbol{k}$(N·m)

4. 一个转动惯量为 J 的圆盘绕一个固定轴转动，初角速度为 ω_0。设它所受阻力矩与转动角速度成正比，$M=-k\omega(k>0)$，它的角速度从 ω_0 变为 $\omega_0/2$ 所需时间和阻力矩所做的功分别为 （　　）
A. $\dfrac{J}{2}$，$\dfrac{J\omega_0^2}{4}$　　　　B. $\dfrac{J}{k}$，$-\dfrac{3J\omega_0^2}{8}$　　　　C. $\dfrac{J}{k}\ln2$，$-\dfrac{J\omega_0^2}{4}$　　　　D. $\dfrac{J}{2k}$，$\dfrac{J\omega_0^2}{8}$

5. 一个质量为 m 的小球最初位于如图 1 所示的点 A，然后沿半径为 R 光滑圆轨道 ACB 下滑，则小球到达点 C 时的加速度大小为 （　　）
A. $g\sqrt{4-3\sin^2\theta}$　　　　B. $g\sqrt{4-3\cos^2\theta}$
C. g　　　　　　　　　　　D. $g\sin\theta$

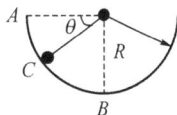

图 1 质点沿圆弧运动

6. 如图 2 所示,一个匀质细杆可绕通过上端与杆垂直的水平光滑固定轴旋转,初始时静止悬挂。现有一颗子弹从左方水平打击细杆,设子弹击入细杆并随着杆一起运动。则在碰撞的过程中子弹与细杆的系统 （ ）

    A. 仅有机械能守恒

    B. 仅有动量守恒

    C. 仅有对转轴 O 的角动量守恒

    D. 机械能、动量和角动量均守恒

图 2　子弹打击细杆

7. 如图 3 所示,闭合曲面 S 内放一个电量为 q 的点电荷,O 为曲面 S 上任一点,若将电量为 q 的点电荷从闭合曲面的 P 点移动到 T 点,且 $OP = OT$,则 （ ）

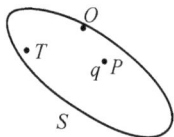

    A. 穿过 S 面的电通量改变,O 点的场强大小不变

    B. 穿过 S 面的电通量改变,O 点的场强大小改变

    C. 穿过 S 面的电通量不变,O 点的场强大小改变

    D. 穿过 S 面的电通量不变,O 点的场强大小不变

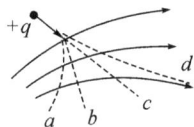

图 3　闭合曲面的电通量　　　　　图 4　正电荷的运动

8. 一个带正电的点电荷飞入如图 4 所示的电场中,它在电场中的运动轨迹为 （ ）

A. a　　　　　　B. b　　　　　　C. c　　　　　　D. d

9. 一个真空平行板电容器的极板面积为 S,两板的间距为 d。用电源充电后两极板上分别带电 $\pm Q$。现将两极板与电源断开,然后将距离上极板为 d_1、厚度为 d_0、面积为 S 的金属板插入电容器中,则插入金属板前、后,电容器的电容为 （ ）

    A. $\dfrac{\varepsilon_0 S}{d}$；$\dfrac{d_1(d-d_0-d_1)}{\varepsilon_0 S(d-d_0)}$　　　　　　　　B. $\dfrac{\varepsilon_0 S}{d}$；$\dfrac{(d-d_0-d_1)}{\varepsilon_0 S(d-d_0)}$

    C. $\dfrac{\varepsilon_0 S}{d}$；$\dfrac{d_1(d-d_1)}{\varepsilon_0 S(d-d_0)}$　　　　　　　　D. $\dfrac{\varepsilon_0 S}{d}$；$\dfrac{d_0 d_1}{\varepsilon_0 S(d-d_0)}$

10. 两个通有相等电流 I、半径为 R 的圆线圈相互垂直放置,一个水平放置,另一个竖直放置,且两个圆的圆心重合,如图 5 所示,则圆心 O 处的磁感应强度大小为 （ ）

A. 0　　　　　B. $\dfrac{\mu_0 I}{2R}$　　　　　C. $\dfrac{\sqrt{2}\mu_0 I}{2R}$　　　　　D. $\dfrac{\mu_0 I}{R}$

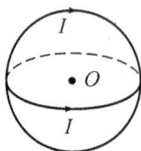

图 5　两个相互垂直的同心圆　　　　图 6　磁场中运动电荷

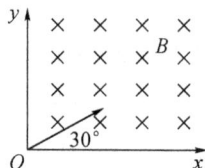

11. 如图 6 所示,在第一象限内有垂直纸面向里的匀强磁场(磁场足够大),一对正、负

电子分别以相同速度沿与 Ox 轴成 $30°$ 的方向从原点垂直磁场射入,则负电子与正电子在磁场中运动时间之比为(不计正、负电子间的相互作用力)为　　　　　　　　　　　(　　)

A. $1:\sqrt{3}$　　　　　　　　　　　　B. $1:2$

C. $1:1$　　　　　　　　　　　　　D. $2:1$

12. 在同一平面上依次有 a、b、c 等距离平行放置的长直导线,通有同方向的电流依次为 1A、2A、3A,它们所受力的大小依次为 F_a、F_b、F_c。如图 7 所示,则 F_b/F_c 的比值为　(　　)

A. $4/9$　　　　　　　　　　　　B. $8/15$

C. $8/9$　　　　　　　　　　　　D. 1

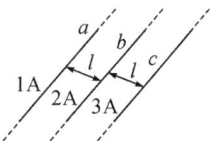

图 7　平行等距的直导线

13. 如图 8 所示,B 为垂直于纸面向里的匀强磁场,小球带正电荷且电量保持不变,若让小球从水平光滑绝缘的桌面上的 A 点开始以初速度 v_0 向右运动,并落在水平地面上,历时 t_1,落地点距 A 点的水平距离为 S_1,落地速度为 v_1,落地动能为 E_1;然后撤去磁场,让小球仍从 A 点出发向右做初速度为 v_0 的运动,落在水平地面上,历时 t_2,落地点距 A 点的水平距离为 S_2,落地速度为 v_2,落地动能为 E_2,则　　　　　　　　(　　)

A. $S_1<S_2$　　　　　　　　　　B. $t_1<t_2$

C. $v_1=v_2$　　　　　　　　　　D. $E_1<E_2$

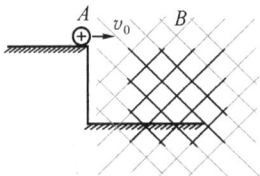

图 8　磁场中小球运动

二、填空题

1. AB 杆以匀速 u 沿 Ox 轴正方向运动,带动套在抛物线($y^2=2px,p>0$)导轨上的小环运动。如图 9 所示,已知 $t=0$ 时,AB 杆与 Oy 轴重合,则小环 C 的运动轨迹方程为_____,运动学方程为 $x=$_____,$y=$_____,速度为 $v=$_____,加速度为 $a=$_____。

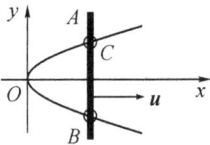

图 9　环沿抛物线运动

2. 一个质量 $m=2kg$ 的物体沿 Ox 轴做直线运动,所受合外力随运动位置的变化关系为 $F=5+3x^2$(SI)。若物体初始时位于坐标原点处的速度为零,则物体运动到 $x=4m$ 处的动能 $E_k=$_____。

3. 一个质点沿曲线运动,运动时的速度与路程的变化关系为 $v=4+3s^2$(SI),则质点运动时的切向加速度与路程的关系为 $a_{\tau}=$_____。

4. 质量为 m 的物体,从距地球中心为 R 处自由下落,且 R 比地球半径 R_0 大得多。若不计空气阻力,则物体落到地球表面的速度 $v=$_____。

5. 如图 10 所示,劲度系数为 k 的弹簧,一端固定在墙上,另一端连接质量为 M 的容器,容器可在光滑的水平面上滑动,当弹簧处于原长时,容器恰在 O 点处,今使容器自 O 点左边 x_0 处由静止开始运动,每经过 O 点一次,就从上方滴入一个质量为 m 的油滴,则容器第一次到达 O 点处油滴滴入前的瞬间容器的速率 $v=$_____;当容器中刚滴入了 n 滴油后的瞬间容器的速率 $v=$_____。

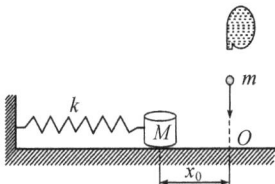

图 10　油滴的运动

6. 某人从 15m 深的井中匀速提水,桶离开水面时装有水的质量为 15kg。若每升高 1m 要漏掉 0.5kg 的水,则把这桶水从水面提高到井口的过程中,人所做的功 $W=$ _____。

7. 如图 11 所示,用三根长为 l 的细杆(忽略杆的质量),将三个质量均为 m 的质点连接起来,并与转轴 O 相连接,若系统以角速度 ω 绕垂直于杆的 O 轴转动,则中间一个质点的角动量为 _____,系统的总角动量为 _____。如考虑杆的质量,若每根杆的质量为 M,则此系统绕轴 O 的总转动惯量为 _____,总转动动能为 _____。

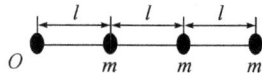

图 11 三根等长的细杆

8. 一个电子绕一带均匀电荷的长直导线以 $2×10^4$ m/s 的速率做匀速率圆周运动,则带电直线上的线电荷密度为 _____。(电子质量 $m_0=9.1×10^{-31}$ kg,电子电量 $e=1.6×10^{-19}$ C)

9. 如图 12 所示,$ABCD$ 是一根通以电流 I 的"无限长"载流导线,BC 段被弯成半径为 R 的半圆环,CD 段垂直于半圆环所在的平面,AB 的延长线通过圆心 O 和 C 点。则圆心 O 处的磁感应强度大小为 _____。

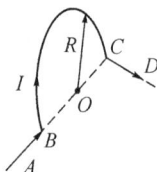

图 12 载流导线的磁场   图 13 带电粒子的运动   图 14 1/4 的圆弧

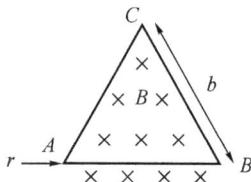

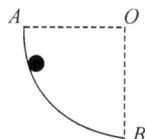

10. 在一个边长为 b 的等边三角形区域内分布着磁感应强度为 B 的匀强磁场,磁场方向垂直纸面向里,如图 13 所示,一个质量为 m、电荷量为 $+q$ 的带正电粒子沿 AB 边射入磁场中,为使该粒子能从 BC 边射出,带电粒子的初速度大小至少为 _____。

11. 如图 14 所示,在静电场中,一带电量为 $1.6×10^{-19}$ C 的点电荷沿 1/4 圆弧从 A 点移到 B 点,电场力做功 $3.2×10^{-15}$ J,当质子沿 1/4 圆弧轨道从 B 点回到 A 点时,电场力做功 $W=$ _____。设 B 点电势为零,则 A 点的电势 $V=$ _____。

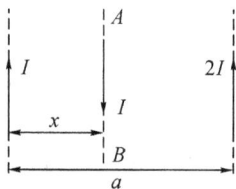

12. 如图 15 所示,平行放置在同一平面内的三条载流长直导线,要使导线 AB 所受的安培力等于零,则 x 等于 _____。

图 15 载流导线的安培力

三、计算题

1. 如图 16 所示,有一带电量 $Q=8.85×10^{-4}$ C、半径 $R=1.0$ m 的均匀带电细圆环水平放置。在圆环中心轴线的上方离圆心 R 处,有一质量 $m=0.5$ kg、带电量 $q=3.14×10^{-7}$ C 的小球。求当小球从静止下落到圆心位置时,它的速率(重力加速度 $g=10$ m/s^2,$\varepsilon_0=8.85×10^{-12}$ C^2/(N·m^2))。

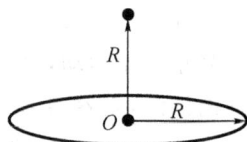

图 16 小球的运动

2. 长 $l=0.40\text{m}$、质量 $M=1.00\text{kg}$ 的匀质木棒，可绕水平轴 O 在竖直平面内转动。初始时，木棒自然竖直悬垂，现有质量 $m=8\text{g}$ 的子弹以 $v=200\text{m/s}$ 的速率从 A 点射入棒中，A 点与 O 点的距离为 $\frac{3}{4}l$，如图 17 所示。求：

(1)棒开始运动时的角速度；

(2)棒的最大偏转角。

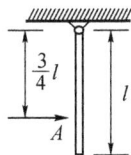

图 17　子弹撞击木棒

3. 若在近似圆形轨道上运行的卫星受到尘埃的微弱空气阻力 f 的作用，设阻力与速度的大小成正比，比例系数 k 为常数，即 $f=-kv$，试求质量为 m 的卫星从离地心 $r_0=4R$（R 为地球半径）陨落到地面所需的时间。

4. 一个细玻璃棒被弯成半径为 R 的圆形，沿其上半部分均匀分布有电量 $+Q$，沿其下半部分均匀分布有电量 $-Q$，如图 18 所示。试求圆心 O 处的电场强度。

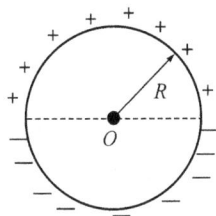

图 18　带电的圆形

5. 在长为 $2l$ 的细杆上均匀分布着线密度为 λ 的电荷。如图 19 所示，计算在杆外延长线上与杆端距离为 a 的 P 点的电势（设无穷远处为电势零点）。

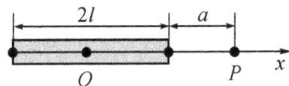

图 19　细杆的电势

6.如图 20 所示,一锥顶角为 θ 的圆台,上下底面半径分别为 R_1 和 R_2,在它的侧面上均匀带电,电荷面密度为 σ。求顶点 O 的电势(以无穷远处为电势零点)。

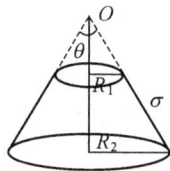

图 20　圆台的电势

7."无限长"直导线折成 V 字形,顶角为 θ,置于 xOy 平面内,一个角边与 Ox 轴重合,如图 21 所示。当导线中通有电流 I 时,求 Oy 轴上点 $P(0,a)$ 处的磁感应强度。

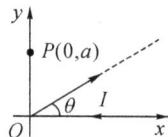

图 21　载流导线的磁场

大学物理 A　模拟试卷四

一、选择题

1.一个质点沿着曲线运动,其运动方程为 $\boldsymbol{r}=2t^2\boldsymbol{i}+(5+t^2)\boldsymbol{j}$ (SI),则质点在 $t=1$ s 时的切向加速度大小为　　　　　　　　　　　　　　　　　　　　　　　(　　)

　A.8m/s^2　　　　　　B.2m/s^2　　　　　　C.$2\sqrt{5}$m/s^2　　　　D.$8\sqrt{5}$m/s^2

2.质量为 $m=1$kg 的物体,在 $F=-kA\sin(\omega t)$(k、A、ω 均为正常量)的力作用下运动,则 $t=\dfrac{\pi}{2\omega}$s 到 $t=\dfrac{\pi}{\omega}$s,此段时间内动量的增量为　　　　　　　　　　(　　)

　A.$\dfrac{kA}{\omega}$kg・m/s　　B.$-\dfrac{kA}{\omega}$kg・m/s　　C.0　　　　D.$\dfrac{2kA}{\omega}$kg・m/s

3.质量为 m 的小猴站在半径为 R 的水平平台边缘上准备表演节目,平台可以绕通过其中心的竖直光滑固定轴自由转动,且转动惯量为 J。初始时平台和小猴均静止。当小猴突然以相对于平台的速率 v 在台边缘沿逆时针方向走动时,则此平台相对地面旋转的角速度和旋转方向分别为　　　　　　　　　　　　　　　　　　　　　(　　)

　A.$\dfrac{mR}{R+J}v$;顺时针　　　　　　　　　　B.$\dfrac{mR}{R-J}v$;顺时针

　C.$\dfrac{mR^2}{R+J}v$;逆时针　　　　　　　　　　D.$\dfrac{mR^2}{R-J}v$;逆时针

4. 质量为 m_1、m_2 的两物体用一根轻弹簧相连静止在水平地面上,弹簧处于原长状态,现用一个质量为 m_0、速率为 v_0 的子弹水平射击物体,子弹留在物体内,如图 1 所示,则质量为 m_2 的物体的动量大小为 （　　）

A. $m_0 v_0$

B. $\dfrac{m_0 m_1 v_0}{m_0 + m_1 + m_2}$

C. $\dfrac{m_0 m_2 v_0}{m_0 + m_1 + m_2}$

D. $\dfrac{m_0 m_1 v_0}{m_1 + m_2}$

图 1　质点系之间的碰撞

5. 有一半径为 R 的半球形屋顶,质量为 m 的冰块从屋顶的最高点由静止下滑到如图 2 所示的位置,冰块运动到此位置时的速率为 v。冰块与屋顶之间的摩擦系数为 μ。则冰块到此位置时,对屋顶的压力大小为 （　　）

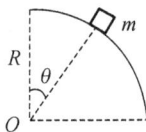

图 2　屋顶滑落的冰块

A. mg

B. $mg\cos\theta$

C. $m\dfrac{v^2}{R}$

D. $mg\cos\theta + m\dfrac{v^2}{R}$

6. N 个电量相等的点电荷系,以两种不同的方式摆放位于坐标系 xOy 平面内,圆心位于坐标原点(如图 3 所示)的半径为 R 的圆周上:一种是随机放置,另一种是均匀地放置。则两种情况下在过圆心 O 并垂直于圆平面的 Oz 轴上任一点 P 的电场强度与电势有 （　　）

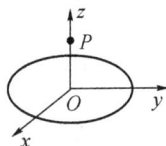

图 3　电场与电势

A. 电场强度相等,电势相等

B. 电场强度不相等,电势相等

C. 电场强度沿轴的分量相等,电势相等

D. 电场强度沿轴相等,电势不相等

7. 电场强度为 E 的均匀电场中有一面积为 S' 的袋形曲面,袋口边缘线恰好落在一个面积为 S 的平面内,该平面与电场强度的夹角为 θ,如图 4 所示,袋口边缘线所围的面积为 S_0,则通过袋形曲面的电通量为 （　　）

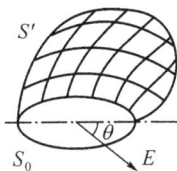

图 4　电能量

A. 0

B. $ES_0\cos\alpha$

C. $ES_0\sin\alpha$

D. ES_0

8. 真空中有一半径为 R 的带电导体球 A。现将一电量为 q 的点电荷移动到距离导体球 A 的球心为 d 的位置,取导体球 A 的电势为零,则此导体球 A 所带的电荷量为 （　　）

A. $-q$

B. $-\dfrac{r}{R}q$

C. $-\dfrac{R}{r}q$

D. $-\dfrac{r+R}{r^2+R^2}q$

9. 一根"无限"长的载流导线,通有电流 I。现弯成如图 5 所示的形状,其中 $ABCD$ 段置于平面 xOy 内,BCD 段是半径为 R 的半圆弧,且圆心 O 位于坐标原点处,DE 段与 Oz 轴平行,则圆心处的磁感应强度是 （　　）

A. $\dfrac{\mu_0 I}{4\pi R} \boldsymbol{j} + \dfrac{\mu_0 I}{4R}\left[\dfrac{1}{\pi} - 1\right]\boldsymbol{k}$

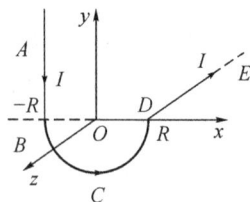

B. $\dfrac{\mu_0 I}{4\pi R} \boldsymbol{j} - \dfrac{\mu_0 I}{4R}\left[\dfrac{1}{\pi} + 1\right]\boldsymbol{k}$

C. $\dfrac{\mu_0 I}{4\pi R} \boldsymbol{j} + \dfrac{\mu_0 I}{4R}\left[\dfrac{1}{\pi} + 1\right]\boldsymbol{k}$

D. $\dfrac{\mu_0 I}{4\pi R} \boldsymbol{j} - \dfrac{\mu_0 I}{4R}\left[\dfrac{1}{\pi} - 1\right]\boldsymbol{k}$

图 5　载流导线的磁场

10. 真空中有一长直导线通以电流 I，其下方有一不计重力的正电荷 Q 在某一时刻其运动方向与电流方向平行同向，则此后正电荷 Q 的轨迹可能是　　　　　　（　　）

    A. 仍向前匀速直线运动　　　　　　　　　B. 将向上方偏转，且速度将会变大

    C. 将向下方偏转，且速度大小不变　　　　D. 将向上方偏转，且速度大小不变

11. 有两根"无限"长直载流导线平行放置，通过的电流分别为 I_1、I_2，在空间中作一个把 I_1 包围在内、把 I_2 排除在外的闭合曲线 L。点 P 在闭合曲线 L 上，现将通过电流 I_2 的导线向闭合曲线 L 靠近（不进入闭合曲线 L），如图 6 所示，则　　　　　　（　　）

    A. $\oint_L \boldsymbol{B} \cdot \mathrm{d}\boldsymbol{l}$、$\boldsymbol{B}_P$ 的值同时变

    B. $\oint_L \boldsymbol{B} \cdot \mathrm{d}\boldsymbol{l}$、$\boldsymbol{B}_P$ 的值都不变

    C. $\oint_L \boldsymbol{B} \cdot \mathrm{d}\boldsymbol{l}$ 的值变、$\boldsymbol{B}_P$ 的值不变

    D. $\oint_L \boldsymbol{B} \cdot \mathrm{d}\boldsymbol{l}$ 的值不变、$\boldsymbol{B}_P$ 的值变

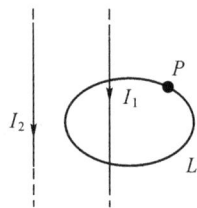

图 6　安培环路定理

12. 一个动量为 $\boldsymbol{P}$ 的电子，沿如图 7 所示的方向射入一个宽度为 D、磁感应强度为 $\boldsymbol{B}$、方向垂直于纸面向里的匀强磁场区域中，则该电子出射方向和入射方向之间的夹角为　（　　）

    A. $\theta = \arcsin\left(\dfrac{eBD}{P}\right)$　　　　　　　　　B. $\theta = \arccos\left(\dfrac{eBD}{P}\right)$

    C. $\theta = \arcsin\left(\dfrac{BD}{eP}\right)$　　　　　　　　　D. $\theta = \arccos\left(\dfrac{BD}{eP}\right)$

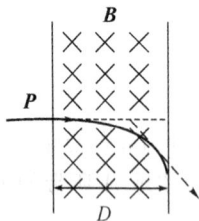

图 7　磁场中的运动电荷　　　　　　图 8　磁场中的安培力

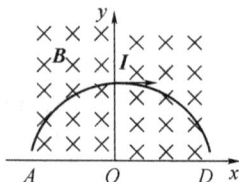

13. 在 xOy 平面中放入一个半径为 R，且圆心位于坐标原点 O 处的半圆形导线，如图 8 所示。通有的电流为 I，磁感应强度为 $\boldsymbol{B}$，方向垂直于在 xOy 平面纸面向里的匀强磁场中，则磁场作用于导线的安培力为　　　　　　　　　　　　　　　　　　　（　　）

    A. BIR　　　　　　B. $\sqrt{2}BIR$　　　　　　C. $2BIR$　　　　　　D. 0

二、填空题

1. 一个质点沿 Ox 轴做直线运动，它的运动方程为 $x=3+5t^2-2t^3$(SI)，则质点在 $t=0$ 时刻的初速度 $v_0=$ _____；加速度为零时，该质点的速度 $v=$ _____。

2. 一个齿轮做定轴转动，转过的角坐标 θ 随时间 t 的变化关系满足 $\theta=t+2t^2-3t^4$(SI)。则距离转轴为 R 处的质点的切向加速度 $a_{\tau_0}=$ _____；法向加速度 $a_{n_0}=$ _____。

3. 一个物体在恒力 $F=36$N 的作用下沿直线运动，运动方程为 $x=7+9t^2$(SI)，则运动物体的质量 $m=$ _____。

4. 从枪口射出的子弹速率为 200m/s，管内子弹受到的合力为 $F=300-2\times10^2 t$(N)。假设子弹到枪口时所受的合力恰好变为零，则子弹走到枪口时所需的时间为 $\Delta t=$ _____，该力的冲量 $I=$ _____。

5. 质量为 m 的物体在外力 $F=F_0-\dfrac{F_0}{L}x$ 的作用下运动，已知初始时，质点位于坐标原点，则移动到 $x=L$ 时，外力所做的功 $W=$ _____；$x=L$ 时，物体运动的速率 $v=$ _____。

6. 真空中有两个带电量均为 Q 的正点电荷，它们相距为 $2R$。现以其中一个点电荷所在的位置 O 点为圆心，以 R 为半径作一个高斯球面 S，如图 9 所示，则通过该球面的电场强度通量 $\Phi_e=$ _____；若用 e_r 表示高斯面外法线方向的单位矢量，则高斯面上 a、b 两点的电场强度 $E_a=$ _____，$E_b=$ _____。

7. 三个带电量分别为 Q_1、Q_2、Q_3 的点电荷放置在半径为 R 圆周上的三个不同点处。如图 10 所示，设无穷远处为电势零点，则点 B 处的电势 $V_B=$ _____。

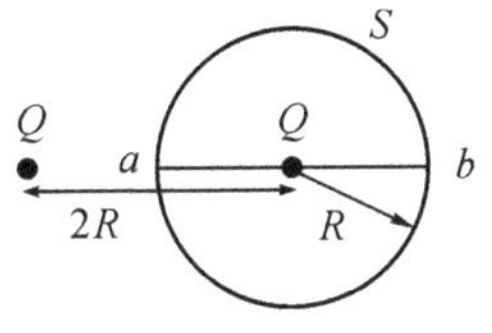

图 9　点电荷系的电场 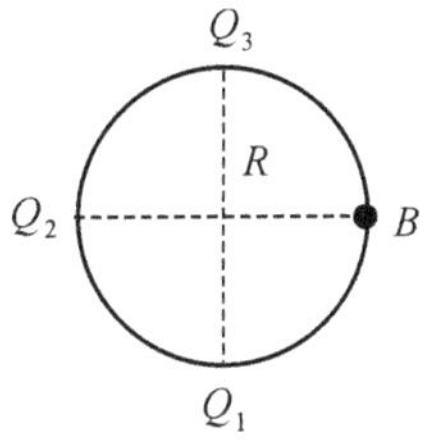　　　　图 10　点电荷系的电势 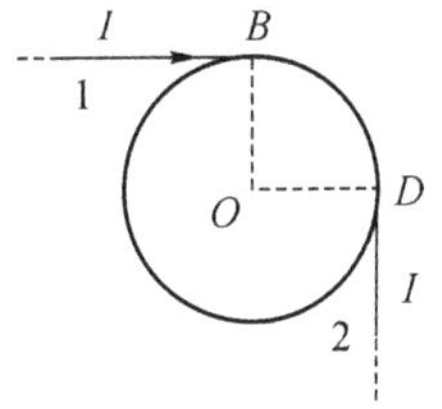　　　　图 11　载流导线的磁场

8. 真空中，电流强度为 I 的电流由长直导线 1 沿着径向经 B 点流入一个电阻分布均匀的半径为 R 圆环，再从环上的 D 点沿着与环相切长直导线 2 返回电源，如图 11 所示，则圆心 O 点处的磁感应强度的大小 $B=$ _____；方向为 _____。

9. 一个电子在磁感应强度 $B=2\times10^{-3}$ T 的匀强磁场中，沿着半径为 $R=2\times10^{-2}$m、螺距为 $h=5.0\times10^{-2}$m 的螺旋线做螺旋运动，则电子运动的速度大小 $v=$ _____；磁场的方向为 _____。

10. 两圆心重合且相互正交的、半径均为 R 的两平面圆形载流线圈，缠绕的线圈匝数均为 N，流过的电流均为 I，且接触点相互绝缘，如图 12 所示，则圆心 O 处磁感应强度 $\boldsymbol{B}=$ _____。

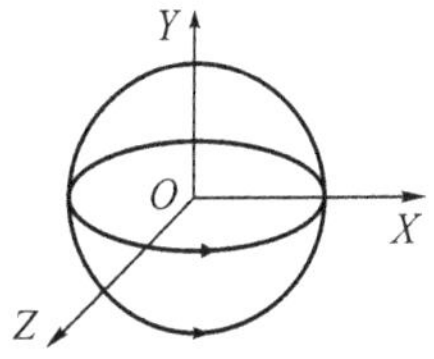

图 12　圆电流的磁场

三、计算题

1.弹簧、定滑轮和物体如图 13 所示放置,弹簧的劲度系数 $k=2.0\mathrm{N/m}$;物体的质量 $m=0.1\mathrm{kg}$。滑轮和绳之间无相对滑动,开始时用手托住物体,弹簧没有伸长,($g=10\mathrm{m/s^2}$, $\sqrt{2.4}=1.55$)。计算:

(1)不考虑滑轮的转动惯量,手移开后,弹簧的伸长量为多少时,物体处于平衡状态,且此时弹簧的弹性势能为多少;

(2)设定滑轮的转动惯量 $J=1\times10^{-3}\mathrm{kg\cdot m^2}$,半径 $R=0.1\mathrm{m}$,手移开后,物体下落 $0.4\mathrm{m}$ 时,它的速度为多少。

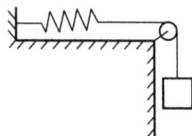

图 13 弹簧、定滑轮和物体

2.在光滑的水平面上有一轻质的弹簧,其劲度系数为 k。它的一端固定,另一端系一块质量为 m 的物块。初始时物块静止,弹簧的自然伸长量为 l_0。现有一个质量为 m_0、速度为 v_0 的子弹沿水平方向且垂直于弹簧轴线的方向射击物块并留在其中,物块在水平面内滑动,当弹簧的伸长量变为 l 时,计算物块滑动的速度。

3.如图 14 所示,长为 $2l$ 的均匀带电直线,电荷线密度为 λ_0,在其下方有一导体球,球心位于直线的中垂线上,距直线的距离为 $d(d>R)$。试求:(1)用电势叠加原理求导体球的电势;(2)把导体球接地后再断开,求导体球上的感应电量。

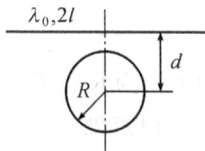

图 14 静电场中的导体

4.有一个半径 $R=1.0cm$ 的无限长半圆柱面形金属薄片中,自上而下地通过 $I=5.0A$ 的电流,如图 15 所示,试求圆柱轴线上任意一点 P 的磁感应强度 B 的大小及方向。

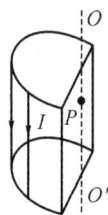

图 15　半圆柱面的磁场

5.如图 16 所示,空间区域内同时存在水平方向的匀强电场和匀强磁场,电场与磁场方向互相垂直。已知场强大小为 E,方向水平向右;磁感强度大小为 B,方向垂直纸面(向里、向外未知)。在电场、磁场中固定一根竖直的绝缘杆,杆上套一个质量为 m、电量为 q 的小球。小球与杆之间的动摩擦系数为 μ_0。从点 A 开始由静止释放小球,小球将沿杆向下运动。设电场、磁场区域很大,杆很长。试分析小球运动的加速度和速度的变化情况,并求出小球运动所能达到的最大速度。

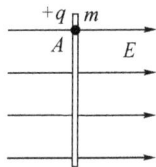

图 16　电场、磁场共存

大学物理 A　模拟试卷五

一、选择题

1.下列说法正确的是　　　　　　　　　　　　　　(　)

A.斜向上抛的物体,在最高点速度最小,加速度最大

B.若物做作匀速圆周运动,则速度不变

C.物体做曲线运动时,其法向加速度一定不为零

D.物体加速度越大,则速度越大

2.已知质点运动时,位置矢量的表示式为 $r=(3t^2+1)i+(9-t^3)j$(SI),则任意时刻质点运动的加速度大小为　　　　　　　　(　)

A. $6i-6tj$　　　　　B. $6-6t$　　　　　C. $6\sqrt{1+t^2}$　　　　　D. $\sqrt{6t-6}$

3.如图1所示,一个劲度系数为 k 的轻弹簧水平放置,左端固定,右端与桌面上一质量为 m 的木块连接,用一个水平力 F 向右拉木块而使其处于静止状态,若木块与桌面间的静摩擦系数为 μ,弹簧的弹性势能为 E_p,则下列关系式中正确的是 （ ）

A. $E_p = \dfrac{(F - \mu mg)^2}{2k}$

B. $E_p = \dfrac{(F + \mu mg)^2}{2k}$

C. $E_p = \dfrac{F^2}{2k}$

D. $\dfrac{(F - \mu mg)^2}{2k} \leqslant E_p \leqslant \dfrac{(F + \mu mg)^2}{2k}$

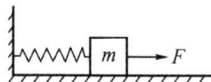

图 1　木块的运动

4.质量为 m 的物体最初位于 x_0 处,在力 $F = -k/x^2$ 作用下由静止开始沿直线运动,k 为一个常数,则物体在任一位置 x 处的速度为 （ ）

A. $\sqrt{\dfrac{k}{m}\left(\dfrac{1}{x} - \dfrac{1}{x_0}\right)}$ 　　　　　　　　B. $\sqrt{\dfrac{2k}{m}\left(\dfrac{1}{x} - \dfrac{1}{x_0}\right)}$

C. $\sqrt{\dfrac{3k}{m}\left(\dfrac{1}{x} - \dfrac{1}{x_0}\right)}$ 　　　　　　　　D. $2\sqrt{\dfrac{k}{m}\left(\dfrac{1}{x} - \dfrac{1}{x_0}\right)}$

5.一个定轴转动刚体的转动惯量为 $50\text{kg} \cdot \text{m}^2$,由静止开始,在外力矩 $M(\theta) = \theta^2$ 的作用下转动,则刚体转过 $\theta = 3\text{rad}$ 时的角速度为 （ ）

A. 0.6rad/s 　　　B. 0.3rad/s 　　　C. 0.5rad/s 　　　D. 0.4rad/s

6.如图2所示,一根长为 l、质量为 M 的匀质棒自由悬挂于通过其上端的光滑水平轴上。现有一个质量为 m 的子弹以水平速度 v_0 射向棒的中心,并以 $\dfrac{v_0}{2}$ 的水平速度穿出棒,此后棒的最大偏转角恰为 $90°$,则 v_0 的大小为 （ ）

图 2　子弹撞击木棒

A. $\dfrac{4M}{m}\sqrt{\dfrac{gl}{3}}$ 　　　　　　　　B. $\dfrac{4M}{m}\sqrt{\dfrac{gl}{2}}$

C. $\dfrac{2M}{m}\sqrt{gl}$ 　　　　　　　　D. $\dfrac{16M^2 gl}{3m^2}$

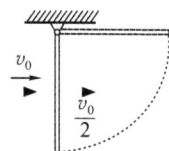

7.下面为真空中静电场的场强公式,正确的是 （ ）

A. 点电荷 q 的电场 $E = \dfrac{q}{4\pi\varepsilon_0 r^2}\boldsymbol{r}_0$（$r$ 为点电荷到场点的距离,$\boldsymbol{r}_0$ 为电荷到场点的单位矢量）

B. "无限长"均匀带电直线（电荷线密度为 λ）的电场 $\boldsymbol{E} = \dfrac{\lambda}{2\pi\varepsilon_0 \boldsymbol{r}^3}$（$\boldsymbol{r}$ 为带电直线到场点的垂直于直线的矢量）

C. 一个"无限大"均匀带电平面（电荷面密度 σ）的电场 $E = \dfrac{\sigma}{\varepsilon_0}$

D. 半径为 R 的均匀带电球面（电荷面密度 σ）外的电场 $\boldsymbol{E} = \dfrac{\sigma R^2}{\varepsilon_0 r^2}\boldsymbol{r}_0$（$\boldsymbol{r}_0$ 为球心到场点的单位矢量）

8.如图3所示,在点电荷 q 的电场中,在以 q 为中心、R 为半径的球面上,若选取 P 处

作电势零点,则与点电荷 q 距离为 r 的 P' 点的电势为 （　　）

A. $\dfrac{q}{4\pi\varepsilon_0}\cdot\left(\dfrac{1}{R}-\dfrac{1}{r}\right)$ 　　　　　　B. $\dfrac{q}{4\pi\varepsilon_0}\cdot\left(\dfrac{1}{r}-\dfrac{1}{R}\right)$

C. $\dfrac{q}{4\pi\varepsilon_0(r-R)}$ 　　　　　　D. $\dfrac{q}{4\pi\varepsilon_0 r}$

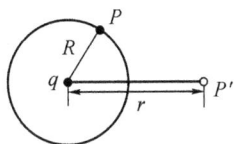

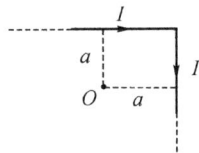

图 3　电荷的电势　　　　　　图 4　载流导线的磁场

9. 一弯成直角的载流导线在同一平面内,形状如图 4 所示,O 到两边无限长导线的距离均为 a,则 O 点磁感线强度的大小为 （　　）

A. 0 　　　B. $\left(1+\dfrac{\sqrt{2}}{2}\right)\dfrac{u_0 I}{2\pi a}$ 　　　C. $\dfrac{u_0 I}{2\pi a}$ 　　　D. $\dfrac{\sqrt{2}u_0 I}{4\pi a}$

10. 一个电子以速度 v 垂直地进入磁感应强度为 B 的匀强磁场中,此电子在磁场中的运动轨道所包围的面积内的磁通量为 （　　）

A. $\pi\left(\dfrac{mv}{q}\right)^2\dfrac{1}{B}$ 　　　B. $\pi\left(\dfrac{mv}{q}\right)\dfrac{1}{B}$ 　　　C. $\dfrac{(mv)^2}{q^2 B}$ 　　　D. $\dfrac{(mv)^2 B}{q^2}$

11. 有一载有稳恒电流为 I 的任意形状的载流导线 ab,如图 5 所示置于匀强磁场 B 中,则该载流导线所受的安培力为(选垂直纸面向外的方向为正) （　　）

A. $-BIL\tan\theta$ 　　　B. $BIL\tan\theta$ 　　　C. $BIL\cos\theta$ 　　　D. $-BIL\cos\theta$

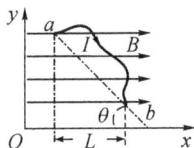

图 5　载流导线的安培力　　　　　　图 6　非匀强磁场的磁通量

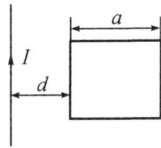

12. 在载有电流为 I 的无限长的载流直导线产生的磁场中,有一个与导线共面的正方形,其边长为 a,如图 6 所示,则通过正方形线圈的磁通量为 （　　）

A. $\dfrac{\mu_0 I}{2\pi a}\ln\left(\dfrac{a+d}{d}\right)$ 　　B. $\dfrac{\mu_0 I}{2\pi a}\ln\left(\dfrac{a}{a+d}\right)$ 　　C. $\dfrac{\mu_0 Ia}{2\pi}\ln\left(\dfrac{a}{a+d}\right)$ 　　D. $\dfrac{\mu_0 Ia}{2\pi}\ln\left(\dfrac{a+d}{d}\right)$

二、填空题

1. 一个质点在 xOy 平面内运动,其运动方程为 $\boldsymbol{r}=3t\boldsymbol{i}+2t^2\boldsymbol{j}$(SI),则质点在任意时刻的速度 $\boldsymbol{v}=$_____;加速度 $\boldsymbol{a}=$_____。

2. 质量为 m 的质点,在变力 $F=F_0(1-kt)$(F_0,k 均为常量)的作用下沿 Ox 轴做直线运动。若已知 $t=0$ 时,质点处于坐标原点处,速度为 v_0,则质点运动的微分方程为_____,质点的速度随时间变化规律为 $v=$_____,质点的运动学方程为 $x=$_____。

3. 一个质量 $m=2\text{kg}$ 的质点,沿 Ox 轴运动,在外力的作用下其位置矢量随时间的变

化关系为 $x = 2t + 2t^2$(SI),则从 $t = 0$ 到 $t = 3s$ 此段时间内,外力对质点所做的功 W = _____。

4. 一个质量 $m = 1kg$ 的质点沿 Ox 轴在粗糙的水平面上运动,在运动过程中其所受的拉力随时间的变化关系如图 7 所示,地面对物体的摩擦系数 $\mu = 0.1$,假设 $t = 0$ 时,$v_0 = 5m/s$,$x_0 = 2m$,则质点在 7s 末的动量 $p_{t=7s}$ = _____,位置坐标 $x_{t=7s}$ = _____。

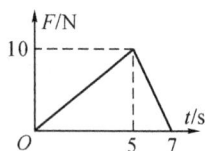

图 7　拉力随时间的变化关系

5. 质量为 m 的子弹以水平速度 v_0 射入放置在光滑水平面上的质量为 M 的静止砂箱,子弹在砂箱中前进一段距离 l 后停在砂箱中,同时砂箱向前移动一段距离 S,此后子弹与砂箱一起以共同的速度 v 匀速运动,则子弹受到的平均阻力 $\bar{F}$ = _____,砂箱与子弹组成的系统损失的机械能 ΔE = _____。

6. 质量为 M、半径为 R 的圆盘,对于过圆心 O 点且垂直于盘面转轴的转动惯量为 $\frac{1}{2}MR^2$。若以 O 点为中心在大圆盘上挖去一个半径为 $r = \frac{R}{2}$ 的小圆盘,剩余部分对于过 O 点且垂直于盘面的中心轴的转动惯量为 _____;剩余部分通过圆盘边缘某点且平行于盘中心轴的转动惯量为 _____。

7. 如图 8 所示,试验电荷 q_0 在点电荷 $+Q$ 形成的电场中沿半径为 R 的 3/4 圆弧轨道由 a 点移动到 d 点,再从 d 点移到无穷远处的过程中,电场力做的功为 _____。

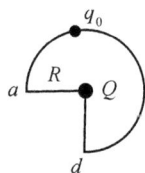

图 8　电场力的功

8. 一个电场强度 $\boldsymbol{E} = (50\boldsymbol{i} + 20\boldsymbol{j})\mathrm{V \cdot m^{-1}}$ 的均匀静电场,则点 $a(4, 2)$ 和点 $b(2, 0)$ 之间的电势差为 _____。

9. 边长为 a 的正方形导体边框上通有电流 I,则此正方形框中心的磁感应强度大小为 _____。

10. 一个带电粒子垂直射入均匀磁场中,如果粒子的质量增加为原来的 2 倍,入射速度也增加为原来的 2 倍,而磁场的磁感应强度增大为原来的 4 倍,则通过粒子运动轨道所围面积的磁通量增大为原来的 _____。

11. 如图 9 所示的载流体系(O 点是半径为 R_1 和 R_2 的两个半圆弧的共同圆心),试计算 O 点的磁感应强度 $\boldsymbol{B}$ = _____。

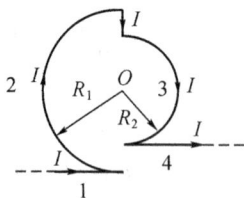

图 9　两半圆导线的磁场

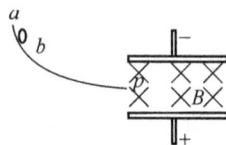

图 10　电场、磁场共存

12. 如图 10 所示,带电平行金属板间匀强电场竖直向上,匀强磁场方向垂直纸面向里,某带电小球从光滑轨道上的 a 点自由滑下,经轨道端点 p 进入板间后恰好沿水平方向做直线运动。现使小球从稍低些的 b 点开始自由滑下,在经过 p 点进入板间后的短时间运动过程中,小球的动能将_____,电势能将_____,小球所受的洛伦兹力将_____,电场力将_____。(选填"增大"、"减小"或"不变")

三、计算题

1. 路灯离地面高度为 H,一个身高 h 的人,在灯下的水平路面上以匀速 v_0 步行,计算当人与灯距离为 x 时,头顶在地面的影子移动的速度 v。

2. 半径为 R、质量为 M 的半球放置在光滑的水平台上,在球顶部有一个质量为 m 的小滑块,初始静止,而后受到扰动下滑,如图 11 所示。(1)求小滑块的速度 $v(\theta)$ 表达式;(2)若滑块脱离半球时的角度 $\theta=45°$,求半球与小滑块的质量比。

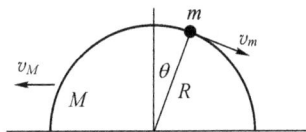

图 11　半球、小滑块的运动

3. 如图 12 所示,滑轮的转动惯量 $J=0.5\text{kg}\cdot\text{m}^2$,半径 $r=30\text{cm}$,弹簧的劲度系数 $k=2.0\text{N/m}$,重物的质量 $m=2.0\text{kg}$。当此滑轮一重物系统从静止开始启动,开始时弹簧没有伸长。滑轮与绳子间无相对滑动,其他部分摩擦忽略不计。问物体能沿斜面下滑多远?当物体沿斜面下滑 1.0m 时,它的速率有多大?

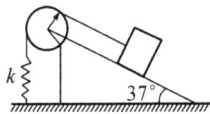

图 12　定滑轮、质点的运动

4.平面线框由半径为 R 的 $\frac{1}{4}$ 圆弧和相互垂直的两直线组成,并绕 OC 边以匀角速度 ω 旋转,初始时刻如图 13 所示位置,通有电流为 I,置入磁感应强度为 B 的匀强电场中,求:

(1)线框的磁矩,及在任意时刻所受的磁力矩。

(2)圆弧 AC 所受的最大安培力。

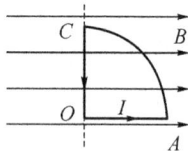

图 13　载流导线的安培力

5.如图 14 所示,半径为 $R=0.1\mathrm{m}$ 的圆形匀强磁场,区域边界跟 y 轴相切于坐标系原点 O,磁感应强度 $B=0.3\mathrm{T}$,方向垂直纸面向里,在 O 处放有一放射源,可沿纸面向各个方向射出速率均为 $v=3.2\times10^{6}\mathrm{m/s}$ 的带电粒子,已知带电粒子质量为 $m=6.64\times10^{-27}\mathrm{kg}$,$q=3.2\times10^{-19}\mathrm{C}$,求:

(1)画出带电粒子通过磁场空间做圆周运动的圆心点的连线形状;

(2)求出带电粒子通过磁场的最大偏向角;

(3)再以过 O 并垂直纸面的直线为轴旋转磁场区域,能使穿过磁场区域且偏转角最大的带电粒子射出磁场后,沿 y 轴正方向运动,则圆形磁场直径 OA 至少应转过多少角度。

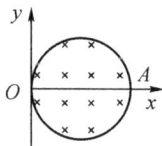

图 14　磁场中的运动电荷

6.用绝缘细线弯成的半圆环,半径为 R,其上均匀地分布着线密度为 λ_0 的正电荷,试求圆心的电场强度。

附录二

大学物理 B　模拟试卷一

一、选择题

1.下列说法中正确的是　　　　　　　　　　　　　　　　　　　　　　　　(　　)

A.加速度恒定不变时,物体的运动方向也不变

B.质点沿着曲线运动时,法向加速度一定不会为零

C.当物体的速度等于零时,加速度一定为零

D.物体运动时,若其速率保持不变,则所受合外力一定为零。

2.质点沿着 Oy 轴运动,其运动方程为 $y = t^2 - t^3$(SI),则质点返回坐标原点时的速度、加速度分别为　　　　　　　　　　　　　　　　　　　　　　　　　　(　　)

A.$1\mathrm{m/s}$;$4\mathrm{m/s^2}$ 　　　　　　　　　　　　B.$-1\mathrm{m/s}$;$4\mathrm{m/s^2}$

C.$-1\mathrm{m/s}$;$-4\mathrm{m/s^2}$ 　　　　　　　　　D.$1\mathrm{m/s}$;$-4\mathrm{m/s^2}$

3.如图 1 所示,质量为 M 的圆弧形轨道放在光滑的水平面上,一个质量为 m 的物体以速度 v_0 从轨道的顶端静止滑下,M 和 m 之间有摩擦,且摩擦系数为 μ,若要计算出 m 脱离圆弧形轨道时的速度,则需要利用　　　　　　　　　　　　(　　)

A.(1)M 与 m 组成系统的总动量守恒;(2)M、m 与地球组成的系统机械能守恒;

B.(1)M 与 m 组成系统水平方向动量守恒,(2)M、m 与地球组成的系统遵循功能原理

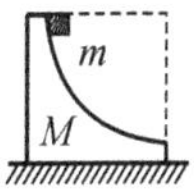

C.(1)M 与 m 组成的系统总动量守恒,(2)M、m 与地球组成的系统遵循功能原理;

D.(1)M 与 m 组成的系统水平方向动量守恒,(2)M、m 与地球组成的系统机械能守恒。

图 1　质点系的运动

4.一长为 L 的轻绳,一端固定在光滑水平面上,另一端系一个质量为 m_0 的物体。开始时物体在 A 点,绳子处于松弛状态,物体以初速度 v_0 垂直于 OA 运动,OA 长为 h。当绳子被拉直后物体做半径为 L 的圆周运动,在绳子被拉直的过程中物体的角动量大小的

增量、动量大小的增量分别为 （ ）

A. $mv_0(L-h)$；0

B. $mv_0(L-h)$；$mv_0\left(\dfrac{h}{L}-1\right)$

C. 0；0

D. 0；$mv_0\left(\dfrac{h}{L}-1\right)$

5. 质量为 m，内外半径分别为 R_1、R_2 的均匀宽圆环，计算均匀圆环对环中心轴的转动惯量。计算步骤：把均匀宽圆环分割成无穷个细圆环微元，每个微元的宽度为 $\mathrm{d}r$。如图 2 所示，均匀圆环的质量面密度 $\sigma=\dfrac{m}{s}=\dfrac{m}{\pi(R_2^2-R_1^2)}$，细圆环微元的面积为 $\mathrm{d}s=2\pi r\mathrm{d}r$，微元质量 $\mathrm{d}m=\sigma\mathrm{d}s=\dfrac{2mr}{\pi(R_2^2-R_1^2)}\mathrm{d}r$，接着需要用到的算式是 （ ）

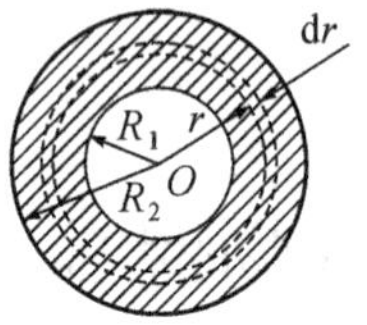

图 2 转动惯量的计算

A. $J=\displaystyle\int_m r^2\mathrm{d}m=\int_{R_1}^{R_2}\dfrac{2mr^3\mathrm{d}r}{R_2^2-R_1^2}=\dfrac{m(R_2^2+R_1^2)}{2}$

B. $J=\left(\displaystyle\int_m\mathrm{d}m\right)R_2^2=\left(\int_{R_1}^{R_2}\dfrac{2mr\mathrm{d}r}{R_2^2-R_1^2}\right)R_2^2=mR_2^2$

C. $J=\left(\displaystyle\int_m\mathrm{d}m\right)R_1^2=\left(\int_{R_1}^{R_2}\dfrac{2mr\mathrm{d}r}{R_2^2-R_1^2}\right)R_1^2=mR_1^2$

D. $\left(\displaystyle\int_m\mathrm{d}m\right)\left(\dfrac{R_2+R_1}{2}\right)^2=\left(\int_{R_1}^{R_2}\dfrac{2mr\mathrm{d}r}{R_2^2-R_1^2}\right)\left(\dfrac{R_2+R_1}{2}\right)^2=\dfrac{m(R_2+R_1)^2}{4}$

6. 质量相同的三个均匀刚体 A、B、C 以相同的角速度 ω 绕其对称轴旋转，已知 $R_A=R_C<R_B$，若从某时刻起，它们受到相同的阻力矩作用，则 （ ）

A. A 先停止转动

B. B 先停止转动

C. C 先停止转动

D. A、C 同时停止转动

7. 简谐振动的振动曲线如图 3 所示，则其振动周期是 （ ）

A. 2.4s

B. 2.2s

C. 2.62s

D. 2.0s

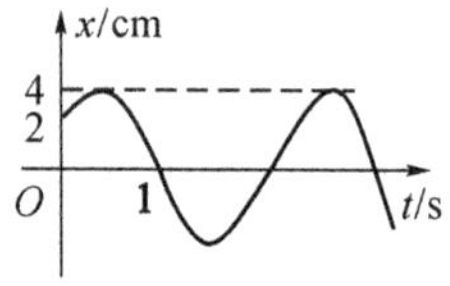

8. 有两个简谐振动，其方程为：$x_1=A_1\cos(\omega t)$，$x_2=A_2\sin(\omega t)$，且 $A_2<A_1$。则合成振动的振幅为 （ ）

A. A_1+A_2

B. A_1-A_2

C. $(A_1^2+A_2^2)^{1/2}$

D. $(A_1^2-A_2^2)^{1/2}$

图 3 振动曲线

9. 一个平面简谐波的波动方程为 $y=0.1\cos(3\pi t-\pi x+\pi)$（SI）。$t=0$ 时的波形曲线如图 4 所示，则 （ ）

A. O 点的振幅为 -0.1m

B. 波长为 3m

C. 波速为 9m/s

D. a、b 两点之间的相位差为 $\pi/2$

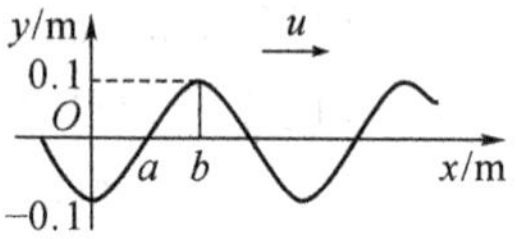

图 4 $t=0$ 时刻的波形图

10. 一束波长为 λ 的单色光由空气垂直入射到折射率为 n 的透明薄膜上，透明薄膜放在空气中，要使反射光得到干涉加强，则薄膜最小的厚度为 （ ）

A. $\dfrac{\lambda}{2}$

B. $\dfrac{\lambda}{2n}$

C. $\dfrac{\lambda}{4}$

D. $\dfrac{\lambda}{4n}$

11. S_1、S_2 是两个相干的光源,它们到 P 点的距离分别为 r_1 和 r_2,路径 S_1P 垂直穿过一块厚度为 t_1、折射率为 n_1 的介质板,路径 S_2P 垂直穿过厚度为 t_2、折射率为 n_2 的另一介质板,其余部分可看作真空,如图 5 所示,这两条路径的光程差等于   (   )

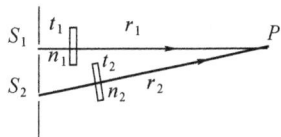

图 5 光程差

A. $(n_2 t_2 + r_2) - (n_1 t_1 + r_1)$

B. $[(n_2 - 1)t_2 + r_2] - [(n_1 - 1)t_1 + r_1]$

C. $(-n_2 t_2 + r_2) - (-n_1 t_1 + r_1)$

D. $n_2 t_2 - n_1 t_1$

12. 单色光 λ 垂直入射到单狭缝上,对应于某一衍射角 θ,此单狭缝两边缘衍射光通过透镜到屏上会聚点 A 的光程差为 $\delta = 2\lambda$,则   (   )

A. 透过此单狭缝的波阵面所分成的半波带数目为两个,屏上 A 点为明点

B. 透过此单狭缝的波阵面所分成的半波带数目为两个,屏上 A 点为暗点

C. 透过此单狭缝的波阵面所分成的半波带数目为四个,屏上 A 点为明点

D. 透过此单狭缝的波阵面所分成的半波带数目为四个,屏上 A 点为暗点

二、填空题

1. 一个质点沿 Ox 轴运动,其速度随时间的变化关系为 $v = 1 + 3t^2$(SI),若 $t = 0$ 时,质点位于原点,则质点的加速度 $a = $ _____;质点的运动方程为 $x = $ _____。

2. 已知地球的半径为 R,质量为 M。现有一质量为 m 的物体处在离地面高度 $2R$ 处,以地球和物体为系统,如取地面的引力势能为零,则系统的引力势能为 _____;如取无穷远处的引力势能为零,则系统的引力势能为 _____。

3. 合力 $\boldsymbol{F} = x\boldsymbol{i} + 3y^2\boldsymbol{j}$(SI)作用于运动方程为 $x = 2t$(SI)的做直线运动的物体上,则合力在 $0 \sim 1\text{s}$ 内对物体做的功为 $W = $ _____;物体在 1s 末的动量大小 $p = $ _____。

4. 一个飞轮绕 O 轴以角速度转动,如图 6 所示。若同时射来两颗质量均为 m,速度大小均为 v,方向相反并在一根直线上运动的子弹,子弹射入圆盘后均留在盘内,子弹射入后圆盘的角速度为 _____。

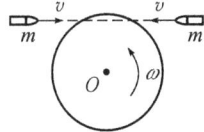

5. 竖直放置的轻弹簧的劲度系数为 k,一个质量为 m 的物体从离弹簧高 h 处自由下落,则弹簧能被压缩的最大量为 _____。

图 6 飞轮的运动

6. 已知一个入射波的波方程是 $y_1 = A\cos 2\pi\left(\dfrac{t}{T} + \dfrac{x}{\lambda}\right)$,波在 $x = 0$ 处发生反射后形成驻波。反射点为一波腹,设反射后波的强度不变,则反射波的波方程为 $y_2 = $ _____,在 $x = \dfrac{2}{3}\lambda$ 处质点合振动的振幅 $A_合 = $ _____。

7. 如图 7 所示的旋转矢量图,描述一个质点做简谐振动,通过计算得出在 $t = 0$ 时刻,它在 Ox 轴上的 P 点,位移为 $x = +\dfrac{\sqrt{2}}{2}A$,速度 $v < 0$。只考虑位移时,它对应着旋转矢量图中圆周上的 _____点,再考虑速度的方向,它应只对应旋转矢量图中圆周上的 _____点。

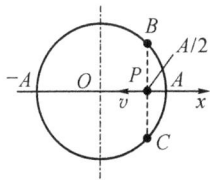

图 7 旋转矢量图

由此得出质点振动的初相位值为_____。

8.一束白光垂直照射厚度为 $0.4\mu m$ 的玻璃片,玻璃的折射率为1.5,在反射光中看见光的波长是_____;在透射光中看到的光的波长是_____。

9.波长为 $5000\sim6000\mathring{A}$ 的复合光平行地垂直照射在 $a=0.01mm$ 的单狭缝上,缝后凸透镜的焦距为 $1.0m$,则此两波长光零级明纹的中心间隔为_____,一级明纹的中心间隔为_____。

10.两平行放置的偏振化方向正交的偏振片 P_1 与 P_2 之间平行地加入一块偏振片 P_2。P_2 以入射光线为轴以角速度 ω 匀速转动,如图8所示,光强为 I_0 的自然光垂直入射到 P_1 上,$t=0$ 时,P_2 与 P_1 的偏振化方向平行,则 t 时刻透过 P_1 的光强 $I_1=$_____,透过 P_2 的光强 $I_2=$_____,透过 P_3 的光强 $I_3=$_____。

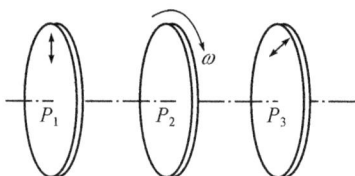

图8 偏振片的使用

三、计算题

1.一个质点沿直线运动,其加速度为 $a=-kx(k>0)$,已知 $t=0$ 时,质点静止于 $x=x_0$ 处,求质点的运动规律。

2.如图9所示,一块宽 $L=0.6m$、质量 $M=1kg$ 的均匀薄木板,可绕水平固定光滑轴 OO' 自由转动,当木板静止在平衡位置时,有一质量为 $m=0.1kg$ 的子弹垂直击中木板 A 点,A 离转轴 OO' 距离为 $l=0.36m$,子弹击中木板前速度为 $500m/s$,穿出木板后的速度为 $200m/s$。计算:

(1)子弹给予木板的冲量;(2)木板获得的角速度。

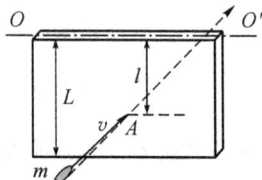

图9 子弹撞击薄木板

3. 一个平面简谐波在介质中以速度 $v=20\text{m/s}$ 自左向右传播，已知在传播路径上某点 A 的振动方程为 $y=3\cos(4\pi t-\pi)$（SI），另一点 D 在点 A 右方 9m 处。

(1)若取 x 轴方向向左，并以 A 点为坐标原点，如图 10(a)所示，试写出波动方程，并求出 D 点的振动方程；

(2)若取 x 轴方向向右，以 A 点左方 5m 处的 O 点为 x 轴原点，如图 10(b)所示，重新写出波动方程及 D 点的振动方程。

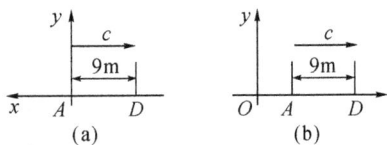

图 10　平面简谐波

4. 一列横波在绳索上传播，其表达式为 $y_0=0.05\cos[2\pi(t/0.05-x/4)]$（SI）

(1)现有另一列横波（振幅也是 0.05m）与上述已知横波在绳索上形成驻波，设这一横波在 $x=0$ 处与已知横波同相位，写出该波的方程；

(2)写出绳索上的驻波方程，求出各波节的位置坐标表达式，并写出离原点最近的四个波节的坐标数值。

5. 在杨氏双缝实验中，双缝间的距离为 d，缝和屏幕相距 D，测得相邻明条纹间的距离为 Δx。若以折射率为 n、厚度为 l 的透明薄膜遮住其中的一缝，原来的中央明纹处将变为第 k 级明条纹，证明 $k=\dfrac{(n-1)lD}{\Delta x d}$。

6. 平行的白光垂直入射到光栅常数 $d=4000\text{nm}$ 的光栅上，用焦距 $f=2\text{m}$ 的透镜把通过光栅的光线聚焦在屏上，已知紫光的波长 $\lambda_1=400\text{nm}$，红光波长 $\lambda_2=750\text{nm}$，计算：(1)第二级光谱的紫光和红光的距离；(2)第二级光谱的紫光和一级光谱中的红光的距离；(3)证明此时的第二级和第三级光谱相互重叠。

大学物理 B 模拟试卷二

一、选择题

1. 已知质点的运动方程为 $x = 2 + 6t - 2t^3$ (SI)，则该质点的运动形式是　　　　　（　　）
   A. 匀加速直线运动，加速度沿 x 轴正方向
   B. 匀加速直线运动，加速度沿 x 轴负方向
   C. 变加速直线运动，加速度沿 x 轴正方向
   D. 变加速直线运动，加速度沿 x 轴负方向

2. 一个半径为 $R = 1\text{m}$ 的匀质圆盘绕通圆心垂直盘面的固定竖直轴转动。$t = 0$ 时，$\omega_0 = 0$，其加速度按照 $\alpha = t/2$ 的规律变化，则 $t = 2\text{s}$ 时的加速度大小为　　　　　（　　）
   A. 1m/s^2 　　　　　　　　　　　B. 2m/s^2
   C. $\sqrt{2}\text{m/s}^2$ 　　　　　　　　　　D. $2\sqrt{2}\text{m/s}^2$

3. 如图 1 所示，在水平面上有一个质量为 M 的楔形木块 A，其斜面倾角为 α，一个质量为 m 的木块 B 放在 A 的斜面上。现对 A 施以水平推力 F，恰使 B 与 A 不发生相对滑动，忽略一切摩擦，则 B 对 A 的压力大小为　　　　　（　　）

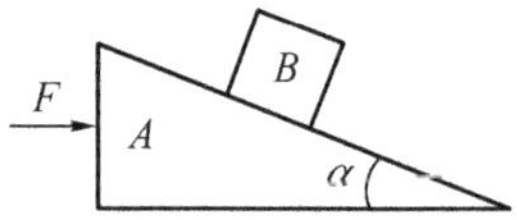

   A. $mg\cos\alpha$ 　　　　　　　　　　B. $\dfrac{mg}{\cos\alpha}$

   C. $\dfrac{MF}{(M+m)\cos\alpha}$ 　　　　　D. $\dfrac{mF}{(M+m)\sin\alpha}$

   图 1　相互作用的物体

4. 竖立的圆筒形转笼，半径为 R，绕中心轴 OO' 转动，物块 A 紧靠在圆筒的内壁上，物块与圆筒间的摩擦系数为 μ，要使物块 A 不下落，圆筒转动的角速度 ω 至少应为　　（　　）

   A. $\sqrt{\dfrac{\mu g}{R}}$ 　　　　B. $\sqrt{\mu g}$ 　　　　C. $\sqrt{\dfrac{g}{\mu R}}$ 　　　　D. $\sqrt{\dfrac{g}{R}}$

5. 质量分别为 $2m$ 和 $3m$ 的两滑块和通过一轻弹簧水平连接后置于光滑的水平桌面上，一个质量为 $m/2$、速度为 v_0 的子弹射向质量为 $2m$ 的滑块，且留在滑块内，则两滑块共同运动的速度为　　　　　（　　）

   A. $\dfrac{v_0}{5}$ 　　　　　　　　　　　B. $\dfrac{v_0}{11}$

   C. $\dfrac{v_0}{3}$ 　　　　　　　　　　　D. v_0

6. 如图 2 所示，质量为 m 的质点，以匀速率 v 沿正三角形 ABC 的水平光滑轨道运动，质点越过 A 时，轨道作用于质点的冲量大小为　　　　　（　　）

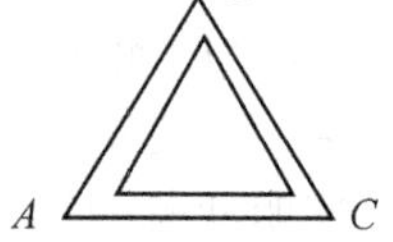

   图 2　正三角形轨道

   A. $\sqrt{3}mv$ 　　　　　　　　　　B. $\sqrt{2}mv$
   C. $2mv$ 　　　　　　　　　　　　D. mv

7. 质量为 m 的质点置于光滑球面的顶点 A 处（球面固定不动），如图 3 所示。当它由

静止开始下滑到球面上 B 点时，它的加速度的大小为 （ ）

A. $a = 2g(1-\cos\theta)$

B. $a = g\sin\theta$

C. $a = g$

D. $a = \sqrt{4g^2(1-\cos\theta)^2 + g^2\sin^2\theta}$

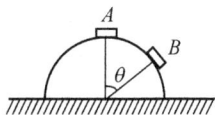

图 3 物体的加速度

8. 图 4 中所画的是两个简谐振动的振动曲线，则此两个简谐振动合成后振动的初相位是 （ ）

A. $\dfrac{3}{2}\pi$

B. π

C. $\dfrac{1}{2}\pi$

D. 0

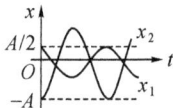

图 4 两条振动曲线

9. 一个沿着细绳传播的波方程为 $y = 0.05\cos(4\pi t - 10\pi x)$ (SI)，则关于此波的描述正确的是 （ ）

A. $\lambda = 0.5\text{m}$　　　　B. $u = 5\text{m/s}$　　　　C. $u = 25\text{m/s}$　　　　D. $f = 2\text{Hz}$

10. 沿相反方向传播的两列相干波，其波方程为 $y_1 = A\cos 2\pi(vt - x/\lambda)$ 和 $y_2 = A\cos 2\pi(vt + x/\lambda)$，相遇后形成驻波，则所形成的驻波各处的振幅为 （ ）

A. A　　　　　　　　　　　　B. $2A$

C. $2A\cos(2\pi x/\lambda)$　　　　D. $|2A\cos(2\pi x/\lambda)|$

11. S_1 和 S_2 是波长均为 λ 的两个相干波的波源，相距 $3\lambda/4$，S_1 的相位比 S_2 超前 $\dfrac{1}{2}\pi$。若两波单独传播时，在过 S_1 和 S_2 的直线上各点的强度相同，不随距离变化，且两波的强度都是 I_0，则在 S_1、S_2 连线上 S_1 外侧和 S_2 外侧各点，合成波的强度分别是 （ ）

A. $4I_0, 4I_0$　　　　B. $0, 0$　　　　C. $0, 4I_0$　　　　D. $4I_0, 0$

12. 用一个每毫米有 1000 条缝的平面衍射光栅观察某单色光的谱线，当用入射光的波长 $\lambda = 500\text{nm}$ 平行光垂直光栅平面入射时，最多能观察的谱线条数为 （ ）

A. 2　　　　　　B. 3　　　　　　C. 4　　　　　　D. 5

二、填空题

1. 质量为 $m = 2.0\text{kg}$ 的物体，其运动方程为 $r = 3t^2 \boldsymbol{i} + (5+t)\boldsymbol{j}$ (SI)，则物体的轨迹方程为_____；$t = 3\text{s}$ 时物体的受力大小为_____。

2. 子弹由枪口飞出的速率为 300m/s，在枪管内子弹受的合力 $F = 600 - 2\times10^5 t$ (N) 假定子弹到枪口时所受的力变为零，子弹经枪管长度所需时间为_____s，该力的冲量为_____。

3. 一个质点在坐标平面内做圆周运动，有一力 $\boldsymbol{F} = F_0(x\boldsymbol{i} + y\boldsymbol{j})$ 作用在质点上。在该质点从坐标原点运动到 $(0, 2R)$ 位置过程中，力 $\boldsymbol{F}$ 对其所做的功为_____。

4. 一个质量为 M 的弹簧振子，水平放置静止在平衡位置，一个质量为 m 的子弹以水平

速度 v_0 射入振子中,并随之一起运动。如果水平面光滑,此后弹簧的最大势能为_____。

5. 长为 L 的细棒绕其一端点在水平面内转动,转动惯量为 J_0,细棒上离转轴 L 处的速度为 v,则细棒的转动动能为_____;细棒对转轴的角动量为_____。

6. 如图 5 所示,一个质点做简谐振动,在一个周期内相继通过相距为 10cm 的两点 A、B,历时 2.0s,在经过 A、B 两点时质点的速率是相同的;再经过 2.0s 后质点又从另一个方向通过 B 点。则该质点的运动周期为_____,振幅为_____。

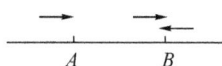

图 5 简谐振动

7. 两个同方向、同频率的简谐振动,合振幅为 10cm。合振动的初相位比第一个振动落后 $\frac{\pi}{6}$。若第一个振动的振幅为 $A_1 = 5\sqrt{3}$ cm,则第二个振动的振幅为_____,第一个振动与第二个振动的相位差为_____。

8. A、B 是简谐波波线上距离小于波长的两点。已知 B 点振动的相位比 A 点落后 $\frac{1}{3}\pi$,波长 $\lambda = 3$m,则 A、B 两点之间的距离为_____ m。

9. 某人在迈克尔逊干涉仪的可移动反射镜移动 0.62mm 的过程中,观察到干涉条纹移动了 2300 条,则所用光波波长为_____ nm。

10. 一束波长 $\lambda = 600$nm 的平行单色光垂直入射到折射率为 $n = 1.33$ 的透明薄膜上,该薄膜是放在空气中的。要使反射光得到最大限度的加强,薄膜的最小厚度应为_____。

11. 用波长为 λ 的单色光垂直入射在缝宽 $a = 4\lambda$ 的单缝上,对应衍射角为 $30°$ 的衍射光,单缝可以划分为_____个半波带。

12. 用波长为 λ 的平行单色光垂直照射折射率为 n 的劈尖上形成等厚干涉条纹,若测得相邻两明条纹的间距是 1cm,则劈尖角为_____。

13. 当波从一种介质透入第二种介质,设两种介质的相对折射率 $n_2 > n_1$,在第二种介质中波的频率_____,波速_____,波长_____。

14. 两质点沿水平轴线做相同频率和相同振幅的简谐振动。它们每次沿相反方向经过同一个坐标为 x 的点时,它们的位移 x 的绝对值均为振幅的一半,则它们之间的相位差为_____。

三、计算题

1. 如图 6 所示,甲乙两小球质量均为 m,甲球系于长为 l 的细绳一端,另一端固定在 O 点,并把小球甲拉到与 O 处于同一水平面的 A 点。乙球静止放在 O 点正下方距 O 点为 l 的 B 点。弧 BDC 为半径 $R = l/2$ 的圆弧光滑轨道,圆心为 O'。整个装置在同一铅直平面内。当甲球从静止落到 B 点与乙球做弹性碰撞,并使乙球沿弧 BDC 滑动,求 D 点($\theta = 60°$)处乙球对轨道的压力。

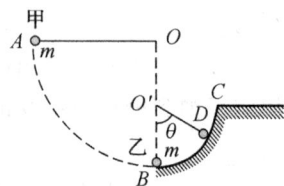

图 6 物体的运动

2.一根质量为 M、长为 L 的匀质细棒,停放在滑动摩擦系数为 μ 的水平面上,它可绕通过其端点 O 的竖直光滑轴转动。今有一水平运动的质量为 m 的小滑块,沿水平面垂直撞上棒的另一端 A,设碰撞时间极短。已知小滑块在碰撞前后的速度分别为 v_1 和 v_2,棒绕 O 轴的转动惯量为 $J=\dfrac{1}{3}ML^2$,如图 7 所示。计算:

(1)碰后细棒开始转动到停止所历的时间;

(2)在棒的转动过程中摩擦力矩所做的功。

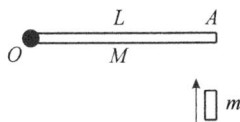

图 7   均匀细棒

3.质量为 m 的飞船返回地球时将发动机关闭,认为它仅在地球引力场中运动。设地球质量为 M,求飞船从与地心距离为 R_1 下降至 R_2 的过程中,地球引力所做的功及飞船势能的增量。

4.一根劲度系数为 $k=0.2\mathrm{N/m}$ 的轻质弹簧,把此弹簧和一个质量为 $m=0.08\mathrm{kg}$ 的小球连成一个弹簧振子,并将这个弹簧振子竖直悬挂,设向下为 x 轴正方向。试计算:

(1)将小球由平衡位置向下拉开 $l=0.01\mathrm{m}$ 后,使小球由静止释放,求小球的振动方程;

(2)将小球由平衡位置向下拉开 $l=0.01\mathrm{m}$ 后,给振子以向上 $v_0=0.05\mathrm{m/s}$ 的初速度,求小球的振动方程。

5.图 8 为一平面简谐波在 $t=0$ 时刻的波形图,计算:

(1)该波的波动方程;

(2) P 点处质点的振动方程。

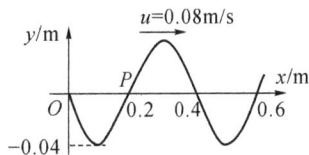

图 8   波形曲线

大学物理 B 模拟试卷三

一、选择题

1. 若一个质点运动时的运动函数为 $r = r(x, y)$，则其速度大小为　　　　(　　)

A. $\dfrac{dr}{dt}$

B. $\dfrac{d\boldsymbol{r}}{dt}$

C. $\dfrac{d|\boldsymbol{r}|}{dt}$

D. $\sqrt{\left(\dfrac{dx}{dt}\right)^2 + \left(\dfrac{dy}{dt}\right)^2}$

2. 如图 1 所示，一个球形物体沿着竖直面上滑的圆弧形光轨道从 A 点滑到底端的过程中，下面哪个结论是正确的　　　　(　　)

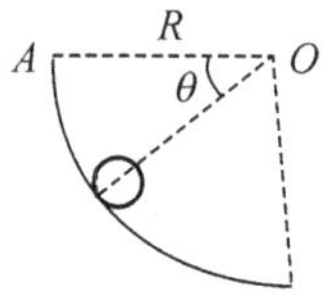

A. 它的速率均匀增加

B. 它受到的合外力大小变化，方向永远指向圆心

C. 它运动时的加速度大小不变

D. 它受到的轨道支持力大小不断增加

图 1　下滑的物化

3. 一个弹性小球水平抛出，落地后弹性跳起。达到原先的高度时，速度的大小与方向与原先的相同，则　　　　(　　)

A. 此过程动量守恒，重力与地面弹力的合力为零

B. 此过程前后的动量相等，重力的冲量与地面弹力的冲量大小相等，方向相反

C. 此过程动量守恒，合外力的冲量为零

D. 此过程前后动量相等，重力的冲量为零

4. 一个质点在力的作用下在 Ox 轴上做直线运动，力 $F = 3x^2$ (SI)。则质点从 $x = 1\text{m}$ 处运动到 $x = 2\text{m}$ 的过程中，该力所做的功为　　　　(　　)

A. 42J　　　　　　B. 21J　　　　　　C. 7J　　　　　　D. 3J

5. 如图 2 所示，砂石从 $h = 0.8\text{m}$ 高处下落到以 $v = 3\text{m/s}$ 的速率水平向右运动的传送带上。则传送带作用于刚落到传送带上的砂石的作用力的大小和方向为　　　　(　　)

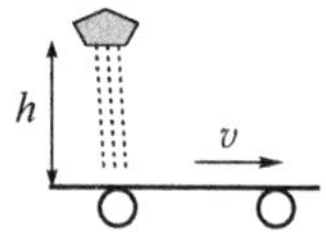

A. 4，方向与水平夹角 53°向下

B. 5，与水平夹角 53°向上

C. 5，与水平夹角 37°向上

D. 4，与水平夹角 37°向下

图 2　砂石的运动

6. 质量为 50g 的小物体放置于一个光滑水平桌面上，绳子的一端连接此物，另一端穿过桌面中心的小孔（如图 3 所示），该物体原来以 3rad/s 的角速度在离小孔 0.2m 的位置处做圆周运动，今将绳从小孔处缓慢往下拉，使该物体的转动半径减为 0.1m，则物体的角速度为　　(　　)

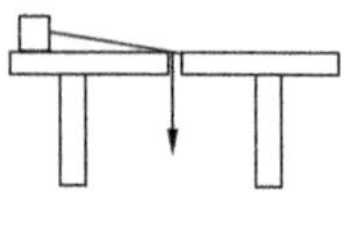

A. 3rad/s

B. 5rad/s

C. 6rad/s

D. 4rad/s

图 3　绳拉物体的运动

7. 一个简谐振动曲线如图 4 所示,则此简谐振动的振动周期为 （　）

A. 2.62s　　　　　B. 2.40s　　　　　C. 2.20s　　　　　D. 2.00s

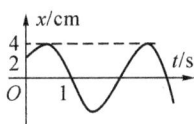

图 4　简谐振动曲线

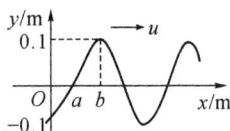

图 5　波形曲线

8. 一个平面简谐波的表达式为 $y=0.1\cos(3\pi t-\pi x+\pi)$（SI）,$t=0$ 时刻的波形曲线如图 5 所示,则 （　）

　A. O 点的振幅为 -0.1m　　　　　　　　B. 波长为 3m

　C. a、b 两点之间的相位差为 $\frac{1}{2}\pi$　　　　D. 波速为 9m/s

9. 一个平面简谐波在 $t=0.25$s 时的波形如图 6 所示,则该波的波函数为 （　）

　A. $y=0.5\cos\left[4\pi\left(t-\dfrac{x}{8}\right)-\dfrac{\pi}{2}\right]$（cm）

　B. $y=0.5\cos\left[4\pi\left(t+\dfrac{x}{8}\right)+\dfrac{\pi}{2}\right]$（cm）

　C. $y=0.5\cos\left[4\pi\left(t+\dfrac{x}{8}\right)-\dfrac{\pi}{2}\right]$（cm）

　D. $y=0.5\cos\left[4\pi\left(t-\dfrac{x}{8}\right)+\dfrac{\pi}{2}\right]$（cm）

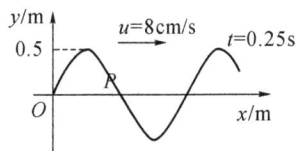

图 6　$t=0.25$s 的波形曲线

10. 由两块玻璃片（$n_1=1.75$）所形成的空气劈尖,其一端厚度为零,另一端厚度为 2×10^{-5}m,现用波长为 700nm 的单色平行光,从入射角为 30°角的方向射在劈尖的表面,则形成的干涉条纹数为 （　）

　A. 27　　　　　　B. 56　　　　　　C. 40　　　　　　D. 100

11. 波长为 500nm 的单色光垂直照射到宽度为 0.25mm 的单缝上,单缝后面放置一个凸透镜,在凸透镜的焦面上放置一屏幕,用以观测衍射条纹。今测得屏幕上中央条纹一侧第三个暗条纹和另一侧第三个暗条纹之间的距离为 12mm,则凸透镜的焦距为 （　）

　A. 2m　　　　B. 1m　　　　C. 0.5m　　　　D. 0.2m　　　　E. 0.1m

12. 波长为 550nm 的单色光垂直照射到光栅常数为 2×10^{-4}cm 的平面衍射光栅上,则可能观察到的光谱线的最大级次为 （　）

　A. 2　　　　　　B. 3　　　　　　C. 4　　　　　　D. 5

13. 自然光以入射角为 58° 从真空入射到某介质表面时,反射光为线偏光,则这种物质的折射率为 （　）

　A. cot58°　　　　　B. tan58°　　　　　C. sin58°　　　　　D. cos58°

二、填空题

1. 一个质点在 xOy 平面内运动,其运动方程为 $r=(3-5t)i+(19-2t^2)j$,则质点运动时的瞬时速度 $v=$ _____;加速度 $a=$ _____。

2.一个质量为 10kg 的质点在力 $F=5t^2+4$(SI)的作用下沿 x 轴做直线运动。$t=0$ 时,质点位于 $x=5.0$m 处,其速度 $v_0=6.0$m/s。则质点在任意时刻的速度为_____,位置为_____。

3.如图 7 所示,流水以初速度 v_1 进入弯管,流出时的速度为 v_2 且 $v_1=v_2=v$。设每秒流入的水质量为 q,则在管子转弯处,水对管壁的平均冲力大小是_____,方向为_____。(管内水受到的重力不考虑)

图 7 弯管中水运动

4.一个质量为 m 的质点沿着一条曲线运动,其位置矢量在空间直角坐标系中的表达式为 $r=3\cos(2t)i+4\sin(2t)j$,则此质点对原点的角动量为_____;此质点所受对原点的力矩为_____。

5.哈雷彗星绕太阳的轨道是以太阳为一个焦点的椭圆。它离太阳最近的距离是 $r_1=8.75\times10^{10}$m,此时它的速率是 $v_1=5.46\times10^4$m/s。它离太阳最远时的速率是 $v_2=9.08\times10^2$m/s,这时它离太阳的距离是_____。

6.两质点的质量分别为 m_1、m_2。当它们之间的距离由 R_1 缩短到 R_2 时,它们之间万有引力所做的功为_____。

7.一个平面简谐波沿 Ox 轴正方向传播,$t=0$ 时刻的波形图如图 8 所示,则 P 处质点的振动在 $t=0$ 时刻的旋转矢量图为_____。

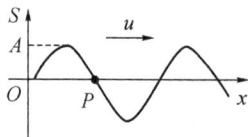

图 8 $t=0$ 的波形图

8.若在固定端 $x=0$ 处反射的发射波方程式是 $y_2=A\cos\left[2\pi\left(vt-\dfrac{x}{\lambda}\right)\right]$,设反射波无能流损失,那么入射波的方程式是_____,形成的驻波的表达式是_____。

9.一个平面简谐波沿 Ox 轴正向传播,振幅 $A=0.5$m,周期 $T=2.0$s,波长 $\lambda=1.0$m,当 $t=1.0$s 时,$x=1.0$m 处的质点的位移为 0.1m,并向负方向运动,则该简谐波的波方程为_____。

10.利用氦氖激光器发出波长为 633nm 的单色光做牛顿环实验,测得第 k 个暗环的半径为 5.63mm,第 $k+5$ 个暗环的半径为 7.96mm,则平凸透镜的曲率半径 R 为_____m。

11.用两个偏振片组成起偏器和检偏器,在它们的偏振化方向成 30° 角时观察一光源,又在成 60° 角时观察同一位置处的另一光源,两次观察所得强度相等,则两光源的强度之比为_____。

12.用平行的白光垂直入射在平面透射光栅上时,波长为 $\lambda=1440$nm 的第 3 级光谱线,将与波长为_____nm 的第 2 级光谱线重叠。

三、计算题

1.如图 9 所示,质量 $m_1=10$g 的子弹以 $v_0=1.0\times10^3$m/s 的水平速度射向并嵌入一个质量 $m_2=4.99$kg 的木块中,木块与一端固定的一个劲度系数 $k=8.0\times10^3$N/m 的轻弹簧相连接。子弹射入前,木块自由静止在光滑水平面上。试问:

(1)木块被击后那一瞬时的速度;

（2）木块被击后弹簧被压缩的最大长度；

（3）木块振动运动学方程（以平衡位置为坐标原点，如图9所示的坐标系并以木块开始振动时为计时起点）。

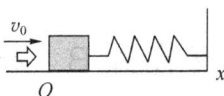

图9　木块的简谐振动

3.如图10所示，质量 $M_1=24$kg 的鼓形轮，可绕水平光滑固定轴转动，一轻绳缠绕于轮上，另一端通过质量 $M_2=5$kg 的圆盘形定滑轮悬有 $m=10$kg 的物体，当重物由静止开始下降了 $h=0.5$m 时，试计算：（1）物体运动的速度；（2）绳子作用于物体的拉力。

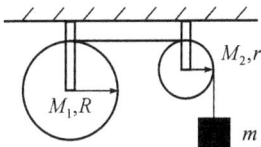

图10　滑轮的运动

4.可以利用空气劈尖测钢丝的直径。观察劈尖表面相干反射光形成的干涉条纹。已知入射光的波长 $\lambda=589$nm。劈尖表面的长度 $L=1.0\times10^2$m，测得50个明纹间距为0.1m。试计算：（1）钢丝的直径；（2）在空气劈尖中装进折射率 $n=1.52$ 的油，条纹的间距。

5.在双缝干涉实验中，波长 $\lambda=550$nm 的单色平行光垂直入射到缝间距 $a=2.0\times10^{-4}$m 的双缝上，屏到双缝的距离 $D=2.0$m。计算：

（1）中央明纹两侧的两条第10级明纹中心的间距；

（2）用一块厚度 $e=6.6\times10^{-6}$m、折射率 $n=1.58$ 的玻璃片覆盖一缝后，零级明纹将移到原来的第几级明纹处？

大学物理 B 模拟试卷四

一、选择题

1. 一个质点沿着 Oy 轴运动,其坐标与时间的变化关系为 $y=4t-2t^2$ (SI),则质点在 4s 末的速度、加速度分别为   (   )

A. $12\text{m/s},4\text{m/s}^2$ B. $-12\text{m/s},-4\text{m/s}^2$

C. $20\text{m/s},4\text{m/s}^2$ D. $-20\text{m/s},-4\text{m/s}^2$

2. 质量分别为 m_1 和 m_2,且 $m_2=2m_1$ 的两木块用一根轻弹簧连接后静止于光滑水平桌面上,如图 1 所示。若用外力将两木块压近且使弹簧被压缩,随后撤去外力,则此后两木块运动动能之比 $E_{m_1}:E_{m_2}$ 为   (   )

图 1 物体的运动

A. $1/2$ B. 2 C. $\sqrt{2}$ D. $\sqrt{2}/2$

3. 质量为 m 的一架航天飞机关闭发动机返回地球时,可认为它只在地球引力场中运动。已知地球质量为 M,万有引力常数为 G,则当它从距地心 R_1 处的高空下降到 R_2 处时,增加的动能应为   (   )

A. $G\dfrac{Mm}{R_2}$ B. $\dfrac{Mm}{R_2^2}$

C. $G\dfrac{Mm(R_1-R_2)}{R_2R_1}$ D. $G\dfrac{Mm(R_1-R_2)}{R_1^2}$

4. 速度为 v 的子弹,打穿一块不动的木板后速度变为零,设木板对子弹的阻力是恒定的。那么,当子弹射入木板的深度等于其厚度的一半时,子弹的速度是   (   )

A. $\dfrac{1}{4}v$ B. $\dfrac{1}{3}v$ C. $\dfrac{1}{2}v$ D. $\dfrac{1}{\sqrt{2}}v$

5. 质量 $m=0.5\text{kg}$ 的质点,在 xOy 坐标平面内运动,其运动方程为 $\boldsymbol{r}=5t\boldsymbol{i}+\dfrac{1}{2}t^2\boldsymbol{j}$ (SI),则从 $t=2\text{s}$ 到 $t=4\text{s}$ 这段时间内,外力对质点做的功为   (   )

A. 1.5J B. 3J C. 4.5J D. -1.5J

6. 有一弹簧振子沿 x 轴运动,它的振幅为 A,周期为 T,平衡位置在 $x=0$ 处。当 $t=0$ 时振子在 $x=\dfrac{A}{2}$ 处向 x 轴负方向运动,则运动方程是   (   )

A. $x=A\cos\left(\dfrac{\pi}{2}t\right)$ B. $x=\dfrac{A}{2}\cos(\pi t)$

C. $x=-A\sin\left(\dfrac{2\pi}{T}t+\dfrac{\pi}{3}\right)$ D. $x=A\cos\left(\dfrac{2\pi}{T}t+\dfrac{\pi}{3}\right)$

7. 设有一简谐横波方程 $y=5.0\cos\left[2\pi\left(\dfrac{t}{0.05}-\dfrac{x}{10}\right)\right]$ (SI),则该简谐横波的波速及在 $x=10\text{m}$ 处的初相位分别是   (   )

A. $5\text{m/s},-2\pi$ B. $2\text{m/s},-2\pi$ C. $2\text{m/s},-2\pi$ D. $3\text{m/s},\pi$

8. 真空中波长为 λ 的单色光,在折射率为 n 的透明介质中从 A 沿某路径传播到 B,若 A、B 两点相位差为 3π,则此路径 AB 的光程差为 ( )

    A. 1.5λ B. $1.5n\lambda$ C. 3λ D. $1.5\lambda/n$

9. 一个沿 Ox 轴负方向传播的平面简谐波在 $t=0$s 时的波形曲线如图 2 所示,则原点 O 处的振动方程为 ( )

    A. $y=0.5\cos\left(\pi t+\dfrac{\pi}{2}\right)$(m)

    B. $y=0.5\cos\left(\dfrac{\pi}{2}t-\dfrac{\pi}{2}\right)$(m)

    C. $y=0.5\cos\left(\dfrac{\pi}{2}t+\dfrac{\pi}{2}\right)$(m)

    D. $y=0.5\cos\left(\dfrac{\pi}{4}t+\dfrac{\pi}{2}\right)$(m)

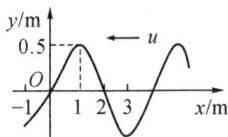

图 2 $t=0$s 的波形图

10. 在双缝干涉实验中,光的波长为 600nm,双缝间距为 2mm,双缝与屏的间距为 300cm。在屏上形成的干涉图样的明条纹间距为 ( )

    A. 0.45mm   B. 0.9mm   C. 1.2mm   D. 3.1mm

11. 平行单色光垂直照射到薄膜上,经上下两表面反射的两束光发生干涉,若薄膜的厚度为 e,并且 $n_1<n_2>n_3$,λ 为入射光在折射率为 n_1 的媒质中的波长,如图 3 所示,则两束反射光在相遇点的相位差为 ( )

    A. $\dfrac{2\pi n_2 e}{n_1\lambda}$ B. $\dfrac{4\pi n_1 e}{n_2\lambda}+\pi$

    C. $\dfrac{4\pi n_2 e}{n_1\lambda}+\pi$ D. $\dfrac{4\pi n_2 e}{n_1\lambda}$

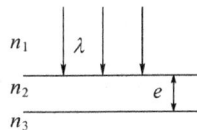

图 3 薄膜干涉

12. 一束由自然光和线偏光组成的复合光通过一个偏振片,当偏振片转动时,最强的透射光是最弱的透射光光强的 16 倍。则在入射光中,自然光强度 I_1 和偏振光强度 I_2 之比为 ( )

    A. $2:15$ B. $15:2$ C. $1:15$ D. $15:1$

13. 每毫米刻痕 200 条的透射光栅,对波长范围为 $500\sim600$nm 的复合光进行光谱分析,设光垂直入射,则最多能见到的完整光谱的级次与不重叠光谱的级次分别为 ( )

    A. $8,6$ B. $10,6$ C. $8,5$ D. $10,5$

二、填空题

1. 一个质点做半径 $R=1$cm 的圆周运动,其角坐标随时间的变化关系为 $\theta=3+2t^3$,则质点在任意时刻的切向加速度大小为_____;法向加速度的大小为_____;加速度的大小为_____;

2. 最大摆角为 θ_0 的摆在摆动进程中,张力最大在 $\theta=$ _____处,最小在 $\theta=$ _____处,最大张力为_____,最小张力为_____,任意时刻(此时摆角为 θ)绳子的张力为_____。

3. 质量 $m=2$kg 的物体在外力 $\boldsymbol{F}=(2+3t)\boldsymbol{i}+4t\boldsymbol{j}$(SI)的持续作用下运动,从 $t=0$ 到 t

=2s 这段时间内,则其冲量为_____;$t=2s$ 时,物体的动量为_____,物体的动能为_____。

4. 光滑水平面上有一轻弹簧,劲度系数为 k,弹簧一端固定在 O 点,另一端拴一个质量为 m 的物体,弹簧初始时处于自由伸长状态,若此时给物体 m 一个垂直于弹簧的初速度 v_0,如图 4 所示,则当物体速率为 $\frac{1}{2}v_0$ 时,弹簧的弹性势能为_____。

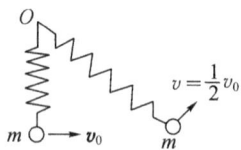

图 4 物体、弹簧的运动

5. 一长为 L、质量为 m 的匀质链条,放在光滑的桌面上,若其长度的 $\frac{1}{3}L$ 悬挂于桌边下。现将其慢慢地拉回桌面,则外力需要做的功为_____。

6. 地球的质量为 m,太阳的质量为 M,地心与日心的距离为 R,万有引力常量为 G,则地球绕太阳做圆周运动的轨道角动量为_____。

7. 如图 5 所示,两列波速均为 0.2m/s 的简谐波,一个简谐波沿 BP 方向传播,在 B 点引发的振动方程为 $y_B=0.2\cos(2\pi t)$ (SI)。另一简谐波沿 CP 方向传播,在 C 点引发的振动方程为 $y_C=0.3\cos(2\pi t+\pi)$(SI)。P 点与 B 点相距 0.4m,与 C 点相距 0.5m。则 P 点的合振幅为_____。

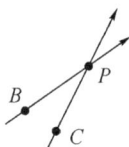

图 5 两个简谐波合成

8. 如图 6 所示,两个相距 $\frac{\lambda}{4}$(λ 为波长)的相干波源 S_1、S_2,S_1 的相位比 S_2 的相位超前 $\frac{\pi}{2}$。则在 S_1、S_2 的连线上,S_1 外侧各点(例如 P 点),两列波引起的两谐振动的相位差是_____。

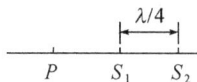

图 6 两相干波源

9. 在牛顿环装置中给透镜与平板玻璃之间充以某种液体,观察到第 10 级暗环的半径由 7.1×10^{-3}m 变成 6.35×10^{-3}m,则该液体的折射率 $n=$_____。

10. 在单缝夫琅和费衍射实验中,第一级暗纹的衍射角很小,若用波长为 $\lambda_1=589$nm 的钠黄光照射单缝,对应的中央明纹的宽度为 4.0mm,如果用 $\lambda_2=442$nm 的蓝紫色光照射单缝,则得到的中央明纹宽度为_____。

11. 光的干涉和衍射现象反映了光的_____性质,光的偏振现象说明光波是_____波。

三、计算题

1. 在铅直平面内有一半径为 R 的光滑半圆形管道,在管道内有一质量为 M、长度刚好为 πR 的均匀分布的软链条,初始链条静止,然后开始滑动,并从管道中滑出。试求:(1)当链条刚好从管道口全部滑出时的速度;(2)当链条从管道口滑出长度为 $l=\pi R/3$ 时的速度、加速度。

2.质量为 m 的质点在外力 F(平行于 x 轴)的作用下沿 Ox 轴运动,已知 $t=0$ 时质点位于坐标原点,且初始速度为零。试计算:

(1)若外力 $F=-kx+F_0$,质点从 $x=0$ 运动到 $x=L$ 的过程中力 F 对质点所做的功;

(2)若外力 $F=10t+2$,质点运动 2s 内,力 F 产生的冲量。

3.一块长方形木块底面积为 S,高为 h,密度为 ρ,将其放于密度为 ρ' 的水中。

(1)求平衡时木块露出水面的高度;

(2)将木块压入水中刚好没顶后放手,写出振动方程。

4.如图 7 所示是干涉型消声器结构的原理,利用这一结构可以消除噪声。当发动机排气噪声声波经管道到达点 A 时,分成两路而在点 B 相遇,声波因干涉而相消。如要消除频率为 300Hz 的发动机排气噪声,则图中弯管与直管的长度差 $\Delta r=r_2-r_1$ 至少应为多少?(声波波速为 340m/s)

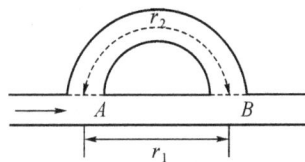

图 7　干涉型消声器的原理

5.双缝干涉实验装置如图 8 所示。双缝与屏之间的距离 $D=1.2$m,两缝之间的距离 $d=0.5$mm,用波长 $\lambda=500$nm 的单色光垂直照射双缝。

(1)求原点 O(零级明条纹所在处)上方的第五级明条纹的坐标;

(2)如果用厚度 $e=1.0$cm、折射率 $n=1.58$ 的透明薄膜覆盖在图中的 S_1 缝后面,计算上述第五级明条纹的坐标 x'。

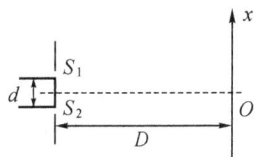

图 8　双缝干涉

6.波长为 500nm 的单色光垂直照射到由两块光学平玻璃构成的空气劈尖上,在观察反射光的干涉现象中,距劈尖棱边 1.56cm 的 A 处是从棱边算起的第四条暗条纹中心。

(1)求此空气劈尖的劈尖角 θ。

(2)改用 600nm 的单色光垂直照射到此劈尖上仍观察反射光的干涉条纹,A 处是明条纹,还是暗条纹?

大学物理 B　模拟试卷五

一、选择题

1.一个质点做平面运动,其运动方程为 $r=(3+t)i+(7-9t^3)j(SI)$,质点从 $t_1=1.0s$ 运动 $t_2=2.0s$ 这段时间内,质点的平均速度为　　　　　　　　　　　　　　（　　）

A. $5i-65j$　　　　　　B. $i-63j$　　　　　　C. $5i-63j$　　　　　　D. $3i-63j$

2.质点做半径 $R=1m$ 的圆周运动,$t=0s$ 时刻的角速度 $\omega=2.0rad/s$,角加速度随时间的变化关系为 $\alpha=3t^2\ rad/s^2$,则质点在 $t=1s$ 时的速度、加速度的大小为　（　　）

A. $3m/s,3\ \sqrt{10}m/s^2$　　　　　　　　　　B. $3m/s,\sqrt{10}m/s^2$

C. $2m/s,3\ \sqrt{10}m/s^2$　　　　　　　　　　D. $5m/s,\sqrt{10}m/s^2$

3.如图 1 所示,一个用绳子悬挂着的质量为 m 的物体在水平面内以速率 v 做圆半径为 R 的圆周运动,当物体在水平面内运动半周时,物体所受绳子拉力的冲量大小为　　　　　　　（　　）

A. $2mv$　　　　　　　　B. $\pi Rmg/v$

C. 0　　　　　　　　　D. $\sqrt{(2mv)^2+(\pi Rmg/v)^2}$

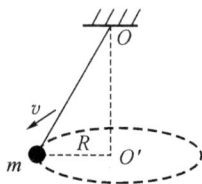

图 1　物体的圆周运动

4.如图 2 所示,劲度系数为 k 的轻弹簧在质量为 m 的木块和外力作用下,处于被压缩的状态,其压缩量为 x。当撤去外力后弹簧被释放,木块沿光滑斜面弹出,最后落到地面上,则　　　　　　　　　　　　　　（　　）

A. 在此过程中,木块的动能与弹性势能之和守恒

B. 木块到达最高点时,高度 h 满足 $\frac{1}{2}kx^2=mgh$

C. 木块落地时的速度 v 满足 $\frac{1}{2}kx^2+mgH=\frac{1}{2}mv^2$

D. 木块落地点的水平距离随 θ 的不同而异,θ 愈大,落地点愈远

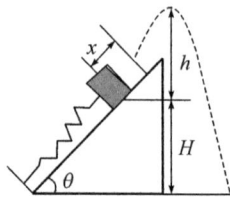

图 2　木块的运动

5. 一个质量为 M、长为 L 的均质细杆可在水平桌面上绕杆的一端转动，杆与桌面间的摩擦系数为 μ，计算摩擦力矩 M_μ。计算过程：先在细杆上任取长度微元 dr，dr 所对应的质量元为 $dm=\dfrac{M}{L}dr$，dr 受到的摩擦力为 $df=\mu(dm)g$，dr 到转轴的距离为 r，此摩擦力所对应的摩擦力矩为 $dM_\mu=r\mu g\,dm=\dfrac{\mu Mg}{L}r\,dr$。整根细杆所受到的摩擦力矩为 （　　）

A. $M_\mu=\displaystyle\int dM_\mu=\int_0^L \dfrac{\mu Mg}{L}r\,dr=\dfrac{\mu MgL}{2}$

B. $M_\mu=\left(\displaystyle\int dM_\mu\right)/2=\left(\int_0^L \dfrac{\mu Mg}{L}r\,dr\right)/2=\dfrac{\mu MgL}{4}$

C. $M_\mu=\left(\displaystyle\int dM_\mu\right)/3=\left(\int_0^L \dfrac{\mu Mg}{L}r\,dr\right)/3=\dfrac{\mu MgL}{6}$

D. $M_\mu=\left(\displaystyle\int dM_\mu\right)/L=\left(\int_0^L \dfrac{\mu Mg}{L}r\,dr\right)/L=\mu MgL$

6. 如图 3 所示，一个人造地球卫星到地球中心 O 的最小距离和最大距离分别是 R_A 和 R_B。设卫星对应的角动量分别是 L_A、L_B，动能分别是 E_{kA}、E_{kB}，则角动量、动能的关系满足 （　　）

A. $L_A>L_B,E_{kA}>E_{kB}$

B. $L_A>L_B,E_{kA}=E_{kB}$

C. $L_A=L_B,E_{kA}=E_{kB}$

D. $L_A<L_B,E_{kA}<E_{kB}$

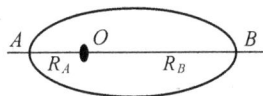

图 3　卫星、地球的运动

7. 一个物体沿轴做简谐振动，其振幅为 0.24m，周期为 2s，当 $t=0$ 时，质点对平衡位置的位移为 0.12m，此时质点向 x 的负方向运动，则此简谐振动的振动方程为 （　　）

A. $x=0.24\cos\left(\pi t-\dfrac{\pi}{2}\right)$　　　　　B. $x=0.24\cos\left(\pi t+\dfrac{\pi}{3}\right)$

C. $x=0.24\cos\left(2\pi t-\dfrac{2\pi}{3}\right)$　　　　D. $x=0.24\cos\left(\pi t+\dfrac{2\pi}{3}\right)$

8. 如图 4 所示为一列简谐波在 $t=0$ 时刻的波形图，波速 $u=200\text{m/s}$，则图中 O 点的振动加速度的表达式为 （　　）

A. $a=0.4\pi^2\cos\left(\pi t-\dfrac{\pi}{2}\right)(\text{SI})$

B. $a=0.4\pi^2\cos\left(\pi t-\dfrac{3\pi}{2}\right)(\text{SI})$

C. $a=-0.4\pi^2\cos(2\pi t-\pi)(\text{SI})$

D. $a=-0.4\pi^2\cos\left(2\pi t+\dfrac{\pi}{2}\right)(\text{SI})$

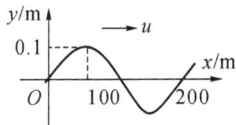

图 4　$t=0$ 时刻的波形图

9. 沿着相反方向传播的两列相干波，其表达式为 $y_1=A\cos 2\pi(vt-x/\lambda)$ 和 $y_2=A\cos 2\pi(vt+x/\lambda)$。在叠加后形成的驻波中，各处简谐振动的振幅是 （　　）

A. $2A\cos(2\pi x/\lambda)$　　　　　　　　B. $2A$

C. $\sqrt{2}A$　　　　　　　　　　　　　D. $\left|2A\cos(2\pi x/\lambda)\right|$

10. 如图 5 所示三种透明材料构成的牛顿环装置中,用单色光垂直照射,在反射光中看到干涉条纹,则在接触点 P 处形成的圆斑的光程差为 （　　）

    A. $\Delta_左 = 3.26e_k + \dfrac{\lambda}{2}, \Delta_右 = 3.26e_k + \dfrac{\lambda}{2}$

    B. $\Delta_左 = 3.26e_k, \Delta_右 = 3.26e_k$

    C. $\Delta_左 = 3.26e_k, \Delta_右 = 3.26e_k + \dfrac{\lambda}{2}$

    D. $\Delta_左 = 3.26e_k + \dfrac{\lambda}{2}, \Delta_右 = 3.26e_k$

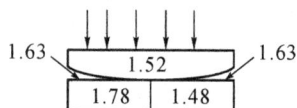

图 5　牛顿环

11. 波长 $\lambda = 50\text{nm}$ 的单色光垂直照射到宽度 $a = 0.25\text{mm}$ 的单缝上,单缝后面放置一个凸透镜,凸透镜的焦平面上放置一个屏幕,用来观测衍射条纹。现测得屏幕上中央条纹一侧第三个暗条纹和另一侧第三个暗条纹之间的距离为 $d = 12\text{mm}$,则凸透镜的焦距为 （　　）

    A. 2m　　　　　　B. 1m　　　　　　C. 0.5m　　　　　　D. 0.2m

12. 有每厘米刻有 6000 条刻痕的平面光栅,一个平行单色光垂直入射到光栅上,则在第一级光谱中衍射角为 $20°$ 的光谱线的波长为 （　　）

    A. 600nm　　　　B. 570nm　　　　C. 580nm　　　　D. 500nm

13. 一束光由自然光和平面线偏振光形成的混合光。当它通过一偏振片时发现投射光的强度由偏振片的取向决定,其强度的最大值与最小值之比为 5,则入射光中两种光的强度之比为 （　　）

    A. 3:2　　　　　B. 4:1　　　　　C. 2:3　　　　　D. 2:1

二、填空题

1. 已知质点的运动方程为 $r = 2t^2 i + \cos(\pi t) j$ (SI),则质点运动时的速度 $v =$ _____；加速度 $a =$ _____；当 $t = 1\text{s}$ 时,其切向加速度大小 $a_{\tau_0} =$ _____；法向加速度大小 $a_{n_0} =$ _____。

2. 质点 P 在水平面内沿一个半径为 1m 的圆转动,转动的角速度 ω 与时间 t 的关系为 $\omega = kt^2$,已知 $t = 2\text{s}$ 时,质点 P 的速率为 16m/s,则 $t = 1\text{s}$ 时,质点 P 的速率 $v =$ _____。

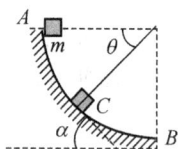

3. 一个质量 $m = 2.0\text{kg}$ 的物体沿着一个半径 $R = 0.5\text{m}$ 的圆弧形轨道从轨道的上端 A 点下滑,如图 6 所示,滑到底端 B 点时的速度大小 $v = 2.0\text{m/s}$。则重力做功 $W_G =$ _____,正压力做功 $W_N =$ _____,摩擦力做功 $W_f =$ _____。

图 6　圆弧运动

4. 一个质量为 1kg 的物体置于水平地面上,物体与地面之间的静摩擦系数 $\mu = 0.2$,滑动摩擦系数 $\mu = 0.16$,现对物体施一水平拉力 $F = 3t + 4$ (SI),则 2s 末物体的速度大小 $v =$ _____。

5. 一个质量为 m、半径为 R 的自行车轮,假定质量均匀分布在轮缘上(可看作圆环),可绕固定轴 O 转动。另一质量为 m_0 的子弹(可看作质点)以速度 v_0 射入轮缘,并留在轮内。如

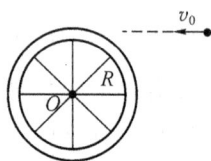

图 7　自行车轮的运动

图 7 所示,开始时轮是静止的,则子弹打入后车轮的角速度 $\omega =$ _____。

6.如图 8 所示,长为 L 的匀质细杆,质量为 M,可绕过其端点的水平轴在竖直平面内自由转动。如果将细杆置于水平位置,然后让其由静止开始自由下摆。则细杆开始转动的瞬间,细杆的角加速度 α = _____。

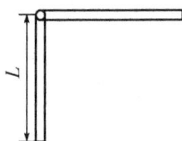

图 8 细杆的运动

7.有三个同方向、同频率的简谐运动,其运动表达式分别为 $x_1 = 0.05\cos(\pi t)$,$x_2 = 005\cos\left(\pi t + \dfrac{\pi}{3}\right)$,$x_2 = 0.05\cos\left(\pi t + \dfrac{2\pi}{3}\right)$,则合振动的运动表达式为 _____。

8.一弦上的驻波方程为 $y = 0.03\cos(1.6\pi x)\cos(550\pi t)$(SI),则相邻波节之间的距离为 _____;在 $t = 3.0 \times 10^{-3}$s 时,位于 $x = 0.625$m 处质点的振动速度为 _____。

9.如图 9 所示,假设有两个同相的相干点光源 S_1 和 S_2,发出波长为 λ 的光。A 是它们连线的中垂线上的一点。若在 S_1 与 A 之间插入厚度为 e、折射率为 n 的薄玻璃片,则两光源发出的光在 A 点的相位差为 _____。若已知 $\lambda = 500$nm,$n = 1.5$,A 点恰为第四级明纹中心,则 $e =$ _____。

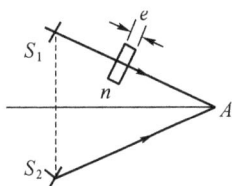

图 9 干涉现象

10.波长为 $500 \sim 600$nm 的复合光平行地垂直照射在 $a = 0.01$mm 的单缝上,缝后凸透镜的焦距为 $f = 1.0$m,则此两波长的零级明纹的中心间隔为 _____,一级明纹的中心间隔为 _____。

11.用白光($400 \sim 760$nm)垂直照射每毫米 200 条刻痕的光栅,光栅后放一个焦距为 $f = 200$cm 的凸透镜,则第一级光谱的宽度为 _____。

12.某块火石玻璃的折射率是 $n_1 = 1.65$,现将这块玻璃浸没在水中($n_2 = 1.33$),欲使从这块火石玻璃表面反射到水中的光是完全偏振的,则光由水射向玻璃的入射角应为 _____。

三、计算题

1.一个气球以速率 v_0 自地面开始上升,受到风的影响,气球的水平速度按照 $v_x = by$($b > 0$)的规律变化,y 是气球距离地面的高度(x 轴取水平向右的方向为正方向)。试求:

(1)气球的轨迹方程;

(2)气球沿运动轨迹的切向加速度、曲率半径与 y 的关系。

2.光滑的水平桌面上放置一个半径为 R 的固定圆环,一个物体以速率 v_0 从一个洞口进入圆环,且紧贴环的内侧做圆周运动,物体与环之间的摩擦系数为 μ_0。计算:

(1)任意时刻物体运动的速率;

(2)物体停止时,在环内走过的路程。

3.已知一沿 x 轴正向传播的平面余弦波在 $t=\dfrac{1}{3}$ s 时的波形如图 10 所示,且周期 $T=$ 2s。(1)写出 O 点和 P 点的振动表达式;(2)写出该波的波动表达式;(3)求 P 点到 O 点的距离。

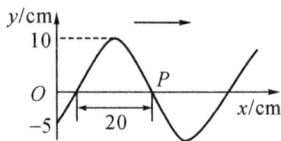

图 10　$t=\dfrac{1}{3}$ s 的波形图

4.如图 11 所示,在双缝干涉实验中,单色光源 S 到两缝 S_1 和 S_2 的距离分别为 L_1 和 L_2,并且 $L_1-L_2=3\lambda$,λ 为入射光的波长,双缝之间的距离为 d,双缝到屏幕的距离为 D。计算:

(1)零级明纹到屏幕中央 O 点的距离;

(2)相邻明条纹间的距离。

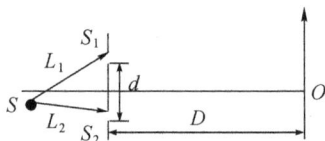

图 11　双缝干涉现象

5.如图 12 所示,波长为 λ 的单色光垂直照射到折射率为 n_2 的劈尖薄膜上,$n_1<n_2<n_3$,观察反射光所形成的条纹,则:

(1)从劈尖顶部 O 开始向右数,第五条暗纹中心所对应的薄膜厚度 e_5 是多少?

(2)相邻的两明纹所对应的薄膜厚度之差是多少?

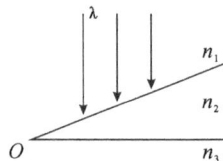

图 12　劈尖薄膜